普通高等教育人工智能专业系列教材

智能图像处理与分析识别

宋丽梅　王红一　主　编

汤春明　贾兴丹　副主编

向中浩　于佳立　杨　阳　等参编

机 械 工 业 出 版 社

本书系统介绍了智能图像处理所需的基本知识与核心算法，主要包括四部分内容：第一部分是数字图像处理的理论基础，包括数字图像处理概述和图像采集系统；第二部分是数字图像处理的基本方法和实例，包括数字图像基础、图像预处理、图像变换和图像复原；第三部分是图像特征提取与分析的理论、方法和实例，包括图像分割、图像特征提取与选择、图像匹配和图像智能识别方法；第四部分是数字图像处理的工程应用案例，包括米粒分类识别、多气泡上升轨迹跟踪、血细胞图像检测、手写字符识别和汽车牌照识别。

本书基础理论知识覆盖面较全，讲解过程深入浅出，可以促进学生对图像处理知识的理解和学习；案例的设计思路和开发经验讲解详细，引导读者进行图像处理技术实际工程能力的锻炼及开拓创新意识的培养；提供电子教案、二维码操作视频、教学大纲、习题与解答及完整源代码电子资源，对从事图像处理领域项目开发的读者有很好的借鉴作用，读者可登录www.cmpedu.com 免费注册、审核通过后下载使用，或联系编辑索取（微信 13146070618，电话 010-88379739）；融入了科技创新、文化自信、爱国主义等思政元素，全方位培养学生的家国情怀。

本书可作为高校人工智能、计算机科学与技术、机器人工程、控制科学与工程、通信与信息工程、电子科学与技术、生物医学工程等相关专业的本科生和研究生教材，也可供从事图像处理、分析和识别等相关领域的科技工作者参考。

图书在版编目（CIP）数据

智能图像处理与分析识别/宋丽梅，王红一主编 . —北京：机械工业出版社，2023.5（2025.1 重印）
普通高等教育人工智能专业系列教材
ISBN 978-7-111-72966-2

Ⅰ.①智… Ⅱ.①宋… ②王… Ⅲ.①图像处理-高等学校-教材
Ⅳ.①TP391.413

中国国家版本馆 CIP 数据核字（2023）第 059835 号

机械工业出版社（北京市百万庄大街 22 号 邮政编码 100037）
策划编辑：尚 晨　　　　　　　责任编辑：尚 晨
责任校对：薄萌钰 赵小花　　　责任印制：单爱军
北京虎彩文化传播有限公司印刷
2025 年 1 月第 1 版第 3 次印刷
184mm×260mm · 21.25 印张 · 526 千字
标准书号：ISBN 978-7-111-72966-2
定价：79.00 元

电话服务　　　　　　　　　　　网络服务
客服电话：010-88361066　　　　机　工　官　网：www.cmpbook.com
　　　　　010-88379833　　　　机　工　官　博：weibo.com/cmp1952
　　　　　010-68326294　　　　金　书　网：www.golden-book.com
封底无防伪标均为盗版　　　　机工教育服务网：www.cmpedu.com

前　　言

进入 21 世纪，随着计算机技术、人工智能和思维科学研究的迅速发展，图像处理正向着高速化、高分辨率化、立体化、多媒体化、智能化和标准化的方向发展。数字图像处理技术在航空航天、生物医学、工业制造、公共安全、军事、农业、通信、遥感等许多工程领域受到广泛重视，并取得了重大的开拓性成就，从事数字图像处理领域的人才也日益受到企业、研究所、高校等单位的重视。

科技兴则民族兴，科技强则国家强。党的二十大报告指出，必须坚持科技是第一生产力、人才是第一资源、创新是第一动力，深入实施科教兴国战略、人才强国战略、创新驱动发展战略，开辟发展新领域新赛道，不断塑造发展新动能新优势。数字图像处理涉及信号处理、模式识别、人工智能和光电子学等领域，是一门交叉学科，也是目前人工智能、自动化、计算机、电子信息、生物医学等专业的重要课程，有助于提升学生探索科研创新的能力。

数字图像是一门快速发展的学科，由于最近几年来的研究成果在一些教材中体现的不是特别充分，尤其对工程应用的关注度不够。因此，建设理论与工程应用相结合的图像处理教材，对解决工程研究问题的重要性不言而喻。本书汇集了多年来在数字图像处理领域的科研和教学成果，是一本面向人工智能、电子信息、自动化和计算机等专业的典型应用技术型教材，既囊括了数字图像处理的基础理论知识，又包含了新颖的智能图像处理案例，同时还配备了完整的源代码，能够为教学提供丰富可靠的数字资源和工程实践经验。

本书的主要特点是：基础理论知识覆盖面较全，讲解过程深入浅出，可以促进学生对图像处理知识的理解和学习，提升学生和相关专业人员对图像处理技术的应用能力；图像处理案例均由编写团队教学及科研成果凝练而成，案例的设计思路和开发经验讲解详细，引导读者进行图像处理技术实际工程能力的锻炼及开拓创新意识的培养；源代码完整且与知识点联系紧密，便于读者开发应用时参考，对从事图像处理领域项目开发的读者有良好的借鉴作用；教材融入了科技创新、文化自信、爱国主义等思政元素，充分展现了工匠精神和家国情怀。

全书共 15 章，第 1 章数字图像处理概述，主要介绍数字图像处理的发展历史、基本内容和应用背景等。第 2 章图像采集系统，主要针对图像采集装置进行介绍，包括相机、镜头、光源等硬件设施。第 3 章为数字图像基础，主要介绍数字图像处理过程中用到的一些基本概念，如图像采样与量化、像素间的基本关系、灰度直方图、图像的代数运算等。第 4 章图像预处理技术，包括图像的灰度变换、图像的几何变换、空间滤波增强、形态学处理。第 5 章图像变换，主要介绍基于变换域的图像滤波方法。第 6 章图像复原，主要介绍了典型的图像复原方法。第 7 章图像分割技术，包括图像阈值分割、边缘检测、Hough 变换、区域分割和形态学分水岭分割。第 8 章图像特征提取与选择，主要介绍几何特征、颜色特征和纹理特征的提取方法以及基于主成分分析和基于判据的特征选择方法。第 9 章图像匹配，主要介绍了基于灰度相关的模板匹配方法、基于变换域的模板匹配方法和基于特征相关的模板匹配方法。第 10 章图像智能识别方法，主要介绍了聚类识别、支持向量机识别、人工神经网络识别和卷积神经网络识别。第 11 至 15 章为数字图像处理工程应用案例，应用内容包括米粒分类识别、多气泡上升轨迹跟踪、血细胞图像检测、手写字符识别和汽车牌照识别。

第 3 至 10 章中所涉及的图像处理方法都配有详细分析过程及程序实现代码。第 11 至 15 章以工程应用为导向，对工程应用案例进行理论分析、特征归纳、给出解决方案，细化解决问题的过程，每个关键步骤均配有程序代码及运行效果，深化读者对图像处理算法的理解，有助于增强读者对图像处理方法应用的掌握。克服了以往教材中应用案例解决方案不完善，解决问题思路不清晰，脱离工程实际等缺陷。

本书由天津工业大学宋丽梅和王红一任主编，汤春明和贾兴丹任副主编，天津工业大学向中浩、于佳立、杨阳、颜迪、张宗阳、李安静、梁浩东、石亚芳、张浩等参与了本书的编写工作。其中，第 1 章由宋丽梅和王红一编写，第 2 章由宋丽梅和张宗阳编写，第 3 章由王红一和颜迪编写，第 4 章由王红一和杨阳编写，第 5 章由王红一和张浩编写，第 6 章由汤春明编写，第 7 章由王红一和杨阳编写，第 8 章由贾兴丹和于佳立编写，第 9 章由宋丽梅和石亚芳编写，第 10 章由王红一和杨阳编写，第 11 章由王红一和李安静编写，第 12 章王红一和梁浩东编写，第 13 章宋丽梅和向中浩编写，第 14 章由宋丽梅和颜迪编写，第 15 章由王红一和颜迪编写。另外，本书还附有相应的 C++代码（电子资源），由张宗阳、向中浩和于佳立共同完成。

本书获得了 2021 年度天津市教育科学规划课题−重点课题《"人工智能+X"产教融合的人才培养模式研究》（BIE210025）的资助。

由于编者水平有限，书中难免存在不妥之处，敬请读者批评指正。

编　者

目　　录

第1章　数字图像处理概述

人类是通过感觉器官从客观世界获取信息的，如通过耳、目、口、鼻、手进行听、看、味、嗅和接触的方式获取信息。在这些信息中，视觉信息占70%以上。视觉信息信息量大，灵敏度高，传播速度快，作用距离远。人类视觉受心理和生理作用影响，加上大脑的思维和联想，具有很强的判断能力，不仅可以辨别景物，还能辨别人的情绪。图像是人们从客观世界获取信息的重要来源，图像信息处理是人类视觉延续的重要手段。在图像处理技术高速发展的今天，许多技术已日益趋于成熟，应用也越来越广泛。它已渗透到许多领域，如航空航天、生物医学、工业制造、公共安全、军事、农业、通信、遥感等。

1.1　数字图像处理的产生与发展

在计算机技术和人工智能技术高速发展的今天，人们对数字图像处理这一概念并不陌生。不管是在日常生活应用，还是在高端科技领域，数字图像处理都发挥着越来越重要的作用，它已经深刻融入关系着国计民生的各行各业中。

数字图像起源于20世纪20年代，最早应用在报纸行业，利用电缆传输图片，但此工作并未涉及数字图像处理。数字图像处理的产生与数字计算机的发展密切相关，数字图像处理对存储和计算能力的要求很高，必须依靠数字计算机及数据存储、显示及传输等相关计算的支持。20世纪60年代初，第一台能够执行图像处理任务的大型计算机问世，使得图像处理算法可以在计算机上真正运行，标志着数字图像处理时代的到来。

首次大规模成功应用图像处理技术是美国将其应用在航天领域。1964年，美国"徘徊者7号"探测器向地球发回首批月球近景照片。美国加利福尼亚的喷气推进实验室首次利用计算机技术处理"徘徊者7号"探测器传回的月球图像，以校正各种图像畸变。图1-1为"徘徊者7号"撞击前拍摄的月球图片。"徘徊者7号"向地球传送了4300多幅电视图像，为阿波罗号飞船登月选点做了先行的探测工作。从此，数字图像处理技术开始在航空航天、军事和尖端科技领域发挥着越来越重要的作用。

数字图像处理技术在20世纪60年代末和20世纪70年代初已经开始应用于医学成像、地球资源遥感监测和天文学等领域。1968年8月23日，亨斯费尔德（Godfrey Newbold Hounsfield）在英国申请了名称为"多角度测量X射线或γ射线吸收，透过情况和数据分析的方法和仪器"的专利，首次在专利申请中揭示了计算机断层成像（Computer Tomograph，CT）技术。1971年第一台应用于临床的CT设备安装于英国阿特金森-莫利医院，用于对颅脑疾病进行断层图像显示的临床观察。1973年12月11日，该技术获得了美国专利授权。这引起了

图1-1　"徘徊者7号"撞击前拍摄的月球图片

科技界的极大震动，亨斯费尔德与美国物理学家阿伦·考马克（Allan Cormack）共同获得1979 年诺贝尔医学奖。有趣的是，X 射线（X-ray）是德国物理学家威廉·康拉德·伦琴（Wilhelm Conrad Roentgen）发现的，为此，他获得了 1901 年的诺贝尔物理学奖。这说明了图像处理技术对人类做出了划时代的贡献。

从 20 世纪 60 年代至今，图像处理技术一直在蓬勃发展，除了应用在军事、医疗、遥感、气象等领域，也扩展到了工业和民用领域。例如，公共安全领域的指纹识别、人脸识别、虹膜识别等。数字图像处理技术还拓展了人类获取信息的渠道和窗口，如对于人眼来说是模糊的或不可见的图像，通过图像增强技术或其他图像处理方法，可以使模糊图像清晰化，使不可见图像变为可见图像。例如，人眼对红外波段、紫外波段和微波的信息不可见，但却可以通过数字图像处理技术获得这些波段内的可见图像。

在我国航空航天事业中，运用计算机对图像进行准确的处理已经成为一项重要的技术。如"嫦娥三号"拍摄到了彩色月面图像，"祝融号"拍摄到了火星表面图片。数字图像处理技术在航天和航空技术方面的应用，不仅应用于对月球、火星照片的处理，还应用于飞机遥感和卫星遥感技术中。这些图像无论是在成像、存储、传输过程中，还是在判读分析中，都要采用很多数字图像处理方法。

目前，我国制造业飞速发展，在一些危险工作环境或人工视觉难以满足要求的工业场合，通常用机器视觉代替人工视觉。高精度要求的零部件加工及其相应的先进生产线，对图像处理技术的需求也日益提高。

随着计算机硬件技术的进步和智能制造的发展，涌现了大量的先进数字图像算法，以满足各行各业的视觉检测需求。数字图像处理技术对科学研究、国民经济和人类社会的发展具有深远的意义，为时代的发展带来了巨大的推动力。

1.2 数字图像的基本概念

1.2.1 图像与数字图像

图像（Image）是人类获取信息、表达信息和传递信息的重要手段，是人类感知和认识世界的基础。图像是通过各种观测系统，以不同的形式和手段观测客观世界而获得的，可以直接或间接作用于人眼，进而产生视知觉的实体。图像的种类有很多，根据人眼的视觉特性可分为可见图像和不可见图像。可见图像包括生成图像（通常称图形或图片）和光图像两类。图像侧重于根据给定的物体描述模型、光照及想象中的摄像机的成像几何，生成一幅图或像的过程。光图像侧重于用透镜、光栅、全息技术产生的图像。通常所说的图像是指后者。不可见图像包括不可见光成像和不可见量形成的图像，如：γ 射线、X 射线、紫外线、红外线、微波等。利用图像处理技术能够把不可见射线所成的图像加以处理转换成可见图像。

数字图像（Digital Image）是由模拟图像数字化得到的、以像素为基本元素的、可以用数字计算机或数字电路存储和处理的图像。数字图像的空间坐标和明暗程度都是离散的、不连续的，由数组或矩阵来表示。图像中每个基本单元称为图像的元素，简称像素（Pixel）。

根据每个像素所代表信息的不同，可将数字图像分为 RGB 图像、灰度图像、二值图像、和索引图像。

1. RGB 图像

RGB 色彩模式是工业界的一种颜色标准，是通过对红（R）、绿（G）、蓝（B）三个颜色通道的变化以及它们相互之间的叠加来得到各式各样的颜色的，RGB 即是代表红、绿、蓝三个通道的颜色，这个标准几乎包括了人类视力所能感知的所有颜色，是目前运用最广的颜色模型之一。

在计算机中，RGB 的所谓"多少"就是指亮度，并使用整数来表示。通常情况下，R、G、B 各有 256 级亮度，用数字表示为从 0、1、2、…、255。注意虽然数字最高是 255，但 0 也是数值之一，因此共 256 级。按照计算，256 级的 RGB 色彩总共能组合出约 1678 万种色彩，即 256×256×256＝16777216。通常也被简称为 1600 万色或千万色，也称为 24 位色（2 的 24 次方）。

RGB 是从颜色发光的原理来设计的，通俗点说它的颜色混合方式就好像有红、绿、蓝三盏灯，当它们的光相互叠合的时候，色彩相混，而亮度却等于两者亮度之和，越混合亮度越高，即加法混合。红、绿、蓝三盏灯的叠加情况，中心三色最亮的叠加区为白色，加法混合的特点：越叠加越明亮。红、绿、蓝三个颜色通道每种颜色各分为 256 阶亮度，在 0 时"灯"最弱，而在 255 时"灯"最亮。当三色灰度数值相同时，可以产生不同灰度值的灰色调，即三色灰度都为 0 时，是最暗的黑色调；三色灰度都为 255 时，是最亮的白色调。

如图 1-2a 所示的蓝色加号图像，其 R、G、B 分量在计算机中由图 1-2b 所示的三个矩阵来表示。根据 RGB 分量矩阵可知，图 1-2a 的分辨率为 9×9×3。

a) RGB图像　　　　　　　　　　　　　b) RGB分量矩阵

图 1-2　RGB 图像的矩阵表示

2. 灰度图像

灰度图像通常显示为从最暗的黑色到最亮的白色的灰度，每种灰度称为一个灰度级，通常用 L 表示。彩色图像可按照一定规律向灰度图像转换。在灰度图像中，像素可以取 0～$L-1$ 之间的整数值，根据保存灰度数值所使用的数据类型的不同，可能有 256 种取值或者 2^m 种取值，当 $m=1$ 时即退化为二值图像。

图 1-3a 为图 1-2a 的灰度图，该灰度图在计算机中由图 1-3b 所示的灰度矩阵来表示。图 1-3a 的图像分辨率为 9×9。

0	0	0	0	20	0	0	0	0
0	0	0	52	132	73	0	0	0
0	0	0	55	135	78	0	0	0
0	48	50	71	133	89	49	50	0
50	131	133	132	129	131	133	135	78
0	84	88	98	131	108	87	87	21
0	0	0	53	134	77	0	0	0
0	0	0	56	137	80	0	0	0
0	0	0	0	56	20	0	0	0

a) 灰度图像   b) 灰度矩阵

图 1-3　灰度图像的矩阵表示

3. 二值图像

二值图像中只有黑和白两种颜色，也就是说每个像素非黑即白。在二值图像中，像素只有 0 和 1 两种取值，一般用 0 来表示黑色，用 1 来表示白色。有时，二值图像中的白色像素也用 255 来表示。

图 1-4a 是图 1-2a 和图 1-3a 的二值图像，可由图 1-4b 所示的二值矩阵来表示。图 1-4a 的分辨率为 9×9。

0	0	0	0	0	0	0	0	0
0	0	0	0	1	0	0	0	0
0	0	0	0	1	0	0	0	0
0	0	0	1	1	0	0	0	0
0	1	1	1	1	1	1	0	0
0	0	0	0	1	0	0	0	0
0	0	0	0	1	0	0	0	0
0	0	0	0	0	0	0	0	0
0	0	0	0	0	0	0	0	0

a) 二值图像   b) 二值矩阵

图 1-4　二值图像的矩阵表示

4. 索引图像

索引图像的文件结构比较复杂，除了存放图像的二维矩阵外，还包括一个称为颜色索引矩阵 MAP 的二维数组。MAP 的大小由存放图像的矩阵元素值域决定，如果矩阵元素值域为 [0,255]，则彩色图像的 MAP 矩阵的大小为 256×3，用 MAP = [RGB] 表示。MAP 中每一行的三个元素分别指定该行对应颜色的红、绿、蓝单色值，MAP 中每一行对应图像矩阵像素的一个灰度值，如某一像素的灰度值为 64，则该像素就与 MAP 中的第 64 行建立了映射关系，该像素在屏幕上的实际颜色由第 64 行的 [RGB] 组合决定。也就是说，图像在屏幕上显示时，每一像素的颜色由存放在矩阵中该像素的灰度值作为索引通过检索颜色索引矩阵 MAP 得到。索引图像的数据类型一般为 8 位无符号整型（int8），相应索引矩阵 MAP 的大小为 256×3，因此一般索引图像只能同时显示 256 种颜色，但通过改变索引矩阵，颜色的类型可以调整。索引图像的数据类型也可采用双精度浮点型（double）。索引图像一般用于存放色彩要求比较简单的图像，如 Windows 系统中色彩构成比较简单的壁纸多采用索引图像存放，如果图像的色彩比较复杂，就要用到 RGB 真彩色图像。

1.2.2　数字图像的存储格式

图像处理的程序必须考虑图像文件的格式，否则无法正确地打开和保存图像文件。每一种图像处理软件几乎都有各自处理图像的方式，用不同的格式存储图像。为了利用已有的图像文件，或者在不同的软件中使用图像，就要注意图像格式，必要时还得进行图像格式的转换。下面介绍几种常用的图像存储格式。

（1）BMP 格式

BMP 是 Bitmap 的简写，它是 Windows 操作系统中的标准图像文件格式，能够被多种 Windows 应用程序所支持。这种格式的特点是包含的图像信息较丰富，几乎不进行压缩，但由此导致了它与生俱来的缺点——占用磁盘空间过大。BMP 文件的图像深度可选 1 bit、4 bit、8 bit 及 24 bit。BMP 位图文件默认的文件扩展名是 ".bmp" ".dib" 或 ".rel"。

（2）JPEG 格式

JPEG（Joint Photographic Experts Group，联合图像专家组）是一种有损压缩的图像格式，其文件扩展名为 ".jpg" 或 ".jpeg"，是目前互联网和数字照相机中常见的图像存储格式。严格地说，JPEG 并不是一种图像格式，而是一种压缩图像数据的方法。但是，由于它的用途广泛而被人们认为是图像格式中的一种。

JPEG 是由联合图片专家组提出的，它定义了图片、图像的共用压缩和编码方法，这是目前为止最好的压缩技术。JPEG 主要是存储颜色变化的信息，特别是亮度的变化。JPEG 格式压缩的是图像相邻行和列间的多余信息，只要压缩掉的颜色信息不至于引起人眼视觉上的明显变化（视觉可接受），它就是一种很好的图像存储格式。

由 JPEG 压缩方法处理图像而节省的空间是大量的。例如，一个 727×525 的真彩色图像，其原始的每个像素 24 位格式占用 1145 KB，GIF 格式是 240 KB，非常高质量的 JPEG 格式为 155 KB，而标准的 JPEG 格式则仅为 58 KB。当在显示器上观看时，58 KB 的 JPEG 图像同 GIF 图像格式的质量相同，155 KB 的 JPEG 图像比起 256 色的 GIF 图像则要好得多。当压缩比取得不太大时，由 JPEG 解压缩程序重建后的真彩色图像与使用某种像素存储的原始图片相比，几乎看不出什么区别，故能正常浏览显示。

JPEG 的压缩方式通常是破坏性资料压缩（lossy compression），即在压缩过程中图像的品质会遭受到可见的破坏。一张图片多次上传下载后，图片逐渐会失真。另外，多次存储需采用同一压缩比对同一幅图像压缩后再解压缩，所得到的图像与原图像是不同的。因此，对同一幅图像应采用一个压缩比保存，如果在用 JPEG 方法压缩后存储，打开后保存为另外的格式，并在下一次又用 JPEG 方法压缩，这是不可取的。切记，图像一旦用 JPEG 方法压缩保存后，建议不要再存储为其他格式；如果确实要保存为其他格式，则应该记住该图像文件以后不再用 JPEG 格式保存。

（3）PNG 格式

PNG（Portable Network Graphics）是便携式网络图形，是新型图像文件格式，其文件扩展名为 ".png"。PNG 能够支持较高级别的无损压缩图像文件，可以减少占用空间和网络传输所需的带宽，常用于计算机程序或网页上的图像显示。

PNG 格式常用的有 8 位、24 位、32 位三种，其中 8 位 PNG 支持两种不同的透明形式（索引透明和 alpha 透明），24 位 PNG 不支持透明，32 位 PNG 在 24 位基础上增加了 8 位透明通道（32-24＝8），即 RGB+alpha，因此可展现 256 级透明程度。PNG 这种支持图像半透明格式的功能，可使图像中某些部分不显示出来，在图像与背景颜色内容出现叠加时更加友好，可用来创建一些有特色的图像。

（4）TIFF 格式

标签图像文件格式（Tag Image File Format，TIFF）是一种灵活的位图格式，主要用来存储包括照片和艺术图在内的图像，其文件扩展名为".tif"。

TIFF 是基于标记的文件格式，它广泛地应用于对图像质量要求较高的图像的存储与转换。由于它的结构灵活和包容性大，已成为图像文件格式的一种标准。TIFF 格式是桌面出版系统中使用最多的图像格式之一，它不仅在排版软件中普遍使用，也可以用来直接输出。用 Photoshop 编辑的 TIFF 文件可以保存路径和图层。

1.3　数字图像处理的基本内容和基本步骤

数字图像处理（Digital Image Processing）是指应用计算机来合成、变换已有的数字图像，从而产生一种新的效果，并把加工处理后的图像重新输出，这个过程称为数字图像处理，也称之为计算机图像处理（Computer Image Processing）。数字图像处理系统的组成架构如图 1-5 所示。数字图像处理模块是该系统的核心模块，它的研究水平直接决定该系统的质量。

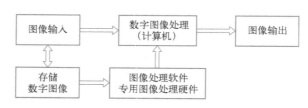

图 1-5　数字图像处理系统组成架构

1.3.1　基本内容

数字图像处理的基本内容包括图像增强、图像复原、图像分割、图像特征提取、图像匹配和图像识别等。

（1）图像增强

图像增强（Image Enhancement）的目的是改善图像质量，突出图像中感兴趣的区域或特征，使图像更加符合人类的视觉效果，从而提高图像判读和识别效果的处理方法。图像增强方法分为两类：一类是空间域处理法；另一类是频域处理法。空间域是直接对图像的像素进行处理，基本上是以灰度映射变换为基础的。空间变换可以看成图像中物体（或像素）空间位置改变，如对图像进行缩放、旋转、平移、镜像翻转等。频域处理法（如傅里叶变换、小波变换、沃尔什变换、离散余弦变换等）将空间域的处理转换为变换域处理，对变换后的系数进行运算，然后再反变换到原来的空间域，得到增强的图像。频域处理不仅可减少计算量，而且可以更有效地进行运算。

（2）图像复原

图像复原（Image Restoration）也是改进图像质量的一种重要技术，主要是利用退化过程的先验知识，去恢复已被退化图像的本来面目。图像的复原和图像的增强存在类似的地方，二者都是为了提高图像的整体质量。但是，图像增强具有主观色彩，根据观看者的喜好或者测量的需求来对图像进行处理，提供所谓的视觉效果好的图像；而图像复原技术则是通过去模糊函数去除图像中的模糊部分，还原图像的本真。图像复原的基本思路是先建立退化的数学模型，然后利用该模型对退化图像进行拟合。

（3）图像分割

图像分割（Image Segmentation）是根据灰度、颜色、纹理和形状等特征把图像划分为有意义的若干区域或部分。图像分割是进行图像识别、分析和理解的基础。常用的分割方法有阈值法、区域生长法、边缘检测法、聚类方法、基于图论的方法等。图像分割是图像分析的关键步骤，也是图像处理技术中最古老的和最困难的问题之一。近年来，许多研究人员致力于图像分割方法的研究，但是到目前为止还没有一种普遍适用于各种图像的有效方法，也没有用来判断分割是否成功的客观标准。因此，对图像分割的研究还在不断深入之中，是目前图像处理中研究的热点之一。分割技术未来发展的趋势是除了研究新理论和新方法外还要实现多特征融合、多分割算法的融合。

（4）图像特征提取

图像特征既包括图像承载的自然目标及背景材质的反射和吸热特性，各组成部分表面的光滑与粗糙程度，各组成部分的形状、结构和纹理等特征在图像上的表象，也包括人们为了便于对图像进行分析而定义的属性和统计特征。图像特征提取是图像目标识别的基础。

（5）图像匹配

图像匹配是通过对影像内容、特征、结构、关系、纹理及灰度等对应关系以及相似性和一致性的分析，寻求相似影像目标的方法。图像匹配主要可分为基于灰度相关的模板匹配方法、基于变换域的模板匹配方法和基于特征相关的模板匹配方法。基于灰度相关的模板匹配是基于像素的，基于变换域的模板匹配方法是基于变换域特征的，基于特征相关的模板匹配方法则是基于区域的，特征相关匹配在考虑像素灰度的同时还应考虑诸如空间整体特征、空间关系等因素。

（6）图像识别

图像识别是指利用计算机对图像进行处理、分析和理解，以识别各种不同模式的目标和对象的技术。图像识别问题的数学本质属于模式空间到类别空间的映射问题。图像识别是以图像的主要特征为基础的。图像经过某些预处理（增强、复原）后，进行图像分割和特征提取，从而进行判决分类。目前主要的识别方法有：统计模式识别、结构模式识别、模糊模式识别、神经网络模式识别等。

1.3.2　基本步骤

针对图像检测问题，通常要按照图像获取、图像预处理、图像分割、图像特征提取、图像分类与识别的步骤进行数字图像处理，如图 1-6 所示。当然上述各处理步骤的处理方法要根据实际需求来选择，且有些检测问题可以省略其中的一些步骤。

图像获取是指通过对图像采集方案的设计（包括相机、光源、镜头等硬件的选择），搭建合适的图像采集系统，最终获得满意的、能够用于后续处理和检测识别的高质量图像。该部分内容将在本书的第 2 章进行介绍。

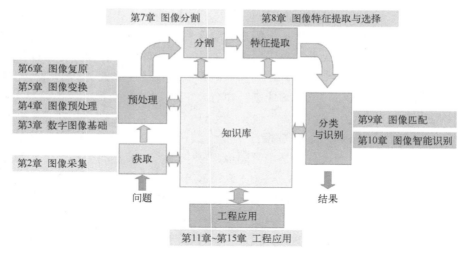

图 1-6 图像处理的基本步骤

图像预处理主要是对采集到的图像进行去噪、增强、变换等一系列的操作，其主要目的是根据检测需求来增强感兴趣的目标信息。本书的第 3 章至第 6 章均涉及与图像预处理相关的知识内容。

图像分割主要是利用阈值化、边缘检测等算法将图像的目标分割出来。该部分的内容将在本书的第 7 章进行介绍。

图像特征提取主要包括颜色特征、几何特征和纹理特征的提取，其主要目的是提取出能够表征检测目标的特征信息，用于目标的分类和识别。该部分内容将在本书的第 8 章进行介绍。

图像分类与识别是利用图像匹配技术、聚类分析、神经网络等模式识别方法对图像目标进行分类和识别，得到最终的检测结果。该部分内容将在第 9 章和第 10 章中讲述。

在掌握了一定数字图像处理的方法和处理步骤之后，就可以对实际工程问题进行分析和求解了。本书的第 11 章至第 15 章介绍了多个工程应用案例，从不同的实际需求出发，详细剖析了图像处理实际工程问题的设计思路、处理步骤和实现过程。

1.4 数字图像处理的工程应用

数字图像处理在航空航天、生物医学、公共安全、工业制造、军事、遥感、农业、通信等诸多领域均有着广泛的应用。

（1）航空航天

图像处理技术在我国航空航天领域发挥着重要作用。嫦娥号是我国制造的一系列绕月人造卫星。2007 年 10 月 24 日，嫦娥一号成功奔月。2013 年 12 月 14 日，"嫦娥三号"月球探测器完成月面软着陆，创造了全世界在月工作最长纪录。它拍摄的月面照片是人类时隔 40 多年首获最清晰月面照片，其中包含大量科学信息，照片和数据向全球免费开放共享。图 1-7 是"嫦娥三号"拍摄的彩色月面图像。

2021 年 5 月 15 日，我国天问一号携带的"祝融号"火星车在乌托邦平原南部成功着陆，开始了漫长的探测之旅。工作期间，"祝融号"火星车通过配置的地形相机、多光谱相机、次表层探测雷达、表面成分探测仪等 6 台载荷，对巡视区开展详细探测。图 1-8 是"祝融号"拍摄到的火星表面图片。

图 1-7   "嫦娥三号"拍摄的彩色月面图像

图 1-8   "祝融号"拍摄到的火星表面图片

（2）生物医学

数字图像处理技术具有直观性、无创伤、安全方便等优点，在医学领域有着非常广泛且重要的应用。利用电磁波谱成像分析系统诊断病情，如：显微镜图像分析、DNA 成像分析等；CT、B 超、血管造影、红外乳腺、显微病理、电子显微镜、远程医疗图像、皮肤图像、X 射线、γ 刀与 X 刀脑外科等都离不开图像，通过三维测量可视化软件系统还可对各类医学断层图像进行分析处理，提供诊断依据。如图 1-9 所示为人体组织 CT 图像，通过数字图像处理技术检测病变部位，可以提高医疗诊断的智能化。

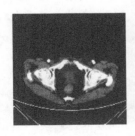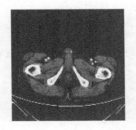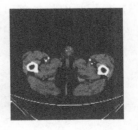

图 1-9   人体组织 CT 图像

（3）公共安全

公共安全包括社会治安、交通安全、生活安全、生产安全、食品安全、生态安全等。图像处理在公共安全领域的应用场景主要包括犯罪侦查、交通监控、自然灾害监测、消防安全检测、食品安全保障、环境污染监测等，更具体的应用有人脸、指纹、掌纹、虹膜等生物特征识别，以及伪钞识别、手迹印记鉴别及安检等。

在犯罪侦查中，利用数字图像处理技术和人工智能技术相结合，将采集到的人物图片与其所持身份证照片进行对比，可有效核对身份信息，实现黑名单实时报警，从而有效的协助公安机关进行身份核查、安全检查等工作，提升工作效率，节约警力。在交通安全中，可通过图像处理技术智能分析路口路段车流量、饱和度、占有率等交通数据，进而优化路口信号灯的时长控制方案；也可以利用视频图像的检测、跟踪和识别技术来获取车辆特征和驾乘人员姿态，从而有效识别假牌、套牌、车内不系安全带、开车打电话等违法行为。在消防安全方面，图像处理技术可用于火灾和烟雾的检测，及时发现火灾并报警，更好地保证人民生命与财产安全。在环境污染监测方面，图像处理可以用于污水排放色度和悬浮物检测、海洋环境污染监测、空气质量等级检测、路面扬尘污染和路面固体垃圾检测等。图 1-10 是用于垃圾分类自动识别系统，通过双目相机采集垃圾图片，先利用数字图像处理技术对垃圾进行定位、识别，再将检测结果传送给机械臂，进行垃圾分拣，减少环境污染。

图 1-10　垃圾分类自动识别系统

（4）工业制造

工业制造是数字图像处理的重要应用领域之一。作为工业之眼的机器视觉技术是智能制造时代和工业 4.0 时代实现工业自动化、智能化和互联化的必要技术手段之一，而机器视觉是通过对目标图像进行图像处理来得到检测和判断信号的。

近年来在工业制造行业，图像处理技术在自动缺陷检测、智能识别、智能测量、智能检测等方面飞速发展。图像处理可以提高质量检测的可靠性、生产效率、生产柔性和生产的自动化程度，在危险的工作环境中它可以替代人工视觉进行目视检查，从而满足制造过程中的安全检测需求。图 1-11 是图像处理技术在不同工业领域中的应用实例。

a) 工件定位　　　　　　　　　b) 视觉引导焊接　　　　　　　　c) 视觉引导打磨

图 1-11　图像处理在工业制造中的应用

（5）军事

在军事领域中，航空及卫星侦察照片的测绘与判读、雷达图像处理、导弹制导、军事仿真等都要用到数字图像处理技术。掌握先进的图像处理技术，实现目标的精准识别和快速跟踪，对于加强国防力量建设具有重要的意义。

海陆空三大领域的军事目标各有特点，其目标识别的难点也各不相同，利用图像处理技术重点解决恶劣环境下军舰、坦克、火炮、装甲车、无人机、导弹等军事目标的识别，对一些虚假、伪装目标的正确快速识别，以及地面小目标及发生遮挡的目标的识别。基于目标跟踪的视频监控能够有效掌握战场环境，并对敌方位置进行搜索和跟踪，了解敌方动态，以求在战争中掌握先机。目前，国际上已有大量武器装备应用了目标跟踪技术，包括应用于高炮、导弹、坦克等武器装备的火控系统，以及一些红外搜索系统。

（6）农业

图像处理早已成为智慧农业的重要支撑技术之一。其应用包括：借助遥感图像处理统计作物的种植面积和耕地数据信息；利用图像处理分辨农作物生长情况，帮助农民及时评估农作物生长中的缺水、缺营养及病虫害等状况；利用图像处理提取农作物的色泽、尺寸等质量特征，进行农作物的分级；利用图像处理进行水果定位，进而实现自动采摘等。

（7）通信

目前在图像传真、数字电视、网络可视聊天、可视电话、网页动画、电视制作等领域都广泛采用图像处理技术进行各种视频信号的传输及特效的制作。

1.5　数字图像处理的机遇与挑战

进入 21 世纪，随着计算机技术的迅猛发展和相关理论的不断完善，数字图像处理技术在许多应用领域受到广泛重视，并取得了重大的开拓性成就。在人工智能和思维科学的大背景下，图像处理正向着高速化、高分辨率化、立体化、多媒体化、智能化和标准化的方向发展，涌现了众多的图像处理理论和算法。但与人类识别图像的能力相比，计算机对图像的处理能力尚存在很多不足。

在讨论图像处理面临的严峻挑战的主要原因之前，有必要先解释一下机器是如何"看到"图像的。当我们人类观看图像时，会感知物体、人物或景观。而当机器"查看"图像时，它们看到的只是代表单个像素的数字。也就是说数字图像处理的全部就是以某种方式处理这些数字。

图像处理并不是一件容易的事情，可以总结为以下几方面原因：

1）信息损失。数字化过程中信息损失是造成计算机视觉难度的一个重要因素。图像是从 3D 世界投影到 2D 平面上获取到的信息，在此过程中会丢失大量信息，例如深度信息。

2）数据量大。图像的数据量是巨大的，视频数据则会更大，虽然技术上的进步使得处理器和内存不足问题得到了良好的解决，但是数据处理的效率仍有待提高。

3）伴随噪声。任何测量过程中都存在噪声，图像的数字化过程中的噪声也不可避免。这就需要使用相应的数学工具和方法对含有噪声的视觉感知结果进行分析和处理，从而较好地复原真实视觉数据。

4）图像理解困难。人类可以对图像内容进行理解和解释，但对于机器来说，这绝对是计算机视觉环境中最难处理的事情。当人类观看图像时，会用积累的知识和记忆（称为先验知识）来分析它。但机器没有这种能力，它们不了解人类的世界，不了解其中固有的复杂性，以及人类在数千年的文明中创造的众多工具、商品、设备等。赋予机器对图像的理解能力，是图像处理、机器视觉与人工智能学科研究者们不断努力的目标。

总之，图像处理领域还存在很多难题亟待解决，既是机遇也是挑战。在研究图像处理技术时，可以加强对视觉特性、心理学特性等方面的进一步研究，借鉴其他学科的理论、技术和方法，完善图像处理的理论和技术体系。

【本章小结】

本章介绍了数字图像处理的产生与发展、数字图像的基本概念、数字图像处理的基本内容和基本步骤、数字图像处理的工程应用以及数字图像处理的机遇与挑战。数字图像处理技术在航空航天、生物医学、公共安全、工业制造、军事、遥感、农业、通信等诸多领域均有着广泛的应用。抓创新就是抓发展、谋创新就是谋未来，数字图像处理是创新驱动发展战略的重要支撑技术。

【课后习题】

1. 什么是数字图像？
2. 简述彩色图像、灰度图像、二值图像三者之间的关系与区别。
3. 数字图像处理包括哪些内容？
4. 数字图像处理的基本步骤有哪些？
5. 举一个与图像处理技术相关的工程应用案例，分析数字图像处理技术在工程案例中所起的作用。

第 2 章　图像采集系统

在数字图像处理中，获得一张高质量且可处理的图像是至关重要的。一个成功的系统往往要保证采集的图像质量好且特征明显，而一个图像处理项目之所以失败，大部分情况是由于采集的图像质量不好或特征不明显引起的，所以图像采集可以视为数字图像处理过程中最初始并且非常重要的一环。

本章将详细介绍捕获测量图像时所需要的硬件以及相关的技术。一套典型的图像采集系统包括：光源、镜头、相机和图像采集卡。光源为系统提供足够的光源信息，克服环境干扰，使得被测物体的基本特征可见；镜头将被测场景中的目标成像在图像传感器的光敏面上；相机将图像的光信号转换成有序的电信号；图像采集卡从相机中获取图像数据，然后转换成计算机能处理的数字信息，并存储在内存中；最后由计算机实现图像的综合处理。

2.1　光源

光源是图像采集系统中的关键组成部分，它直接影响输入图像的质量。光源的主要功能是以合适的方式将光线投射到待测物体上，突出待测物体特征部分的对比度。采用照明光源的目的主要有以下几点：

1）将待测区域与背景区分开。
2）将运动目标"凝固"在图像上。
3）增强待测目标边缘的清晰度。
4）消除阴影。
5）抵消噪光。

好的光源能够改善整个系统，突显良好的图像效果（特征点），并且可以简化算法，降低后续图像处理的复杂度，提高检测精度，并保证检测系统的稳定性。不恰当的光源，会给整个系统带来很多不必要的麻烦，甚至让检测失败。例如，相机过度曝光以及曝光不足均会隐藏许多重要的图像信息；阴影会引起边缘的误检测；不均匀的照明会增加图像处理阈值选择的困难等。需要注意的是，没有通用的图像采集系统的照明设备，针对每个特定的应用实例，要设计相应的照明装置，以达到最佳效果。

下面分析光源的分类以及光源的照明方式，让读者能够更深刻的理解数字图像处理系统中的照明光源。

2.1.1　光源的类型

光源是指能够产生光辐射的辐射源，一般分为天然光源和人造光源。天然光源是自然界中存在的辐射源，如太阳光、月光等。人造光源是人为将各种形式的能量（热能、电能、化学能）转化成光辐射能的器件，按照发光机理，人造光源一般可以分为以下几类。

1）钨丝灯类：白炽灯、卤素灯；

2）气体放电灯类：高强度气体放电灯（HID）类（高压汞灯、高压钠灯、金属卤化物灯），荧光灯类（直管/环形荧光灯、紧凑型节能灯）；

3）固体光源类：发光二极管（LED）。

在不同的场景和环境下，选择合适的发光元件对于系统非常重要。如图 2-1 所示，目前数字图像处理系统上的光源主要有荧光灯、卤素灯（光纤导管）、LED 光源。

a) 荧光灯   b) 卤素灯   c) LED光源

图 2-1　数字图像采集系统中主要的光源类型

1. 荧光灯

将弧光放电现象产生的紫外线作为荧光体，从而发出可视光的光源。一般来说，其结构为：在玻璃管的内侧涂上荧光体，将水银密封在玻璃管内，然后在管子的两端安装用来放电的电极。荧光灯由交流电供电，因此产生与供电电源相同频率的闪烁。应用于图像采集系统时，为了避免图像产生明暗的变化，其供电频率应不低于 22 kHz。

2. 卤素灯

卤素灯泡是在灯泡内注入碘或溴等卤素气体，其工作原理为：当灯丝发热的时候，钨原子就会开始蒸发，然后向玻璃灯泡管壁方向移动，接近玻璃管壁的同时，钨原子的蒸气会被冷却然后和卤素原子结合一起，形成卤化钨，为气态。然而，卤化钨是一种十分不稳定的物质，遇热后会重新分解成钨和卤素蒸气，如此无限循环下去，即卤钨循环。通过这样的卤钨循环，灯丝上的钨不会渐渐溶解，也不会因为钨在灯泡壳上沉积而发黑，其寿命得到了大大的提升，也比普通白炽灯发光效率高。一般将卤素灯和光纤导管组合使用，由一个卤素灯泡在一个装置（通常称为灯箱）中发光，再由光纤导管将卤素灯所产生的强光转向被测物进行照明。

3. LED 光源

LED 光源由数层很薄的掺杂半导体材料制成，一层带过量的电子，另一层因缺乏电子而形成带正电的"空穴"，当有电流通过时，电子和空穴相互结合并释放出能量，从而辐射出光芒。

LED 光源主要有如下特点：

1）可制成各种形状、尺寸及各种照射角度；

2）可根据需要制成各种颜色，并可以随时调节亮度；

3）通过散热装置，散热效果更好，光亮度更稳定；

4）使用寿命长；

5）反应快捷，点亮后可在 10 ms 或更短的时间内达到最大亮度；

6）电源带有外触发，可以通过计算机控制，起动速度快，可以用作频闪灯；

7）运行成本低、寿命长，在综合成本和性能方面体现出更大的优势；

8）可根据客户的需要，进行特殊设计。

由于 LED 光源有如此多的优点，所以它是目前数字图像处理系统中应用最多的一种光源。为了更好地了解 LED 光源以及对后文的理解，下面将对 LED 光源（按形状划分）的类型进行介绍（如图 2-2 所示）。

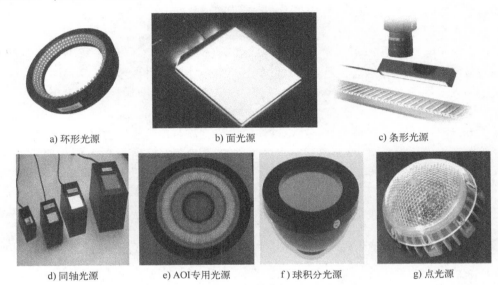

a) 环形光源　　　　b) 面光源　　　　c) 条形光源

d) 同轴光源　　　e) AOI专用光源　　　f) 球积分光源　　　g) 点光源

图 2-2　LED 光源分类

（1）环形光源

环形光源的 LED 灯珠排布成环形且与光轴有一定的夹角，可提供不同照射角度、不同颜色组合，更能突出物体的三维信息；高密度 LED 阵列，亮度高；多种紧凑设计，节省安装空间；解决对角照射阴影问题；可选配漫射板导光，实现光线均匀扩散。

应用领域：PCB 基板检测、IC 元件检测、显微镜照明、液晶校正、塑胶容器检测、集成电路印字检查等。

（2）面光源

用高密度 LED 阵列面提供高强度面光照明。采用面光源垂直照射，能够在照明范围内产生均匀的照明光线；采用面光源进行背光照射，能突出物体的外形轮廓特征。

应用领域：机械零件尺寸的测量，电子元件、IC 外形检测，胶片污点检测，显微镜的载物台及透明物体划痕检测等。

（3）条形光源

条形光源是针对较大长方形结构被测物的首选光源。光源颜色可根据需求搭配，自由组合。照射角度与安装位置随意可调。

应用领域：金属表面检查、图像扫描、表面裂缝检测、LCD 面板检测等。

（4）同轴光源

光源通过漫射板发散打到半透半反射分光片上，该分光片将光反射到物体上，再由物体反射到镜头中。由于物体反射后的光与相机处于同一个轴线上，因此，这种方式的光源被称之为同轴光。同轴光源可以消除物体表面不平整引起的阴影，从而减少干扰；部分采用分光镜设计，减少光损失，提高成像清晰度，均匀照射物体表面。其中，同轴平行光通过特殊聚光透镜配光，实现光束平行的效果，能清晰的检测反光表面的划痕、缺口等缺陷，比普通同轴光平行性更高。

应用领域：适用于反射率极高的物体，如金属、玻璃、胶片、晶片等表面的划伤检测，芯片和硅晶片的破损检测、Mark 点定位及包装条码识别。

（5）AOI 专用光源

AOI 专用光源，采用 RGB 三色高亮度 LED 阵列而成，以不同角度及不同颜色照射物体，以突显出物体的三维信息。通常，AOI 专用光源会外加漫射板导光，以减少反光。

应用领域：用于电路板焊锡检测。

（6）球积分光源

球积分光源从外观上看是一个空腔半球体，内壁上涂有白色漫反射材料，半球面内壁具有积分效果，均匀反射从底部 360° 发射出的光线。由于多次反射光产生的光照不断叠加，使整个图像的照度十分均匀。球积分光源对于表面起伏大和反光性强的物体有较好的适用性。

应用领域：适用于曲面，表面凹凸，弧形表面检测，或金属、玻璃表面反光较强的物体表面检测。

（7）点光源

点光源采用大功率 LED，具有体积小，发光强度高等特点，是光纤卤素灯的替代品，尤其适合作为镜头的同轴光源等。增加高效散热装置，可以大大提高光源的使用寿命。

应用领域：适合远心镜头使用，用于芯片检测、Mark 点定位、晶片及液晶玻璃底基校正。

2.1.2　光源的颜色

1. 光源的颜色类型

不同颜色的光的波长不同，波长越长，穿透能力越强；波长越短，扩散能力越强。所以，红外光的穿透能力强，适合检测透光性差的物体，如棕色口服液杂质检测。紫外光对表面的细微特征敏感，适合检测对比不够明显的地方，如食用油瓶上的文字检测。因此不同颜色的光源的照明属性不同，常用光源颜色有白色、蓝色、红色、绿色、红外和紫外。

（1）白色光源

白色光源通常用色温来界定，色温高的颜色偏蓝色（冷色，色温>5000 K），色温低的颜色偏红（暖色，色温<3300 K），界于 3300 K 与 5000 K 之间称之为中间色，白色光源适用性广，亮度高，特别是拍摄彩色图像时使用更多。

（2）蓝色光源

蓝色光源波光为 430 nm～480 nm 之间，适用产品：银色背景产品（如钣金、车加工件等）、薄膜上金属印刷品。

（3）红色光源

红色光源的波长通常在 600 nm ~ 720 nm 之间，其波长比较长，可以透过一些比较暗的物体，例如底材黑色的透明软板孔位定位、透光膜厚度检测等，采用红色光源更能提高对比度。

（4）绿色光源

绿色光源波长 510 nm ~ 530 nm，界于红色与蓝色之间，主要针红色背景产品和银色背景产品（如钣金，车加工件等）。

（5）红外光

红外光的波长一般为 780 nm ~ 1400 nm，生产中大多采用 940 nm 波长的红外光，红外光属于不可见光，其透过力强。一般在 LCD 屏幕检测、视频监控行业中应用比较普遍。

（6）紫外光

紫外光的波长一般为 190 nm ~ 400 nm，生产中主要采用 385 nm 波长的紫外光，其波长短，穿透力强，主要应用于证件检测、触摸屏 ITO 检测、布料表面破损、点胶溢胶检测及金属表面划痕检测等。

2. 互补色与近邻色——色光混合规律

光的三原色是红、绿、蓝，三原色中任意一色都不能由另外两种原色混合产生，而其他色光可由这三色光按照一定的比例混合出来。

色光混合遵循以下定律：

1）色光连续变化规律：由两种色光组成的混合色中，如果一种色光连续变化，混合色也连续变化。

2）补色律：三原色光等量混合，可以得到白光。如果先将红光与绿光混合得到黄光，黄光再与蓝光混合，也可以得到白光。两个以适当比例相混合产生白色的颜色光是互补色。最基本的互补色有三对：红-青，绿-品红，蓝-黄。补色有一个重要性质，即一种色光照射到其补色的物体上，则被吸收。基于这一定律可知，使用与被测物同色系的光会使图像变亮（如：红光使红色物体更亮）；使用与被测物相反色系的光会使图像变暗（如：红光使蓝色物体更暗）；使用补色光会使物体呈黑色（蓝光照射黄色物体，则呈现黑色）。

3）中间色律：任何两种非补色光混合，便产生中间色。其颜色取决于两种色光的相对能量，其鲜艳程度取决于二者在色相顺序上的远近。

4）代替律：颜色外貌相同的光，不管它们的光谱成分是否一样，在色光混合中都具有相同的效果。凡是在视觉上相同的颜色都是等效的，即相似色混合后仍相似。色光混合的代替规律表明，只要在感觉上颜色是相似光的便可以相互代替，所得的视觉效果是同样的。

以上四个规律是色光混合的基本规律。这些规律可以指导照明光源系统设计。例如可以根据目标的颜色不同来选择不同光谱的光源照射，利用补色律和亮度相加律得到突出目标亮度，削弱背景，以达到最终突出目标的效果。

2.1.3　照明方式

恰当的照明方式可以准确捕捉物体特征，提高物体与背景的对比度。常见的照明方式有前景光照射、背景光照射、同轴光照射。

1. 前景光

照明光源位于被测物体的前方，利于表现物体的表面细节特征，可用于各种表面检测。一般情况下可分为垂直照射、高角度照射、低角度照射和多角度照射。（不同的光源对角度的定义不同，在选购合适的光源时要慎重）

垂直照射时，光线方向与物体表面成约90°夹角，照射面积大、光照均匀性好、适用于较大面积照明。可用于基底和线路板定位、晶片部件检查等，如图2-3所示。

高角度照射时，光线方向与物体表面成较大的夹角（如30°、45°、60°、75°等角度环光），在一定工作距离下，光束集中、亮度高、均匀性好、照射面积相对较小。常用于液晶校正、塑胶容器检查、工件螺孔定位、标签检查、引脚检查、集成电路印字检查等，如图2-4所示。

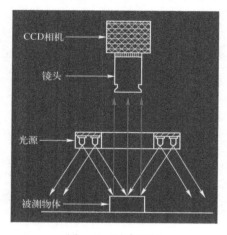

图2-3　垂直照射

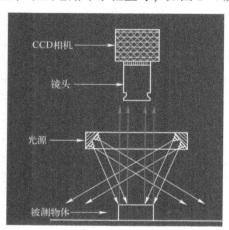

图2-4　高角度照射

低角度照射时光线方向与物体表面夹角接近0°，此时光源对物体表面凹凸表现力强。适用于晶片或玻璃基片上的伤痕检查等，如图2-5所示。

多角度照射是前面三种方式的混合，利用漫反射光照射。例如用不同颜色不同角度光照，可以实现焊点的三维信息的提取。适用于组装机板的焊锡部分、球形或半圆形物体、其他特殊形状物体、引脚头等，如图2-6所示。

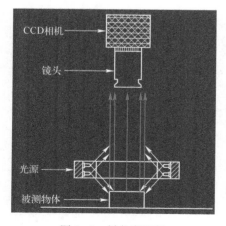

图2-5　低角度照射

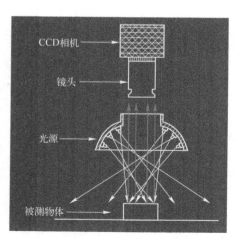

图2-6　多角度照射

2. 背景光

前景光的照明方式很多，而背景光的照明方式通常比较单一，利用背景光创造一个明亮的背景，而不透明或半透明的目标形成暗区，反差强烈，如图 2-7 所示。背景光更适合检查底片中缺陷和测量外形尺寸。

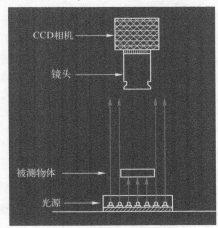

背景光照明有两种截然不同的使用。一是以投射方式观察的透明物体，薄玻璃就是可以用背光观察的透明产品，那些与透镜不是同轴的点状照明突出了表面瑕疵（刮痕、凿沟）以及内部缺陷（气泡、夹杂物）；二是背光照射观察不透明物体的轮廓，这是背光照明更常用的功能，例如零件进料器可以用基于背光照明的图像来确定装配中机器人所选机械零件的位置。

图 2-7　背景光照射

2.1.4　光源的选择

市场上各种视觉光源越来越多，如何选择一款适合项目需求的光源产品，是摆在很多应用工程师面前的一个难题。这个问题本身很难总结出一个千篇一律的结论，这里只是提出一些需要注意的地方供读者参考。

1. 如何评价一个光源的好坏

（1）对比度

对比度对图像处理来说非常重要，数字图像处理系统应用的照明最重要的任务就是使需要被观察的特征与需要被忽略的图像特征之间产生最大的对比度，从而易于特征的区分。对比度定义为在特征与其周围的区域之间有足够的灰度量区别。好的照明应该能够保证需要检测的特征突出于其他背景。

（2）鲁棒性

鲁棒性就是对环境有一个好的适应能力。好的光源需要在实际工作中与其在实验室中有相同的效果。

（3）亮度

当选择两种光源的时候，最佳的选择是选择更亮的那个。光源的亮度不够，必然要加大光圈，从而减小了景深。

（4）均匀性

均匀性是光源一个很重要的技术参数。均匀性好的光源使系统工作稳定。

（5）可维护性

可维护性主要指光源易于安装，易于更换。

（6）寿命及发热量

光源的亮度不宜衰减过快，这样会影响系统的稳定，增加维护的成本。发热量大的灯亮度衰减快，光源的寿命也会受到很大影响。

2. 选光源的一些技巧

1）需要前景与背景之间有更大的对比度，可以考虑用黑白相机与彩色光源。

2）环境光的问题，尝试用单色光源，配一个滤镜。

3）闪光曲面，考虑用散射圆顶光。

4）闪光粗糙的平面，尝试用同轴散射光。

5）检测塑料的时候，尝试用紫外光或红外光。

6）需要通过反射的表面看特征，尝试用角度线光源。

7）单个光源不能有效解决问题时考虑用组合光源。

8）频闪能够产生比常亮照明强 20 倍的光。

3. 几种光源的照明方式选型要领

（1）条形光源及其组合光源选型要领

1）条形光源照射宽度最好大于检测的距离，否则可能会因照射距离远而造成亮度差，或者是因距离近而辐射面积不够。

2）条形光源的长度能够照明所需打亮的位置即可，太长会造成安装不便，同时也增加成本。一般情况下，光源的安装高度会影响到所选用条形光源的长度，高度越高，光源长度要求越长，否则图像两侧亮度会比中间暗。

3）如果照明目标是高反光物体，最好加上漫射板；如果是黑色等暗色不反光产品，则可以拆掉漫射板以提高亮度。

4）条形组合光在选择时，不一定要按照资料上的型号来选型，因为被测的目标形状、大小各不相同，所以可以按照目标尺寸来选择不同的条形光源进行组合。

5）条形组合光在选择时，一定要考虑光源的安装高度，再根据四边被测特征点的长度和宽度选择相对应的条形光进行组合。

（2）环形光源选型要领

1）了解光源安装距离，过滤掉某些角度光源。例如，要求光源安装高度高，就可以过滤掉高角度光源，选择用低角度光源，而且安装高度越高，要求光源的直径越大。

2）目标面积小，且主要特性在表面中间，可选择小尺寸 0°角或低角度光源。

3）目标需要表现的特征如果在边缘，可选择 90°角（垂直照射）环形光，或大尺寸高角度环形光。

4）检测表面划伤，可选择 90°角（垂直照射）环形光，且尽量选择波长短的光源。

（3）面光源选型要领

1）选择面光源时，根据物体的大小选择合适大小的面光源，以免增加成本造成浪费。

2）面光源四周由于外壳遮挡，因此其亮度会低于中间部位，因此，选择面光源时，尽量不要使目标正好位于面光源边缘。

3）面光源一般在检测轮廓时，可以尽量使用波长短的光源，波长短的光源其衍射性弱，图像边缘不容易产生重影，对比度更高。

4）面光源与目标之间的距离可以通过调整来达到最佳的效果，并非离得越近效果越好，也非越远越好。

5）检测液位可以将面光源侧立使用。

6）圆轴类的产品和螺旋状的产品尽量使用平行面光源。

（4）同轴光选型要领

1）选择同轴光时，主要看其发光面积，根据目标的大小来选择合适发光面积的同轴光。

2）同轴光的发光面积最好比目标尺寸大 1.5~2 倍左右，因为同轴光的光路设计是让光路通过一片 45°半反半透镜改变方向，光源靠近灯板的地方会比远离灯板的亮度高，因此应尽量选择大一点的发光面，以避免光线左右不均匀。

3）同轴光在安装时尽量不要离目标太远；越远，要求选用的同轴光越大，才能保证匀性。

（5）其他光源选型要领

1）了解特征点面积大小，选择合适尺寸的光源。

2）了解产品特性，选择不同类型的光源。

3）了解产品的材质，选择不同颜色的光源。

4）了解安装空间及其他可能会产生障碍的情况，选择合适的光源。

4. 常见的辅助光学器件

数字图像处理系统是一门应用性很强的系统工程，不同的工厂、不同的生产线、不同的工作环境对光源亮度、工作距离、照射角度等的要求差别很大。有时受限于具体的应用环境，不能直接通过光源类型或照射角度的调整而获取良好的视觉图像，而常常需要借助于一些特殊的辅助光学器件。

常用的辅助光学器件包括：

（1）反射镜

反射镜可以简单方便的改变优化光源的光路和角度，从而为光源的安装提供了更大的选择空间。

（2）分光镜

分光镜通过特殊的镀膜技术，不同的镀膜参数可以实现反射光和折射光比例的任意调节。光源中的同轴光就是分光镜的具体应用。

（3）棱镜

不同频率的光在介质中的折射率是不同的，根据光学的这一基本原理可以把不同颜色的复合光分开，从而得到频率较为单一的光源。

（4）偏振片

光线在非金属表面的反射是偏振光，借助于偏振片可以有效地消除物体的表面反光。同时，偏振片在透明或半透明物体的检测上也有很好的应用。

（5）漫射片

漫射片是光源中比较常见的一种光学器件，它可以使光照变得更均匀，减少不需要的反光。

（6）光纤

光纤可以将光束聚集于光纤管中，使之像水流一样便于光线的传输，为光源的安装提供了很大的灵活性。

2.2　镜头

镜头的基本功能就是实现光束变换（调制）。在数字图像处理系统中，镜头的主要作用是将目标成像在图像传感器的光敏面上，使成像单元能获得清晰影像。镜头的质量直接影响到整个系统的整体性能，合理地选择和安装镜头，是数字图像处理系统设计的重要环节。

2.2.1　镜头的成像原理

1. 镜头的基本构成

常见的成像镜头，由透镜和光阑两部分组成。

（1）透镜

单个透镜是进行光束变换的基本单元。常见的有凸透镜和凹透镜两种，凸透镜对光线具有汇聚作用，也称为汇聚透镜或正透镜；凹透镜对光线具有发散作用，也称为发散透镜或负透镜。镜头设计中，常常将这两类镜头结合使用，校正各种像差和失真，以达到满意的成像效果。

（2）光阑

光阑的作用就是约束进入镜头的光束部分。使有益的光束进入镜头成像，而有害的光束不能进入镜头。根据光阑设置的目的不同，光阑又进一步细分为以下几种：

孔径光阑决定了进入镜头的成像光束的多寡（口径）。从而决定了镜头成像面的亮度，是镜头的关键部件之一。通常讲的"调节光圈"，就是调节孔径光阑的口径，从而改变成像面的亮度。

视场光阑限制、约束着镜头的成像范围。镜头的成像范围可能受一系列物理的边框、边界约束，因此实际镜头大多存在多个视场光阑。例如，每个单透镜的边框都能限制斜入射的光束，因此它们都可以算作视场光阑；CCD、CMOS 或其他感光器件的物理边界也限制了有效成像的范围，因此这些边界也是视场光阑。

消杂光光阑是为了限制杂散光到达成像面而设置的光阑。镜头成像的过程中，除了正常的成像光束能到达像面外，仍有一部分非成像光束也到达像面，它们被统称为杂散光。杂散光对成像来说是非常有害的，相对于成像光束它们就是干扰、噪声，它们的存在降低了成像面的对比度。为了减少杂散光的影响，可以在设计过程中设置光阑来吸收阻挡杂散光到达成像面。为此目的而引入的光阑都称为消杂光光阑。

总而言之，透镜和光阑都是镜头的重要光学功能单元，透镜侧重于光束的变换（例如实现一定的组合焦距、减少像差等），光阑侧重于光束的取舍约束。

2. 镜头的成像原理

图 2-8 展示了工业镜头成像的基本性质。如图 2-8a 所示，假设发光体位于无限远处（无穷远处物体所发光被认为是平行光），将工业镜头（透镜）与这些平行光垂直，则这些光线将聚集在一点，这一点就是焦点。换句话说，焦点是无限远处光源的映射。工业镜头与焦点之间的距离称为焦距 f。因此，如果想要在图像传感器（焦平面）上获取一个无限的远物体的像，工业镜头与图像传感器的距离就正好是镜头的焦距。如果将发光体移近工业镜

头，如图 2-8b 所示，工业镜头就将光线聚焦在焦点前面，因此如果要获取尖锐的图像，就必须增加镜头与传感器的距离。因此，镜头对焦意味着改变工业镜头本身与图像传感器的距离，距离改变靠机械装置进行约束。这不仅应用于理想的薄透镜，也可以应用于实际由多镜片组成的复合镜头。

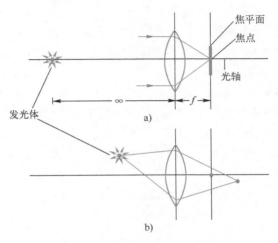

图 2-8　工业镜头成像的基本性质

　　理想薄透镜成像原理如图 2-9 所示。当镜头应用于不同检测场合时，利用理想薄透镜公式与实际透镜组计算公式，来计算出所需的焦距。公式（2-1）是对于理想薄透镜的基本透镜公式，由图 2-9 可以得到公式（2-2），进而推导出公式（2-3）。

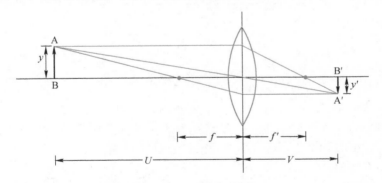

图 2-9　理想薄透镜成像

$$\frac{1}{U}+\frac{1}{V}=\frac{1}{f} \tag{2-1}$$

$$m=\frac{y'}{y}=\frac{V}{U} \tag{2-2}$$

$$f=\frac{V}{1+V/U}=\frac{V}{1+m} \tag{2-3}$$

其中，V 和 U 分别是工业镜头光心到图像传感器的距离和工业镜头光心到物体的距离，y' 和 y 分别是图像的大小和物体的大小。V 与 U 之比就是放大因子 m（或称放大倍率）。

2.2.2 镜头的主要参数

（1）焦距（Focal Length）

焦距是从镜头的中心点到焦平面上所形成的清晰影像之间的距离，焦距的大小决定着视角的大小。焦距数值小，视角大，所观察的范围也大；焦距数值大，视角小，观察范围小。根据焦距能否调节，可分为定焦镜头和变焦镜头两大类。

在已知相机 CCD 尺寸、工作距离和视野的情况下，可以计算出所需镜头的焦距 f。

（2）视场角（Field of View）

如图 2-10 所示，视场角（Field of View，FOV）就是整个系统能够观察的物体的尺寸范围，进一步可以分为水平视场和垂直视场，也就是芯片上能够成像对应的实际物体大小，定义为 FOV=L/m，其中，L 是芯片的高或者宽，m 是放大率，定义为 $m=v/u$，v 是相距，u 是物距，FOV 即是相应方向的物体大小。当然，FOV 也可以表示成镜头对视野的高度和宽度的张角，即视场角 α，定义为

$$\alpha = 2\beta = 2\arctan\left[L/(2v)\right] \tag{2-4}$$

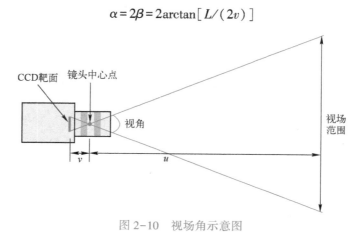

图 2-10 视场角示意图

（3）光圈（Aperture）

如图 2-11 所示，光圈（Aperture）是机械装置，是一个用来控制光线透过镜头，进入机身内感光面的光量的装置，它通常在镜头内，通过控制镜头光孔的大小来达到这一作用。

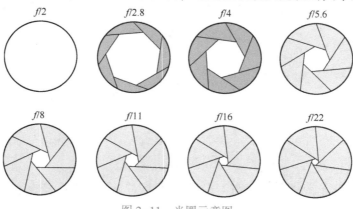

图 2-11 光圈示意图

当外界光线较弱时，就将光圈调大；反之，就将光圈调小。光圈大小用镜头焦距 f 和通光孔径 D 的比值来衡量，用 f 值表示。完整的光圈值由小到大依次为：$f/1$、$f/1.4$、$f/2$、$f/2.8$、$f/4$、$f/5.6$、$f/8$、$f/11$、$f/16$、$f/22$、$f/32$、$f/44$ 和 $f/64$。

光圈 f 值愈小，光圈开得越大，在同一单位时间内的进光量便越多，而且上一级的进光量刚好是下一级的一倍，例如光圈从 $f/8$ 调整到 $f/5.6$，进光量便多一倍，也可以说光圈开大了一级。

（4）景深（Depth of field）

景深（Depth of field，DOF）是指在摄影机镜头前沿能够取得清晰图像的成像所测定的被摄物体前后距离范围如图 2-12 所示。在聚焦完成后，在焦点前后的范围内都能形成清晰的像，这一前一后的距离范围，称为景深。景深随镜头的光圈值、焦距、拍摄距离而变化。光圈越大，景深越小；光圈越小、景深越大。焦距越长，景深越小；焦距越短，景深越大。距离拍摄体越近时，景深越小；距离拍摄体越远时，景深越大。

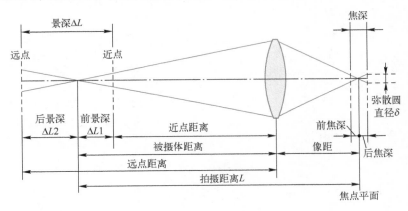

图 2-12　景深示意图

（5）分辨率（Resolution）

分辨率描述的是图像采集系统能够分辨的最小物体的距离，如图 2-13 所示。通常用黑白相间的线来标定镜头的分辨率，即像面处镜头在单位毫米内能够分辨的黑白相间的条纹对数，即每毫米多少线对，大小为 $1/2d$，单位是“线对/毫米”（lp/mm）。分辨率越高的镜头成像越清晰。镜头的分辨率要与相机的分辨率匹配，大于或等于相机的分辨率。

（6）畸变（Distortion）

一条直线经过镜头拍摄后，变成弯曲的现象，称为畸变像差。理想成像中，物像应该是完全相似的，也就是成像没有带来局部变形，如图 2-14a 所示。但是实际成像中，往往有所变形，如图 2-14b 和图 2-14c 所示，向内弯的是桶状变形（Barrel），向对角线方向往外弯的是枕状变形（Pincushion）。畸变的产生源于镜头的光学结构、成像特性使然。畸变可以看作是像面上不同局部的放大率不一致引起的，是一种放大率像差。

（7）对应最大 CCD 尺寸（Corresponding Maximum CCD Size）

CCD 尺寸即相机 CCD 靶面的大小。镜头可支持的最大 CCD 尺寸应大于或等于选配相机 CCD 芯片尺寸，才能使 CCD 发挥最大的效用。即相机的 CCD 靶面大小为 1/2 英寸时，镜头应选 1/2 英寸；相机的 CCD 靶面大小为 1/3 英寸时，镜头应选 1/3 英寸；相机的 CCD 靶面

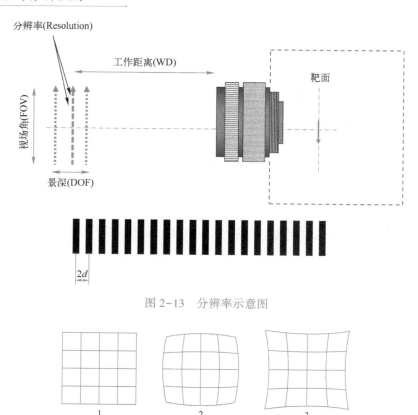

图 2-13　分辨率示意图

a) 理想成像　　　　b) 桶状变形　　　　c) 枕状变形

图 2-14　图像畸变类型

大小为 1/4 英寸时，镜头应选 1/4 英寸。如果镜头尺寸与摄像机 CCD 靶面尺寸不一致时，观察角度将不符合设计要求，或者发生画面在焦点以外等问题。

2.2.3　镜头的类型

镜头的种类繁多，已经发展成了一个庞大的体系，以适应各种场合条件下的应用。对镜头的划分也可以从不同的角度来进行，例如可根据相机接口类型划分、根据变焦与否划分、根据镜头光圈划分、根据特殊用途划分等。

1. 根据镜头接口类型分类

镜头和相机之间的接口有许多不同的类型，工业相机常用的包括 C 接口、CS 接口、F 接口、V 接口、T2 接口、M42 接口、M50 接口等。

C 接口和 CS 接口是工业相机最常见的国际标准接口，C 接口和 CS 接口的螺纹连接是一样的，区别在于 C 接口的后截距为 17.5 mm，CS 接口的后截距为 12.5 mm。所以 CS 接口的相机可以和 C 接口及 CS 接口的镜头连接使用，只是使用 C 接口镜头时需要加一个 5 mm 的接圈；C 接口的摄像机不能用 CS 接口的镜头。

F 接口镜头是尼康镜头的接口标准，所以又称尼康口，也是工业摄像机中常用的类型，一般摄像机靶面大于 1 英寸时需用 F 口的镜头。

V 接口镜头是著名的专业镜头品牌施奈德镜头所主要使用的标准，一般也用于摄像机靶面较大或特殊用途的镜头。

接口类型和镜头性能及质量并无直接关系，只是接口方式的不同。镜头接口需要与相机接口匹配，或可通过外加转换口与相机接口匹配安装。

2. 根据变焦与否分类

按照变焦与否可将镜头分为定焦镜头和变焦镜头。

定焦镜头，特指只有一个固定焦距的镜头，只有一个焦段，或者说只有一个视野。定焦镜头按照等效焦距（实际焦距×43 mm/镜头成像圆的直径）又可以划分为：鱼眼镜头（6～16 mm）、超广角镜头（17～21 mm）、广角镜头（24～35 mm）、标准镜头（45～75 mm）、长焦镜头（150～300 mm）及超长焦镜头（300 mm 以上）。定焦镜头的设计相对变焦镜头而言要简单得多，但一般变焦镜头在变焦过程中对成像会有所影响，而定焦镜头相对于变焦机器的最大好处就是对焦速度快，成像质量稳定。不少拥有定焦镜头的相机所拍摄的运动物体图像清晰而稳定，对焦非常准确，画面细腻，颗粒感非常轻微，测光也比较准确。

变焦镜头是在一定范围内可以变换焦距、从而得到不同宽窄的视场角，不同大小的影像和不同景物范围的相机镜头。变焦镜头又可分为手动变焦和电动变焦两大类。变焦镜头在不改变拍摄距离的情况下，可以通过变动焦距来改变拍摄范围，因此非常有利于画面构图。

3. 根据镜头光圈分类

镜头有手动光圈和自动光圈之分。手动光圈镜头适合亮度不变的应用场合，自动光圈镜头因亮度变更时其光圈亦作自动调整，故适合亮度变化的场合。

自动光圈镜头又分两类：一类是将一个视频信号及电源从相机输送到透镜来控制镜头上的光圈，称为视频输入型；另一类则利用相机上的直流电压来直接控制光圈，称为 DC 输入型。自动光圈镜头上的 ALC（自动镜头控制）调整用于设定测光系统，可以调整画面的平均亮度，也可以根据画面中最亮部分（峰值）来设定基准信号强度，供给自动光圈调整使用。一般而言，ALC 已在出厂时经过设定，可不作调整，但是对于拍摄景物中包含有一个亮度极高的目标时，明亮目标物的影像可能会造成"白电平削波"现象，而使得全部屏幕变成白色，此时可以调节 ALC 来改善画面。

4. 特殊用途的镜头

（1）微距镜头

按德国的工业标准，成像比例大于 1∶1 的称为微距摄影范畴。这里所说的比率指成像的大小与实物之间的比例关系，也就是镜头的放大率。事实上放大率在 1∶1～1∶4 左右的都属微距镜头。

（2）显微镜头

该镜头一般是为成像比例大于 1∶10 的拍摄系统所用，为了看清目标的细节特征，显微镜头一般使用在高分辨率的场合。它们基本的特点是工作距离短，放大倍率高，视场小。

（3）紫外镜头和红外镜头

一般镜头是针对可见光范围内的使用设计的，由于同一光学系统对不同波长的光线折射率的不同，导致同一点发出的不同波长的光成像时不能汇聚成一点，产生色差。常用镜头的消色差设计也是针对可见光范围的，紫外镜头和红外镜头即是专门针对紫外线和红外线进行设计的镜头。

（4）远心镜头

该镜头主要是为纠正传统工业镜头视差而设计，它可以在一定的物距范围内，使得到的图像放大倍率不会变化，这对被测物不在同一物面上的情况是非常重要的应用。远心镜头主要有如下特点：

1）高影像分辨率。图像分辨率一般以量化图像传感器既有空间频率对比度的CTF（对比传递函数）衡量，单位为lp/mm。大部分视觉集成器往往只是集合了大量廉价的低像素、低分辨率镜头，最后只能生成模糊的影像。而采用远心镜头，即使是配合低像素图像传感器（如550万像素，2/3"），也能生成高分辨率图像。

2）近乎零失真度。畸变系数即实物大小与图像传感器成像大小的差异百分比。普通机器镜头通常有高于1%~2%的畸变，可能严重影响测量时的精确水平。相比之下，远心镜头通过严格的加工制造和质量检验，将此误差严格控制在0.1%以下。

3）无透视误差。在计量学应用中进行精密线性测量时，经常需要从物体标准正面（完全不包括侧面）观测。此外，许多机械零件并无法精确放置，测量时间距也在不断地变化。而软件工程师却需要能精确反映实物的图像。远心镜头可以完美解决以上困惑，因为入射光瞳可位于无穷远处，成像时只会接收平行光轴的主射线。

4）远心设计与超宽景深。双远心镜头不仅能利用光圈与放大倍率增强自然景深，更有非远心镜头无可比拟的光学效果。在一定物距范围内移动物体时成像不变，亦即放大倍率不变。

由以上特性可知，远心镜头依据其独特的光学特性一直为对镜头畸变要求很高的视觉应用场合所青睐。

2.2.4 镜头的选择

镜头的基本光学性能由焦距、相对孔径（光圈系数）和视场角（视野）这三个参数表征。因此，在选择镜头时，首先需要确定这三个参数，最主要是先确定焦距，然后再考虑分辨率、景深、畸变、接口等其他因素。

选择镜头的基本步骤可以参考以下几条：

1）根据目标尺寸和测量精度，可以确定传感器尺寸和像素尺寸、放大倍率等。

2）根据系统整体尺寸和工作距离，结合放大倍率，可以大概估算出镜头的焦距。焦距、传感器尺寸确定以后，视场角也可以确定下来。

3）根据现场的照明条件确定光圈大小和工作波长。在拍摄高速运动物体、曝光时间很短的应用中，应该选用大光圈镜头，以提高图像亮度。

4）镜头的分辨率要与相机的分辨率匹配，大于或等于相机的分辨率。

5）镜头可支持的最大CCD尺寸应大于或等于选配相机CCD芯片尺寸。

6）最后考虑镜头畸变、景深、接口等其他要求。

2.3 相机

相机是获取图像的前端采集设备，它主要以CCD或CMOS图像传感器为核心部件，外加同步信号产生电路、视频信号处理电路及电源等组合而成。它的作用是利用通过镜头聚焦于像平面的光线生成图像，而其采集图像质量的好坏直接影响后期图像处理的速度和效果，所以选取一个各项指标符合要求的相机至关重要。下面针对工业相机的各方面知识做简要讲解，希望读者能够好好体会。

2.3.1　相机芯片的主要参数

在图像处理系统中主要采用的两类光电传感芯片分别为 CCD 芯片和 CMOS 芯片，CCD 是 Charge Coupled Device（电荷耦合器件）的缩写，CMOS 是 Complementary Metal-Oxide-Semiconductor Transistor（互补金属氧化物半导体）的缩写。无论是 CCD 还是 CMOS，它们的作用都是通过光电效应将光信号转换成电信号（电压/电流），以获得图像。

相机芯片的主要参数有像元尺寸、灵敏度、坏点数和光谱响应等。

（1）像元尺寸

像元尺寸指芯片像元阵列上每个像元的实际物理尺寸，通常的尺寸包括 14 μm、10 μm、9 μm、7 μm、6.45 μm、3.75 μm 等。像元尺寸从某种程度上反映了芯片的对光的响应能力，像元尺寸越大，能够接收到的光子数量越多，在同样的光照条件和曝光时间内产生的电荷数量越多。对于弱光成像而言，像元尺寸是芯片灵敏度的一种表征。

（2）灵敏度

灵敏度是芯片的重要参数之一，它具有两种物理意义。一种指光器件的光电转换能力，与响应率的意义相同，即指在一定光谱范围内，单位曝光量的输出信号电压（电流），单位可以为纳安/勒克斯（nA/Lux）、伏/瓦（V/W）、伏/勒克斯（V/Lux）、伏/流明（V/lm）；另一种是指器件所能传感的对地辐射功率（或照度），与探测率的意义相同，单位可用瓦（W）或勒克斯（Lux）表示。

（3）坏点数

由于受到制造工艺的限制，对于有几百万像素点的传感器而言，所有的像元都是好的情况几乎不太可能实现，坏点数是指芯片中坏点（不能有效成像的像元或相应不一致性大于参数允许范围的像元）的数量，坏点数是衡量芯片质量的重要参数。

（4）光谱响应

光谱响应是指芯片对于不同光波长光线的响应能力，通常由光谱响应曲线给出。

2.3.2　相机的主要参数

（1）分辨率

分辨率是相机最基本的参数，由相机所采用的芯片分辨率决定，是芯片靶面排列的像元数量。通常面阵相机的分辨率用水平和垂直分辨率两个数字表示，如：1920×1080 pixels，前面的数字表示图像的行数，即共有 1920 行，后面的数字表示图像的列数，即 1080 列。相机的分辨率对图像质量有很大的影响，在对同样大的视场（景物范围）成像时，分辨率越高，对细节的展示越明显。

（2）速度（帧频/行频）

相机的帧频/行频表示相机采集图像的频率，通常面阵相机用帧频表示，单位为 fps（frame per second），如 30 fps，表示相机在 1 s 内最多能采集 30 帧图像。线阵相机通常用行频表示，单位为 kHz，如 12 kHz 表示相机在 1 s 内最多能采集 12000 行图像数据。速度是相机的重要参数，在实际应用中很多时候需要对运动物体成像。相机的速度需要满足一定要求，才能清晰准确地对物体成像。相机的帧频和行频首先受到芯片的帧频和行频的影响，芯片的设计最高速度主要是由芯片所能承受的最高时钟决定。

（3）靶面尺寸

图像传感器的尺寸是影响成像表现力的硬指标之一。图像传感器（CCD/CMOS）尺寸的表示方法沿用了光导摄像管的尺寸表示方法，例如"1/1.8"的 CCD 或 CMOS，就表示其成像面积与一根直径为 1/1.8 英寸的光导摄像管的成像靶面面积近似。光导摄像管的直径与图像传感器成像靶面面积之间没有固定的换算公式，CCD/CMOS 成像靶面的对角线长度大约相当于光导摄像管直径的 2/3。

图像传感器成像靶面的几种典型尺寸如下所示：

1）1 英寸——靶面尺寸为宽 12.7 mm×高 9.6 mm，对角线长 16 mm。

2）2/3 英寸——靶面尺寸为宽 8.8 mm×高 6.6 mm，对角线长 11 mm。

3）1/2 英寸——靶面尺寸为宽 6.4 mm×高 4.8 mm，对角线长 8 mm。

4）1/3 英寸——靶面尺寸为宽 4.8 mm×高 3.6 mm，对角线长 6 mm。

5）1/4 英寸——靶面尺寸为宽 3.2 mm×高 2.4 mm，对角线长 4 mm。

（4）噪声

相机的噪声是指成像过程中不希望被采集到的，实际成像目标外的信号。在欧洲相机测试标准 EMVA1288 中，定义相机中的噪声可分为两类：一类是由有效信号带来的符合泊松分布的统计涨落噪声，也叫散粒噪声（shot noise），这种噪声对任何相机都是相同的，不可避免，这类噪声满足计算公式：噪声的平方＝信号的均值；另一类是相机自身固有的与信号无关的噪声，它是由图像传感器读出电路、相机信号处理与放大电路等带来的噪声，每台相机的固有噪声都不一样。另外，对于数字相机来说，对视频信号进行模拟转换时会产生量化噪声，量化位数越高，噪声越低。

（5）信噪比

相机的信噪比定义为图像中信号与噪声的比值（有效信号平均灰度值与噪声均方根的比值），代表了图像的质量，图像信噪比越高，图像质量越好。

（6）动态范围

相机的动态范围表明相机探测光信号的范围，动态范围可用两种方法来界定：一种是光学动态范围，指饱和时最大光强与等价于噪声输出的光强的比值，由芯片的特性决定；另一种是电子动态范围，指饱和电压和噪声电压之间的比值。对于固定相机，其动态范围是一个定值，不随外界条件变化而变化。在线性响应曲线中，相机的动态范围定义为饱和曝光量与噪声等效曝光量的比值，动态范围可用倍数、dB 或 bit 等方式来表示。动态范围越大，则代表相机对不同的光照强度有更强的适应能力。

（7）像元深度

数字相机输出的数字信号，即像元灰度值，具有特殊的比特位数，称为像元深度。对于黑白相机，这个值的方位通常是 8～16 bit。像元深度定义了灰度由暗到亮的灰阶数。例如，对于 8 bit 的相机，0 代表全暗，而 255 代表全亮。介于 0 和 255 之间的数字代表一定的亮度指标。10 bit 数据就有 1024 个灰阶而 12 bit 有 4096 个灰阶。每一个应用都要仔细考虑是否需要非常细腻的灰度等级。从 8 bit 上升到 10 bit 或者 12 bit 的确可以增强测量的精度，但是也同时降低了系统的速度，并且提高了系统集成的难度（线缆增加，尺寸变大），因此也要慎重选择。

（8）光谱响应

光谱响应是指相机对于不同波长光线的响应能力，通常指其所采用芯片的光谱响应。通常用光谱曲线表示，横轴表示不同波长，纵轴表示量子效率。按照响应光谱不同，也把相机分为可见光相机（400 nm～1000 nm，峰值在 500 nm～600 nm 之间）、红外相机（响应波长在700 nm 以上）、紫外相机（可以响应到 200 nm～400 nm 的短波），通常需要根据接收被测物不同的发光波长来选择不同的光谱响应的相机。

（9）相机接口

相机将采集到的图像信息通过相机接口传送到计算机中，从而才有了后续的图像处理。数字接口技术是目前相机接口的主流技术，目前最常用的几种数字相机接口有 Camera Link 接口、USB 接口、GigE 接口等。Camera Link 接口是专门为图像处理的高端应用设计的，其基础是采用美国 National Semiconductor 公司驱动平板显示器的 Channel Link 技术，Camera Link 接口的相机需要配 Camera Link 接口的图像采集卡才能工作，Camera Link 接口相机如图 2-15 所示。Camera Link 对接线、数据格式、触发、相机控制、高分辨率和帧频等作了考虑，使得信号的传输距离远，速度快，抗噪性好，对图像处理系统的应用提供了很多方便。

图 2-15　Camera Link 接口相机

通用串行总线（Universal Serial Bus，USB）用于规范计算机与外部设备的连接和通信，是连接计算机系统与外部设备的一种串口总线标准，也是一种输入输出接口的技术规范，被广泛地应用于个人计算机和移动设备等信息通信产品，并扩展至摄影器材、数字电视（机顶盒）、游戏机等其他相关领域。USB 3.0 接口相机如图 2-16 所示。

GigE（Gigabit Ethernet，千兆比以太网）接口是一种非常受欢迎的图像接口技术，以 Gigabit Ethernet 协议为标准，主要用做高速、大数据量、远距离的图像传输，可降低远距离传输时电缆线的成本。可通过一台控制单元对多台千兆网工业相机进行图像采集，目前千兆网工业相机已逐步代替其他接口成为主流。GigE 接口相机如图 2-17 所示。

图 2-16　USB 3.0 接口相机

图 2-17　GigE 接口相机

USB 接口和 GigE 接口很常用，采集卡已经被集成到计算机主板上，这两种接口的相机一般不需要额外配采集卡。

2.3.3 相机的类型

1. CCD 相机与 CMOS 相机

按照芯片的结构不同，可分为 CCD 相机和 CMOS 相机。采用 CCD 成像芯片的相机是 CCD 相机，采用 CMOS 芯片的是 CMOS 相机。CCD 相机与 CMOS 相机主要差异在于将光转换为电信号的方式。对于 CCD 传感器，光照射到像元上，像元产生电荷，电荷通过少量的输出电极传输并转化为电流、缓冲、信号输出。对于 CMOS 传感器，每个像元可以自行完成电荷到电压的转换，同时产生数字信号。

从技术的角度比较，CCD 与 CMOS 主要有如下四个方面的不同。

1）信息读取方式：CCD 电荷耦合器存储的电荷信息，需在同步信号控制下一位一位地实施转移后读取，电荷信息转移和读取输出需要有时钟控制电路和三组不同的电源相配合，整个电路较为复杂；CMOS 光电传感器经光电转换后直接产生电流（或电压）信号，信号读取十分简单。

2）速度：CCD 电荷耦合器需在同步时钟的控制下，以行为单位一位一位地输出信息，速度较慢；而 CMOS 光电传感器采集光信号的同时就可以取出电信号，还能同时处理各单元的图像信息，速度比 CCD 电荷耦合器快很多。

3）电源及耗电量：CCD 电荷耦合器大多需要三组电源供电，耗电量较大；CMOS 光电传感器只需使用一个电源，耗电量非常小，CMOS 光电传感器在节能方面具有很大优势。

4）成像质量：CCD 电荷耦合器制作技术起步早，技术成熟，采用 PN 结或二氧化硅（SiO_2）隔离层隔离噪声，成像质量相对 CMOS 光电传感器有一定优势；由于 CMOS 光电传感器集成度高，各光电传感元件、电路之间距离很近，相互之间的光、电、磁干扰较严重，噪声对图像质量影响很大，使 CMOS 光电传感器很长一段时间无法正常使用。

近年，随着 CMOS 电路消噪技术的不断发展，CMOS 图像传感器分辨率及噪声控制较弱的缺点也渐渐改善，为生产高密度优质的 CMOS 图像传感器提供了良好的条件。在相机的选择中，不能绝对地说 CCD 相机更好还是 CMOS 相机更好，具体选择过程要根据应用的具体需求和所选择相机的参数指标决定。

2. 面阵相机与线阵相机

根据相机传感器的两种主要架构：面扫描和线扫描，相应的相机分为面阵相机和线阵相机。面阵相机通常用在一幅图像采集期间相机与被成像目标之间没有相对运动的场合，如监控显示、直接对目标成像等，图像采集用一个事件触发（或条件的组合）。线扫描相机用于在一幅图像采集期间相机与被成像目标之间有相对运动的场合，通常是连续运动目标成像或需要对大视场高精度成像。线扫描相机主要应用于蜷曲表面或平滑表面、连续生产的产品进行成像，比如印刷品、纺织品、LCD 面板、PCB、纸张、玻璃、钢板检测等。

3. 彩色相机与黑白相机

黑白相机直接将光强信号转换成图像灰度值，生成的是灰度图像；彩色相机能获得景物中红、蓝、绿三个分量的光信号，输出彩色图像。实际上，无论是透过 CCD 还是 CMOS 图像传感器，形成图像皆为黑白。为了呈现彩色图像，可采用棱镜分光法和 Bayer 滤波法实现黑白图像到彩色图像的转化。棱镜分光彩色相机，利用光学透镜将入射光学的 R、G、B 分量分离，在三片传感器上分别将三种颜色的光信号转换成电信号，最后对输出的数字信号进行合成，得到彩色图像。Bayer 滤波彩色相机，是在传感器像元表面按照 Bayer 马赛克规律增加 RGB 三色滤光片，输出信号时，像素 RGB 分量值是由其对应像元和其附近边缘共同获得的。由于棱镜分光法造价高昂，现大部分方式为在原始 CMOS 及 CCD 传感器前置入一块滤光片（拜尔滤光片）用于产生彩色图像，滤光片上的滤光点与传感器上的像素一一对应。因此，在相同分辨率下，黑白相机的准确度及精度要比彩色相机高许多。对于需要边缘检测及细节瑕疵检测的应用，黑白相机会是较佳的选择。

4. 模拟相机与数字相机

根据相机视频信号输出模式的不同分为模拟相机和数字相机。模拟相机输出模拟视频信号，可以通过相应的模拟显示器直接显示图像，也可以通过采集卡进行模拟转换后，形成数字视频信号的采集与储存；数字相机在相机内部完成模拟转换，直接输出数字视频信号。随着数字技术的不断发展，模拟相机逐步被数字相机所替代，模拟相机所占市场份额正越来越小。数字相机具有通用性好、控制简单、扩展性好，以及支持后续升级等优势。

2.3.4　相机的选择

1. 镜头与相机搭配选型

相机分辨率的需求，被测物的工作距离、尺寸、视野范围、精度等。在分辨率选择时，要根据具体需求来定，并不一定是分辨率越高越好。分辨率高的图像数据量大，后期图像处理的耗时就多。而且分辨率高的相机采集速度会相对较慢，分辨率越高价格也会越昂贵。因此，要理性选择。

【选型示例】被测物体 100 mm×100 mm，精度要求 0.1 mm，相机距被测物体在 200 mm～400 mm 之间，要求选择合适的相机和镜头。

分析如下：

如图 2-18 所示，被测物体是 100 mm×100 mm 的方形物体，而相机靶面通常为 4∶3 的矩形，因此，为了将物体全部摄入靶面，应该以靶面的短边长度为参考来计算视场。系统精度要求为 0.1 mm，相机靶面的像素数要大于（100/0.1）×（100/0.1）= 1000×1000。相机到物体的距离为 200～400 mm，考虑到镜头本身的尺寸，可以假定物体到镜头的距离为 200～320 mm，取中间值，则系统的物距为 260 mm。根据估算的像素数目，可选定相机靶面尺寸 2/3 英寸（8.8 mm×6.6 mm），若分辨率为 1392×1040，则像元尺寸为 6.45 μm。镜头放大率为 $\beta = 6.6/100 = 0.066$，可以达到的精度为：像素尺寸/放大率 = 0.00645/0.066 = 0.098 mm，满足精度要求。镜头的焦距为 $f = 260/(1+1/0.066) = 16.1$ mm，则镜头焦距可选择 16 mm。

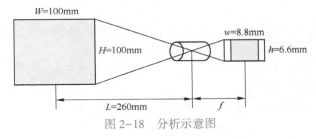

图 2-18　分析示意图

2. 帧率（速度）

帧率为每秒能捕捉或采集的帧（张）数，为另一选型重点，工业相机因为要捕捉动态的受测物（无论是在生产线上或移动中物体），所以帧率会比民用型相机或网络相机（webcam）要高些。以帧率挑选相机时，需要挑选比受测物移动速度稍高一点的帧速率，但也无须超过太多。一般来说，分辨率越高，则帧速率越低。人眼的帧率大概是 24 fps，如果要进行视频监控的话，一般要大于这个帧率，看上去画面就是连续的，连贯性就比较好，小于这个帧率的，就会感觉卡顿。

3. 相机颜色选择

一般来说，黑白相机的精度会比彩色相机高，噪声较低，假如受测物不须检验颜色差别，黑白相机会是较佳的选择，特别物体表面检测，由黑白相机拍摄的图像准确度以及细节呈现上通常会比彩色相机高许多。

4. 图像传感器类型选择

图像传感器主要分为 CCD 和 CMOS 两种。CCD 和 CMOS 图像传感器感光原理类似，它们的主要差异在数位讯号传送方式的不同。因为结构和工作原理的差异，使 CCD 和 CMOS 图像传感器具有不同的特性。CCD 图像传感器在灵敏度、分辨率以及噪声控制等方面均优于 CMOS 图像传感器，CMOS 图像传感器则具有低成本、低耗电以及高整合度的特性。近两年 CMOS 图像传感器的技术也渐渐改善分辨率及噪声控制较弱的缺点，可作为选型之初的优先选择。

5. 相机接口选择

当前工业相机最主要可分为 USB 相机、GigE 相机以及 Camera Link 三种。Camera Link 相机规格较高，但价格也相对高出许多。大多检测用相机目前仍以 USB 及 GigE 为主要推荐，GigE 相机能提供长距离的传输距离，而 USB 相机则可随插即用、性价比高，传输快速。以正常规格来看，有效传输距离 USB 相机达 3 m，GigE 相机则可达 100 m。如何挑选接口端，要看使用者的需求。

【本章小结】

本章介绍了图像采集系统中的关键组成部分：光源、镜头和相机，包括不同光源类型的照明方式、光源的选择和对比、镜头的成像原理和主要参数、镜头的类型和选择、相机芯片的主要参数、相机的类型和选择等。图像采集系统在诸多领域均有广泛应用，是新一代人工智能发展规划的重要硬件支撑，是推动智能科技创新和发展的基石。

【课后习题】

1. 当被检测区域背景为黑色，前景为红色和蓝色组成的目标时，想要突出红色目标的话，选用什么颜色的光源更佳？
2. 光源的照明方式有哪些？各种照明方式适用于什么检测场景？
3. 镜头的主要参数有哪些？
4. 在拍摄高速运动物体时，相机和镜头的选择及参数设置应注意些什么？
5. 当被测区域大小为 8 mm×6 mm，检测精度要求高于 0.005 mm 时，应如何选择相机的分辨率？

第3章　数字图像基础

本章主要对图像数字化中的采样和量化原理、像素间的基本关系、灰度直方图、图像的质量评价以及图像的基本运算等内容进行分析和讨论。

3.1　图像采样和量化

目前的图像获取方法中，很多情况下，传感器输出的是连续变化的电压信号，由此所获取的图像是模拟图像信息。为了产生一幅数字图像，需要对模拟图像在空间(x,y)方向上以及亮度函数$f(x,y)$上都进行离散化处理，通常把这一过程称为采样与量化。如何合理地进行图像采样和量化是关系数字图像与原图像是否接近的两个重要因素，也关系到最后形成的数字图像信息量的大小。

3.1.1　采样

图像在空间(x,y)上的离散化称为采样，具体地说，就是以空间上部分点的灰度值代表一幅图像，而这些点称为采样点。由于图像是一种二维分布的信息，因此，为了对它进行采样操作，需在垂直方向和水平方向分别进行采样。具体做法是，先沿垂直方向按一定间隔从上到下顺序地沿水平方向扫描，取出各水平线上灰度值的一维扫描信息。而后再对一维扫描信号按一定间隔采样得到离散信号，即先沿垂直方向采样，再沿水平方向采样，这样就完成了二维图像的数字化采样操作。对于运动图像，即时间域也是连续的图像，则需先在时间轴上采样，再沿垂直方向采样，最后沿水平方向采样。

如果对图像进行等距离采样，每行取M个点，每列（即纵向）取N个点，则图像被排列为$M×N$的矩阵，矩阵中的每一个点对应于数字图像中的一个元素，称为像素或像素点。因此，该图像也称为具有$M×N$像素的图像。采样点的多少和采样间隔的选取是一个非常重要的问题，它直接影响到采样后图像的质量，即数字图像与原图像的失真程度。以一维信号为例，若一维信号$f(t)$的最大频率为ω，根据采样定理

$$F(t) = \sum_{-\infty}^{\infty} f(iT)s(t-iT) \tag{3-1}$$

式中

$$s(t) = \frac{\sin(2\pi\omega t)}{2\omega t} \tag{3-2}$$

以$T \leqslant 1/(2\omega)$为间隔进行采样，能够根据采样结果$f(iT)(i=\cdots,-1,0,1,\cdots)$完全恢复$f(t)$。对于同样采样点数，采样过程还可以分为均匀采样和非均匀采样。

在对图像进行采样的过程中，若在(x,y)方向上均进行等间距的采样，则称为均匀采样；反之，则称为非均匀采样。

非均匀采样是指在图像的不同区域，根据图像的具体情况进行不等间隔的采样。非均匀采样的间隔选取要依据原图像中包含细节的多少变化情况决定。一般地，图像中细节越多，采样间隔越小。因此，一般在图像细节少的区域采用比较稀疏的采样，在细节变化大的区域采用较密的采样。这样，所获得的图像有用信息量并没有减少，但总数据量却有效地降低了。需要指出的是，在分配采样点时，应在灰度变化的边界上记录下非均匀采样的边界。例如，若图像由均匀的背景上放置一束花或其他物体组成，则背景可采用稀疏采样，而花的部分则应采用较密的采样，并标出非均匀采样的边界。

3.1.2　量化

模拟图像经过采样以后，在时间和空间上被离散化为像素，但采样所得到的像素值依然是连续量。量化过程就是用一个离散的灰度值信息代替连续的模拟量灰度值信息的过程，该过程是一对多的映射过程。量化可以分线性量化和非线性量化两种方式。

（1）线性量化

模拟图像的亮度值 f 是连续变化的数值，若 $f(x,y)$ 的亮度值 L 的范围为 $[L_{\min},L_{\max}]$，则称区间 $[L_{\min},L_{\max}]$ 为灰度级范围（或色度范围）。如图 3-1 所示，若将灰度值区间 $[L_{\min},L_{\max}]$ 分为 K 个等间距的子区间，则称为线性量化或间隔量化。

图 3-1　线性量化示意图

量化过程中每个子区间对应一个亮度值 q_i，这样在灰度值范围 $[L_{\min},L_{\max}]$ 内就有 K 个亮度值对应，称为灰度级 K。为了方便计算机处理，灰度级 K 一般以 2 的整数次幂表示，即 $K=2^m$，$m=1,2,\cdots,8$，若 $m=8$，则 $K=256$，表示共有 256 个灰度级。

当 $f(x,y)$ 的连续亮度值被 K 个离散的亮度值取代时，如何表示每一个采样点的亮度值也是最终影响数字图像质量的关键因素之一。因此，灰度级 K 的选择决定了数字图像的质量，也决定了数字图像所占计算机存储空间的大小。例如，一幅三色调灰度级为 64 的 128×128 的图像，需要 128×128×6＝90304 位表示。$2^6=64$，即位深度是 6。位深度越深，能表示的灰度级就越多。一般情况下计算机表示单色调图像普遍采用 256 个灰度级，因此位深度为 8。如果是一幅 128×128 的彩色图像，每个 RGB 颜色分量都用 256 个灰度级表示，需要 128×128×8×3 位表示，即每一个像素实际上需要 24 位表示。

图 3-2 所示的是在 256 级灰度不变的情况下，不同采样点数的数字图像质量对比。

图 3-2a 为 512×512 采样，图 3-2b 为 256×256 采样，图 3-2c 为 64×64 采样，图 3-2d 为 32×32 采样，图 3-2e 为 16×16 采样，图 3-2f 为 8×8 采样。可以看出，同样灰度级下，图像质量会因采样点数的减少，效果逐渐变差，当采样点数过少时，图像可能无法分辨。

同样，若灰度级数量减小，对图像质量也会具有明显的影响。如图 3-3 所示，图 3-3a 为 256 灰度级，图 3-3b 为 128 灰度级，图 3-3c 为 64 灰度级，图 3-3d 为 16 灰度级。通过该图可以看出，对于数字图像，若采样数不变，当灰度级数量减少到一定程度，对图像质量也将产生一定的不利影响。

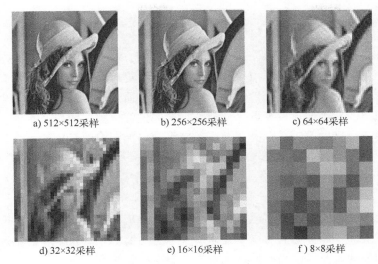

a) 512×512采样　　　b) 256×256采样　　　c) 64×64采样

d) 32×32采样　　　e) 16×16采样　　　f) 8×8采样

图 3-2　采样数改变灰度级不变

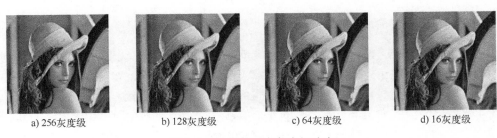

a) 256灰度级　　　b) 128灰度级　　　c) 64灰度级　　　d) 16灰度级

图 3-3　采样数不变灰度级改变

（2）非线性量化

与线性量化的等间隔划分灰度级区间相反，若将表示数字图像的灰度级范围分为不等间隔的子区间，则称为非线性量化或非均匀量化。与均匀采样和非均匀采样的概念类似，对于灰度级出现频率高的范围可以选择较窄的量化区间，对于一些灰度级出现频率较低的范围可以选择较宽的量化区间。

以图 3-4 为例，同样量化为 16 个子区域，图 3-4a 表示等间隔的线性量化，即图像整个灰度区间以相同间隔量化；图 3-4b 表示在中间灰度级出现频率高的范围内，量化区间变窄，而两端的灰度级因出现频率较低，量化区间则变宽，从而可以控制中间灰度级部分的图像细节内容的信息量损失程度。因此，非线性量化可以实现以较少的灰度级量化图像，得到尽可能高的图像质量。

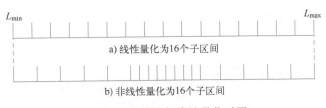

L_{min}　　　　　　　　　　　　　　　　　　L_{max}

a) 线性量化为16个子区间

b) 非线性量化为16个子区间

图 3-4　非线性与线性量化对照

3.1.3　采样与量化参数的选择

虽然采样和量化参数都对数字图像的质量具有影响，但实际上两个参数之间的匹配关系也很重要，并不是一味地提高采样点数和灰度级数量就可以获得高清晰度且高质量的数字图像。在确定采样和量化参数时，还应根据原始图像的性质与质量进行科学、合理地选择。例如，在某些情况下，对细节比较少但采样点数一定的图像，图像的质量有可能会随着灰度级的减少而得到一定程度的完善，原因是减少灰度级会增加图像的对比度。

3.2　像素间的基本关系

进行图像处理和分析时，许多运算只和当前像素的灰度值有关，因此对这些操作只需考虑当前像素的灰度值，如常见的对比度拉伸、直方图均衡化、直方图规定化等运算。但也有一些其他运算和处理需要考虑当前处理像素与其周围相邻像素的关系，如边缘提取、图像分割等运算。本节将介绍在图像处理中经常遇到的像素间基本关系，为后续的学习打下基础。

3.2.1　像素的邻接

在图像处理领域中，像素的邻接表示像素间的空间接近关系。以二维数字图像为例，图像中的每一个像素类似于离散网格中的一个点，即网格中的一个小方格。对于图像中的每一个像素，在空间位置上与它邻接的像素构成它的邻域。设任意像素 p 的坐标为 (x,y)，则该像素的 4 邻域定义为其上、下、左、右的 4 个像素，这 4 个像素在图中用 r 表示，其坐标分别为 $(x,y-1)$、$(x,y+1)$、$(x-1,y)$、$(x+1,y)$，如图 3-5a 所示。该像素上、下、左、右的 4 个像素通常记为 $N_4(p)$，在一些参考文献中，该四个位置按方位也可称为东（east）、西（west）、南（south）、北（north）。

与四邻域类似，当前像素上、下、左、右 4 个方向，加上左上、左下、右上和右下 4 个沿对角线方向的相邻像素，称为当前像素 p 的 8 邻域，如图 3-5c 所示，记为 $N_8(p)$。其中，左上、左下、右上和右下 4 个相邻像素的坐标分别为 $(x-1,y+1)$、$(x-1,y-1)$、$(x+1,y+1)$ 和 $(x+1,y-1)$，这 4 个像素（图中以 s 表示）定义为 p 点的对角邻域，记为 $N_D=p$，如图 3-5b 所示。

在图像分析和处理中，经常使用 4 邻域和 8 邻域的概念，对角邻域的单独应用并不多。

a) 4邻域　　b) 对角邻域　　c) 8邻域

图 3-5　像素的邻域

3.2.2　邻接性、连通性、区域和边界

（1）邻接性

邻接性是指满足某一个灰度相似性定义的两个像素 p 和 q 是否具有上节所述的相邻关

系中的一种。例如，若定义灰度集合 $C=\{a\leq c\leq b\}$，p 和 q 同属于 C，当 p 处在 q 的 4 邻域中时，则称它们为 4 邻接；类似地，如果 p 处在 q 的 8 邻域或对角邻域中，则称它们具有 8 邻域关系，或对角邻域关系。

m 邻接是指 p 在 q 的 4 邻域中，或 p 在 q 的对角邻域中，且 q 的 4 邻域和 p 的交集为空集，即交集中不存在属于集合 C 的像素。

在不同的灰度级集合定义下，图像中两个像素的邻接关系可能不一样。如图 3-6 所示，当集合 $C=\{2\}$ 时，坐标点 $(1,1)$ 和 $(2,2)$ 是 m 邻接关系。因为它们同属于集合 C，且它们 4 邻域的交集点 $(1,2)$ 和 $(2,1)$ 不属于集合 C。若所选择的集合 C 为 $\{1,2\}$，这时由于坐标点 $(1,2)$ 的值为 1，属于集合 C，因此，$(1,1)$ 和 $(2,2)$ 就不是 m 邻域关系，但它们均与点 $(1,2)$ 形成了 m 邻接关系。

图 3-6　像素邻接关系图

（2）连通性

当坐标位置为 $(x1,y1)$ 的像素点 p 与坐标位置为 $(x2,y2)$ 的像素点 q 按某种邻接关系存在一条连通的途径时，称 p 和 q 是连通的。由像素点 p 到 q 所经历的路径的像素点序列称为由 p 到 q 的路径，从 p 点出发沿路径到 q 点所需走的步数称为路径的长度。

需要指出的是，在分析图像连续的连通性时，一般需要根据邻接关系来确定所考虑的是 4 连通、8 连通还是 m 连通。有些像素在 4 邻接条件下是不连通的，但在 8 邻接的条件下则是连通的。如图 3-6 所示，当集合 C 为 $\{2\}$ 时，对于坐标点 $(1,1)$ 和 $(2,2)$，如考虑 8 邻接，则它们是连通的，但对于 4 邻接，它们是不连通的。

仍以图 3-6 为例，当 C 定义为 $\{2\}$ 时，在计算路径长度时，由 $(2,2)$ 到 $(4,4)$ 不存在 4 连通的路径，但存在长度分别为 2 和 3 的两条 8 连通路径，分别是 $\{(2,2)、(3,3)、(4,4)\}$ 和 $\{(2,2),(3,3),(4,3),(4,4)\}$，还存在一条路径长度为 3 的 m 连通路径 $\{(2,2),(3,3),(4,3),(4,4)\}$，而且该路径是唯一的。由此可见，$m$ 邻接的特点是：在计算路径长度或描述区域边界时具有唯一性，不存在二义性。

（3）区域和边界

在一幅图像中，由连通的像素点所组成的点的集合称为一个区域。对于区域中的某一像素，如果存在某一邻域不属于这一区域，则称它是该区域的边界点。一个区域的所有边界点组成该区域的边界，由于这些边界点在区域内，该边界称为区域的内边界。类似地，若边界点并不在当前考虑范围区域内，但这些边界点有一个邻域属于当前区域，则称为该区域的外边界点，所有满足外边界定义条件的像素点组成了区域的外边界。

与连通性相似，区域也分为 4 连通区域和 8 连通区域。如图 3-6 所示，如果集合 C 为 $\{2\}$ 时，根据 4 连通性，则图 3-6 中具有 5 个值为 2 的区域，坐标点 $(1,1)$ 和 $(2,2)$ 分别属于不同的连通区域；如若根据 8 连通属性，则坐标点 $(1,1)$ 和 $(2,2)$ 属于同一个连通区域，图中仅有 3 个值为 2 区域。

与此相关的另一个概念是边缘（edge）和边界（border）。边缘是指图像中灰度值存在差异的地方，通常是指相邻像素之间的灰度值差异大于某一个阈值（相关内容后续章节中将做进一步的介绍），图像内区域或物体之间的边缘并不一定组成一个闭合轮廓；而边界通常对应于某一个物体的轮廓（contour），因此边界是闭合的。

3.2.3 距离度量

像素之间的关系与像素在空间上的接近程度相关，像素在空间上的接近程度可以用距离进行衡量。众所周知，根据数学知识，距离有多种定义，在图像处理知识体系框架内，距离也包括多种定义。给定三个像素的坐标分别为 $p(x,y)$、$q(s,t)$、$r(u,v)$，若满足以下三个基本条件，则度量函数 D 称为距离。

1）非负性：$D(p,q) \geqslant 0$，当且仅当 $p=q$ 时等号成立。

2）对称性：$D(p,q) = D(q,p)$。

3）三角不等式：$D(p,q) \leqslant D(p,r) + D(r,q)$。

上述三个条件中，条件1）保证了距离的非负性；条件2）表明两个像素点之间的距离与像素点的起终点没有关系；条件3）表明两个像素点之间的距离，其直线距离最短。在数字图像处理中，距离的定义也必须满足以上三个条件。图像处理常用的距离定义包括以下几种。

1）欧式距离：

$$D_e(p,q) = \sqrt{(x-s)^2 + (y-t)^2} \tag{3-3}$$

2）城市距离：

$$D_c(p,q) = |x-s| + |y-t| \tag{3-4}$$

3）棋盘距离：

$$D_b(p,q) = \max(|x-s|, |y-t|) \tag{3-5}$$

图3-7给出了中心像素点与周围像素的各种距离图。

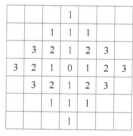

a) 欧式距离　　　　　　　　b) 城市距离　　　　　　　　c) 棋盘距离

图3-7　等距离轮廓示意图

3.3　灰度直方图

3.3.1　直方图的定义

直方图是进行数据统计的一个简单、高效和常用的工具，灰度直方图也是数字图像处理中一个常用工具。灰度直方图是基于图像灰度值和像素统计分布的形象表示，它概括地表示了一幅图像的灰度级信息。在数字图像处理中灰度直方图是灰度级的函数，它描述了图像中具有该灰度级的像素的个数，其横坐标是灰度级，纵坐标是该灰度出现的频率（像素的个数）。任何一幅图像的直方图都包括了该图像的许多特征信息，某些特定类型的图像甚至可由直方图来完全描述。

一个灰度范围为$[0, L-1]$的数字图像的直方图是一个离散函数：

$$h(r_k) = n_k \qquad (3-6)$$

其中，r_k是第k级灰度值，n_k是图像中灰度为r_k的像素个数。

在实践中，经常用乘积MN表示的图像总像素除每个分量来归一化直方图，通常M和N是图像的行数和列数。因此，归一化后的直方图为：

$$p(r_k) = \frac{n_k}{MN} \qquad (3-7)$$

其中，$k = 0, 1, \cdots, L-1$。简单地说，$p(r_k)$是灰度级r_k在图像中出现的概率的估计。归一化直方图的所有分量之和应该等于 1。

图 3-8 所示的四张原始图像分别代表暗图像、亮图像、低对比度图像和高对比度图像，原始图的右侧显示了这些图像的直方图。每个直方图的水平轴为灰度值r_k，垂直轴为值$h(r_k) = n_k$或归一化后的值$p(r_k) = n_k / MN$。

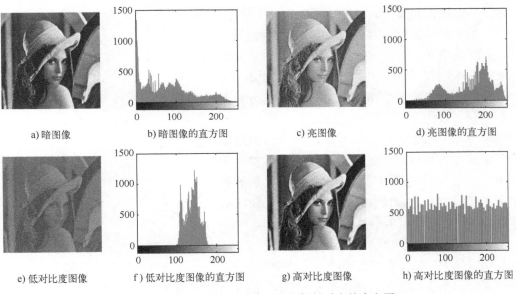

图 3-8　四种基本类型图像以及它们相对应的直方图

我们注意到，暗图像直方图的分量集中在灰度级低（暗）的一端，亮图像直方图的分量则倾向集中于灰度级高的一端，低对比图像的直方图灰度级范围较窄，高对比图像直方图的分量覆盖了较宽的灰度级范围。直观上，可以得出这样的结论：若一幅图像的像素倾向于占据整个可能的灰度级并且分布均匀，则该图像会有较高的对比度，并展示灰色调的较大变化。

3.3.2　直方图的特性

直方图具有以下性质：

1）直方图反映的是一幅图像中各像素灰度值出现次数或频率的统计结果，它只反映该图像中不同灰度值出现的频率，而不能反映某一灰度值像素所在的位置信息。即直方图仅包含了该图像中某一灰度值的像素出现的概率，而丢失了其所在位置的信息。

2）任一幅图像，都能唯一确定一个与之对应的直方图。但不同的图像，可能有相同的直方图。也就是说，图像与直方图之间是一种多对一的映射关系。

3）由于直方图是对具有相同灰度值的像素统计计数得到的，若某一幅图像由若干子图像区域构成，那么各子区域直方图之和就等于原图像的直方图。

3.3.3 直方图的作用

（1）数字化参数

直方图给出了一个简单、直观的可视化指标，可用于判断一幅图像是否合理地利用了全部被允许的灰度值范围。若图像亮度具有超出量化器所能量化的范围，则这些灰度级将被简单的置为 0 或 255，这时，根据直方图的定义和意义，在其一端或两端将产生尖峰。对直方图的快速检查可以使数字化中产生的问题及早暴露出来，以便及时纠正。

（2）选择边界阈值

假设一幅图像背景是浅色的，图中有一个深色的物体，图 3-9 所示为这类图像的双峰直方图。物体中的深色像素产生了直方图上的左峰，而浅色像素的灰度级产生了直方图上的右峰。物体边界处于两个峰值之间，其灰度级的像素数目相对较少，从而产生了两峰之间的谷。选择谷作为灰度阈值将图像二值化，将得到物体的边界。

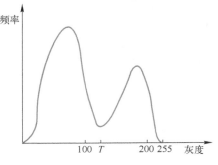

图 3-9　双峰直方图

在某种意义上来说，选择对应两峰之间的最低点的灰度值作为阈值来确定边界是较为合适的。在谷底附近，直方图的值相对较小，意味着面积函数随阈值灰度级的变化很缓慢。如果选择谷底处的灰度作为阈值，将对图像内物体边界的影响最小。

（3）计算综合光密度

某些情况下，综合光密度是图像质量中一个很有用的度量，利用直方图可直接计算出综合光密度值。综合光密度用 IOD 来表示，以二维数字图像为例，则综合光密度为

$$IOD = \sum_{x=1}^{N_L} \sum_{y=1}^{N_S} I(x,y) \tag{3-8}$$

其中，$I(x,y)$ 是图像 I 中像素点 (x,y) 处的灰度值。N_L 和 N_S 分别是图像行和列的数目。

令 N_k 代表灰度级为 k 时所对应的像素的个数，则式（3-8）可以转化为

$$IOD = \sum_{k=0}^{255} kN_k \tag{3-9}$$

由于 $N_k = H(k)$，因此有

$$IOD = \sum_{k=0}^{255} kH(k) \tag{3-10}$$

即综合光密度是用灰度级加权的直方图之和。

3.4 图像质量评价

图像是人们获取信息的重要途径，其所承载的信息非常丰富。图像在采集、处理、传输和存储过程中，由于各种因素的影响，将可能影响到图像质量，这给图像的后期处理带来了一定的困难。因此，建立图像质量评价机制具有重要的意义，是图像处理工程的基础技术之一。

3.4.1 图像质量评价方法

图像质量评价涉及图像处理的许多方面，如压缩、传输、存储、增强、水印等。一个有效的评价标准至少具有三种应用：第一，可以在质量控制系统中检测图像质量，例如图像采集系统，通过自动调整系统参数来获得高质量的图像；第二，用于衡量图像处理系统和算法的有效性；第三，可以嵌入到图像处理系统中，用于优化系统和参数设置，如在视频通信系统中，质量标准既能辅助编码端的预滤波和比特分配算法的设计，又能辅助解码端的最优重构、误差消除和后滤波算法的设计。

图像质量评价可分为主观评价和客观评价两大类方法。主观评价法主要凭借评价人员的主观感知来评价图像质量；客观评价法依据评价的数学模型给出量化指标，模拟人类视觉系统感知机制来衡量图像质量。图像质量评价还有一些其他评价方法，如根据有无参考图像又可以将图像质量评价方法分为有参考评价模型和无参考评价模型。有参考评价模型是指根据一幅参考图像，对经过处理的图像进行评价。在进行图像复原、图像去模糊化等处理时常采用这种评价方法。无参考评价模型是指没有参考图像时，直接根据图像的统计特性或观察者对图像的主观打分进行质量评价。

图像质量的主观评价方法（Mean Opinion Score，MOS）考虑了观察者对图像的理解能力，常用方法包括平均主观分值法（MOS）和差分主观分值法（DMOS）。平均主观分值法是通过不同观测者对于图像质量评价得出的主观分值进行平均，从而得到归一化的分值，并以该分值表示该图像质量。评价标准分为优、良、中、差、劣五个等级。对应这五个标准有两种类型的分值，即图像主观绝对分值和图像主观相对分值。主观绝对分值是观测者对于图像本身的主观分值，主观相对分值是观测者对于图像在一组图像中的相对其他图像的分值。由于主观评价方法受到观察者知识背景、观测目的和环境等影响，从而导致了稳定性和可移植性差，且难以用数学模型进行表达。

客观质量评价是指使用一个或多个图像质量的度量指标，建立与图像质量相关的数学模型，采用计算机自动计算出图像质量，其目标是使客观评价结果与人的主观感受相一致。

3.4.2 均方误差

图像质量的均方误差评价（Mean Square Error，MSE）方法是一种常用的图像质量评价方法，它是指被评价图像与参考图像对应位置像素值误差的平均值误差。假设有一幅参考图像 $f(x,y)$，另有一个受到污染的图像 $g(x,y)$，如欲对图像 $g(x,y)$ 进行质量评价，其均方误差计算公式为

$$\text{MSE} = \frac{1}{MN} \sum_{x=1}^{M} \sum_{y=1}^{N} \left[f(x,y) - g(x,y) \right] \tag{3-11}$$

根据均方误差的定义，误差值越大，说明图像像素值整体差异越大，图像质量越差；反之，均方误差越小，说明图像质量越好。均方误差为 0，则被评价图像与参考图像完全一致。

3.4.3 信噪比与峰值信噪比

图像的信噪比也是常用的图像质量评价指标之一，是参考图像像素值的平方均值与均方误差比值的对数的 10 倍。若一幅参考图像用 $f(x,y)$ 表示，而受到污染的图像用 $g(x,y)$ 表示，如欲对图像 $g(x,y)$ 进行质量评价，其信噪比（Signal Noise Ration，SNR）误差计算公式为

$$\text{SNR} = 10\lg \frac{\frac{1}{MN}\sum_{x,y} f^2(x,y)}{\frac{1}{MN}\sum_{x,y} v^2(x,y)} = 10\lg \frac{\sum_{x,y} f^2(x,y)}{\sum_{x,y} [f(x,y) - g(x,y)]^2} \tag{3-12}$$

由式（3-12）可以看出，在均值误差相同的情况下，对于不同的图像，由于像素值不同，其信噪比很可能不一样。

为了消除图像自身像素值大小对评价指标产生的影响，通常采用峰值信噪比（Peak Signal Noise Ration，PSNR）。这是一种与信噪比相似的质量度量准则。PSNR 定义为图像所容许的最大像素值为 255，因此峰值信噪比公式为

$$\text{PSNR} = 10\lg \frac{255^2}{\frac{1}{MN}\sum_{x,y} v^2(x,y)} = 10\lg \frac{255^2}{\text{MSE}} \tag{3-13}$$

3.4.4 结构相似度

在图像质量评价机制中，研究人员发现 MSE、SER、PSNR 等评价方法有时可能与人的视觉感受出现较大的差异。为此，近年来研究了很多更接近人类视觉特性的客观评价方法。其中，得到广泛应用和认可的是结构相似度（Structural Similarity，SSIM）评价法。

结构相似度评价方法考虑了两幅图像的亮度、对比度和结构等因素相似性的影响。图 3-10 所示是结构相似度评价算法流程。

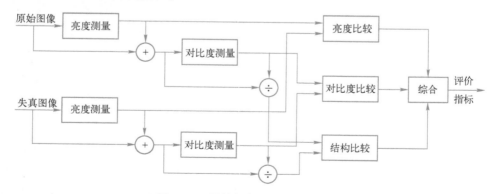

图 3-10　结构相似度评价算法流程

结构相似度的计算模型为

$$\text{SSIM}(x,y) = [l(x,y)]^\alpha \cdot [c(x,y)]^\beta \cdot [s(x,y)]^\gamma \tag{3-14}$$

一般取 $\alpha=\beta=\gamma=1$，$l(x,y)$、$c(x,y)$、$s(x,y)$ 分别为亮度相似度、对比度相似度和结构相似度的度量值，为三个正数，用于调节不同因素的影响权重。亮度、对比度和结构相似度分别定义如下：

$$
\begin{cases}
l(x,y)=\dfrac{2\mu_x\mu_y+c_1}{\mu_x^2+\mu_y^2+c_1} \\[3mm]
c(x,y)=\dfrac{2\sigma_x\sigma_y+c_2}{\sigma_x^2+\sigma_y^2+c_2} \\[3mm]
s(x,y)=\dfrac{\sigma_{xy}+c_3}{\sigma_x\sigma_y+c_3}
\end{cases}
$$

其中，μ_x、μ_y、σ_x、σ_y、σ_{xy} 分别为两幅图像的均值、标准差和协方差；c_1、c_2 和 c_3 为三个远小于最大灰度值平方的常数，通常取值为 $c_1=(k_1L)^2$，$c_2=(k_2L)^2$，$c_3=c_2/2$，k_1、k_2 取远小于 1 的数，L 是指像素的最大值，通常取 $k_1=0.01$，$k_2=0.03$，$L=255$，计算方法如下：

$$\mu_x=\frac{1}{N}\sum_{i=1}^{N}x_i,\quad \sigma_x=\sqrt{\frac{1}{N-1}\sum_{i=1}^{N}(x_i-\mu_x)^2} \tag{3-15}$$

$$\mu_y=\frac{1}{N}\sum_{i=1}^{N}y_i,\quad \sigma_y=\sqrt{\frac{1}{N-1}\sum_{i=1}^{N}(y_i-\mu_y)^2} \tag{3-16}$$

$$\sigma_{xy}=\frac{1}{N-1}\sum_{i=1}^{N}(x_i-\mu_x)(y_i-\mu_y) \tag{3-17}$$

该方法基于光照对于物体结构是独立的，而光照改变主要来源于亮度和对比度，所以它将亮度和对比度从图像的结构信息中分离出来，并结合结构信息对图像质量进行评价。基于这一类原理的方法，在一定程度上避开了自然图像内容的复杂性以及多通道的去相关问题，直接评价图像的结构相似性。SSIM 的值域范围为 $[0,1]$，并且满足距离度量的三个性质。

1）对称性：$SSIM(x,y)=SSIM(y,x)$。

2）有界性：$0\leqslant SSIM(x,y)\leqslant 1$。

3）最大值唯一性：$SSIM(x,y)=1\Leftrightarrow x=y$。

考虑到图像的亮度和对比度与图像内容具有密不可分的关系，无论是亮度还是对比度，在图像的不同位置可能有不同的值。因此，实际应用中通常可将图像分为多个子块，分别计算各个子块的结构相似度，然后由各个子块的结构相似度计算出平均结构相似度，以该平均值作为两幅图像的结构相似度。

3.5　图像的点运算

点运算能够有规律的改变图像像素点的灰度值，通常用于灰度变换和图像增强，来改变图像的灰度分布和对比度。因此，通过恰当的点运算，可以改善图像数字化设备或图像数字显示设备的某些局部特性。点运算从数学上可以分为线性点运算和非线性点运算两类。

（1）线性点运算

线性点运算指输入图像的灰度级与目标图像的灰度级呈线性关系。线性点运算的灰度变

换函数形式可以采用线性方程描述，即

$$D_B = aD_A + b \tag{3-18}$$

式中，D_A 为输入点的灰度值；D_B 为响应输出点的灰度值。显然，这种线性点运算关系可用图 3-11 表示。

1）如果 $a=1$，$b=0$，则只需将输入图像复制到输出图像即可；若 $a=1$，而 $b \neq 0$，则仅将所有像素的灰度值上移或下移，其效果是使整个图像在显示时更亮或更暗。

2）如果 $a>1$，则输入图像的对比度增大。

3）如果 $a<1$，则输入图像的对比度减小。

4）如果 $a<0$，即 a 为负值，则暗区域变亮，亮区域变暗，通过点运算完成图像求补。

（2）非线性点运算

除了线性点运算外，还有非线性点运算。一般考虑非减（non-decreasing）的灰度变换函数，其灰度变换关系如图 3-12 所示。非线性点运算灰度变换函数的斜率均为正数，这类函数保留了图像的基本面貌。

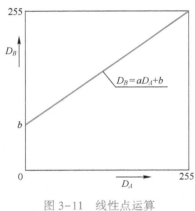

图 3-11　线性点运算

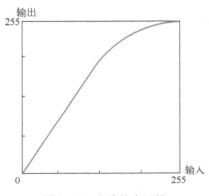

图 3-12　非线性点运算

非线性点运算的函数形式可以表示为

$$D_B = f(D_A) \tag{3-19}$$

式中，D_A 为输入点的灰度值；D_B 为相应输出点的灰度值；f 表示非线性函数，函数表达式需根据具体应用选择有代表性的非线性函数形式。

3.6　图像的代数运算

代数运算是指对两幅输入图像进行点对点的加、减、乘、除运算而得到目标图像的运算。另外，还可以通过适当的场合，形成涉及几幅图像的复合代数运算方程。图像处理代数运算的四种基本形式分别如下：

$$C(x,y) = A(x,y) + B(x,y) \tag{3-20}$$
$$C(x,y) = A(x,y) - B(x,y) \tag{3-21}$$
$$C(x,y) = A(x,y) \times B(x,y) \tag{3-22}$$
$$C(x,y) = \frac{A(x,y)}{B(x,y)} \tag{3-23}$$

式中，$A(x,y)$ 和 $B(x,y)$ 为输入图像表达式；$C(x,y)$ 为输出图像表达式。某些情况下，输入图像之一也可以是常数。在一些特定情况下，参与代数运算的输入图像可能多于两个，如用于消除加性随机噪声的图像相加运算一般都多于两个输入图像。

3.6.1　加法运算

加法运算通常用于平均值降噪等多种场合。图像相加一般用于对同一场景的多幅图像求平均，以便有效地降低加性噪声，通常图像采集系统在采集图像时有这类参数可供选择。对于一些经过长距离模拟通信方式传送的图像（如太空航天器传回的星际图像），这种处理是不可缺少的。当噪声可以用同一个独立分布的随机模型表示和描述时，利用求平均值的方法降低噪声信号、提高信噪比将会非常有效。

在实际应用中，要得到一静止场景或物体的多幅图像是比较容易的。如果这些图像被一加性随机噪声源所污染，则可通过对多幅静止图像求平均值来达到消除或降低噪声的目的。在求平均值的过程中，图像的静止部分不会改变，而由于图像的噪声是随机性的，各不相同的噪声图案累积的很慢，因此可以通过多幅图像求平均值降低随机噪声的影响。

若有一静止场景的图像被加性随机噪声污染，且已获得由 K 幅该静止场景图像组成的图像集合，设图像可表示为：

$$D_i(x,y) = S(x,y) + N_i(x,y) \tag{3-24}$$

式中，$S(x,y)$ 为静止场景的理想图像；$N_i(x,y)$ 表示由于胶片的颗粒或数字化系统中的电子噪声所引起的噪声图像。集合中的每幅图像被不同的噪声所污染。虽然并不能准确获取这些噪声信息，但通常情况下，图像的噪声信号都来自于同一个互不相关且均值等于零的随机噪声样本集。设 $P(x,y)$ 表示功率信噪比，则对于图像中的任意像素点，$P(x,y)$ 可定义为：

$$P(x,y) = \frac{S^2(x,y)}{E[N_i^2(x,y)]} \tag{3-25}$$

对 K 幅图像求平均，可得：

$$\overline{D}_i(x,y) = \frac{1}{K} \sum_{i=1}^{K} [S(x,y) + N_i(x,y)] \tag{3-26}$$

平均值图像的功率信噪比为：

$$\overline{P}(x,y) = \frac{S^2(x,y)}{E\left\{ \left[\frac{1}{K} \sum_{i=1}^{K} N_i(x,y) \right]^2 \right\}} \tag{3-27}$$

$N_i(x,y)$ 为随机噪声，因而具有以下特性：

$$E[N_i(x,y)] = 0 \tag{3-28}$$

$$E[N_i(x,y) + N_j(x,y)] = E[N_i(x,y)] + E[N_j(x,y)] \tag{3-29}$$

$$E[N_i(x,y)N_j(x,y)] = E[N_i(x,y)]E[N_j(x,y)] \tag{3-30}$$

由此，可以得出：

$$\overline{P}(x,y) = \frac{S^2(x,y)}{\frac{1}{K^2}KE[N_i^2(x,y)]} = KP(x,y) \tag{3-31}$$

因此，对 K 幅图像进行平均，则图像中每一点的功率信噪比提高了 K 倍。而功率信噪比与幅度信噪比（SNR）之间是平方关系，故有：

$$SNR = \sqrt{\overline{P(x,y)}} = \sqrt{K} \cdot \sqrt{P(x,y)} \qquad (3-32)$$

即求平均值以后，K 幅图像的幅值信噪比比单幅图像的幅值信噪比提高了 $\sqrt{K}$ 倍，幅度信噪比随着被平均图像数量的增加而提高。

两幅图做加法运算，在 MATLAB 中既可以使用 imlincomb( ) 函数，也可以使用 imadd( ) 函数。imlincomb( ) 用于计算多张图像的线性组合，imadd( ) 用于计算两张图像的叠加。这两个函数的调用形式如下：

Z1 = imadd(X,Y)；
Z2 = imlincomb(K1,A1,K2,A2,…,Kn,An)；

- imadd( ) 函数将图像 X 中的元素与图像 Y 中的元素进行叠加，返回一个叠加结果作为输出图像 Z1 中对应的元素；
- imlincomb( ) 函数计算 K1 * A1+K2 * A2+…+Kn * An，返回计算结果作为输出图像 Z2。

例 3-1：图像加法消除噪声的示例。

如图 3-13 所示是加法消除噪声的示例。在图 3-13a 中，$K=1$，表示 1 张噪声图像平均，即具有加性噪声的原始照片；在图 3-13b 中，$K=2$，表示 2 张照片相加后求平均；在图 3-13c 中，$K=4$，表示 4 张照片相加后求平均；在图 3-13d 中，$K=16$，表示 16 张照片相加后求平均。由于相加的图像越来越多，SNR 值不断提高，因此，图像质量由图 3-13a 到图 3-13d 明显提高。

a) $K=1$　　　　　b) $K=2$　　　　　c) $K=4$　　　　　d) $K=16$

图 3-13　加法消除噪声

利用图像加法消除噪声的 MATLAB 代码如下：

```
clear all；
I = imread('lena. jpg')；
I = rgb2gray(I)；
for i = 1:16
    noise = imnoise(I, 'gaussian', 0 ,0.008)；        %加入高斯噪声
    namestr = ['J', num2str(i), '=noise']；           %生成 J1~J16,16 张添加了随机噪声的图像
    eval(namestr)；
end
figure(1), imshow(J1)；
%title('k=1')；
```

```
K2 = imadd(0.5 * J1,0.5 * J2);                    %图像加法
figure(2),imshow(K2);
%title('k = 2');
K3 = imlincomb(0.25,J1,0.25,J2,0.25,J3,0.25,J4);
figure(3),imshow(K3);
%title('k = 3');
K4 = imlincomb(0.0625,J1,0.0625,J2,0.0625,J3,0.0625,J4,0.0625,J5,0.0625,J6,0.0625,J7,
0.0625,J8,0.0625,J9,0.0625,J10,0.0625,J11,0.0625,J12,0.0625,J13,0.0625,J14,0.0625,J15,
0.0625,J16);
figure,imshow(K4);
%title('k = 4');
```

3.6.2 减法运算

图像相减常用于检测变化及运动物体,图像相减运算又称为图像差分运算。差分方法可以分为可控制环境下的简单差分方法和基于背景模型的差分方法。在可控环境下,或者在很短的时间间隔内,可以认为背景是固定不变的,可以直接使用差分运算检测图像变化及运动物体。

图像减法在自动现场监测等领域具有广泛的运用。可以应用在监控系统中,如在银行金库内,摄像头每间隔某一固定时间(如10 s)拍摄一幅图像,并与上一幅图像进行减法运算,如果图像差别超过了预先设置的阈值,则表明可能有异常情况发生,应自动或以某种方式报警。图像减法可用于检测变化目标及遥感图像的动态监测;利用差值图像可以发现森林火灾、洪水泛滥等灾情,监测灾情变化及估计损失等;也可用于监测河口、海岸的泥沙淤积及监视江河、湖泊、海岸等的污染。利用差值图像还能鉴别出耕地及不同农作物的覆盖情况。

图像减法还可用于消除图像背景。例如,该技术可用于诊断 PCB 及集成电路掩膜的缺陷。在血管造影技术中,为了减少误诊,人们希望提供反映游离血管的清晰图像。通常的肾动脉造影在造影剂注入后,虽然能够看出肾动脉血管的形状及分布,但由于肾脏周围血管受到脊椎及其他组织影像的重叠,难以得到理想的游离血管图像。对此,可摄制出肾动脉造影前后的两幅图像,相减后就能把脊椎及其他组织的影像去掉,仅保留血管图像。此外,电影特技中应用的"蓝幕"技术,其实也用到了图像减法的基本原理。

下面介绍两种常用的减法运算:差影法和剪影法。

(1)差影法

差影算法是将同一景物在不同时间拍摄的图像或同一景物在不同波段的图像相减,即将实验拍摄到的含有目标物体的图像与背景图像的对应元素相减,所得的差作为结果图像。运算关系如式(3-33)所示:

$$F_1(x,y) = A(x,y) - B(x,y) \tag{3-33}$$

式中,$A(x,y)$ 为目标图像的灰度矩阵,$B(x,y)$ 为背景图像的灰度矩阵,$F_1(x,y)$ 为处理后的图像灰度矩阵。若目标物体的灰度值小于背景像素的灰度值,则需用背景图像减去目标图像。由于两张图片中背景一致,因此差影法可以大幅度减小图像的背景噪声,从而实现去噪功能。但差影法也有一定的弊端,即两幅图像相减会减弱目标像素的灰度值,当图像中目标

信息较弱时，会导致有用的特征信息的丢失，不利于后续的信息处理，特别是在图像二值化时，容易丢失有价值的信息。

（2）剪影法

剪影算法是基于电子技术中门电路的逻辑思想提出的，是一种可以增强目标像素点的灰度值的自适应算法，主要是根据目标图像和背景图像的对应点的灰度值相差的多少来确定运算关系：

$$F_2(i,j)=\begin{cases} A(i,j) & [A(i,j)-B(i,j)]>T_h \\ 0 & [A(i,j)-B(i,j)]\leq T_h \end{cases} \tag{3-34}$$

式中，T_h 为阈值（$T_h>0$），T_h 的值可根据图像中灰度变化情况来选取，通常取 $T_h=0$。与差影法相同，当目标物体的灰度值小于背景像素的灰度值时，则比较背景图像减去目标图像的差值。经过剪影算法得到的图像背景均匀，且背景与目标像素点的对比度增强，从而使目标更加突出，图像质量得到很好的改善。但是，当拍摄的图像有拖影时，剪影算法不能很好地去除拖影。

在 MATLAB 中，图像的减法运算用 imsubtract( ) 函数来实现，调用形式如下：

    Z = imsubtract(X,Y);

- X 和 Y 为两张原始图像，可以是二值或灰度图像；
- 函数实现 X−Y 的操作；
- Z 为输出图像。

例 3-2：利用差影法与剪影法分离图像的示例。

分别利用差影法和剪影法处理两相流的弹状流图像，处理后的效果图如图 3-14 所示。可以看到两种处理方法都保持了弹状流特征，但是对于一些弹状流轮廓不明显的图像而言，剪影算法的处理结果比差影算法的结果好很多。

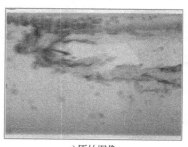
a) 原始图像

b) 背景图像

c) 差影法

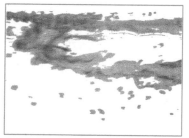
d) 剪影法

图 3-14　差影法与剪影法效果对比

利用差影法与剪影法进行图像背景分离的 MATLAB 代码如下：

```
clear all;
I = imread('原始图像.tif');
I = rgb2gray(I);
K = imread('背景图像.tif');
K = rgb2gray(K);
Ib0 = imsubtract(K,I);
Ib0 = imcomplement(Ib0);        %图像求补
for i = 1:480
    for j = 1:640
        if I(i,j)-K(i,j)>0
            Ib(i,j) = 255;
        else I(i,j)-K(i,j) <= 0
            Ib(i,j) = I(i,j);
        end
    end
end
Ib=uint8(Ib);
figure(1);imshow(I);
figure(2);imshow(K);
figure(3);imshow(Ib0);
figure(4);imshow(Ib);
```

（3）求梯度幅度

图像的减法运算也可应用于求图像的梯度函数。梯度是数学与场论中的概念，它是向量函数，梯度幅度可由下式表示：

$$|\nabla f(x,y)| = \sqrt{\left(\frac{\partial f}{\partial x}\right)^2 + \left(\frac{\partial f}{\partial y}\right)^2} \tag{3-35}$$

考虑到运算的方便性，梯度幅度可由下式近似计算：

$$|\nabla f(x,y)| = \max\left[\,|f(x,y)-f(x+1,y)|\,,\,|f(x,y)-f(x,y+1)|\,\right] \tag{3-36}$$

也就是说，梯度可近似取值为水平方向相邻像素之差的绝对值和垂直方向相邻像素之差的绝对值中的较大者。在图像中，物体边缘属于斜率陡峭之处，梯度值一般较大。梯度运算可以获取图像内部的边缘信息。

例 3-3：图像梯度运算的示例。

图 3-15 是羊毛纤维显微图像梯度运算的示例。对于羊毛纤维显微图像的梯度图，梯度幅度在羊毛纤维边缘处很高，而在背景区域和羊毛纤维的内部，梯度幅度很低。

基于图像减法计算梯度图像的 MATLAB 代码如下：

```
clear all;
I = imread('hair5.jpg.');
I = imresize(I,[500,500]);
I = rgb2gray(I);
```

```
[m,n] = size(I);
for x = 1:m-1
    for y = 1:n-1
        A = abs(I(x,y)-I(x+1,y));
        B = abs(I(x,y)-I(x,y+1));
        K(x,y) = max(A,B);
    end
end
K = imadjust(K,[0,0.3],[0.3,0.7],0.4);
figure(1),imshow(I);          %原图
figure(2),imshow(K,[]);       %梯度图
```

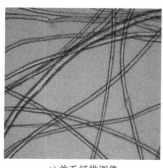

a) 羊毛纤维图像   b) 梯度图像

图 3-15　梯度幅度图像

3.6.3　乘法运算

乘法运算可用来遮住图像的某些部分，其典型运用是用于获得掩膜区域的目标图像。对于需要保留下来的区域，掩膜（mask）图像的值置为 1，而在需要被抑制掉的区域，掩膜图像的值置为 0。然后，利用乘法运算，就能够提取掩膜图像对应在原图像中的目标区域。

MATLAB 中提供了 immultiply( ) 函数来实现图像的乘法运算，调用形式如下：

　　　Z = immultiply(X,Y)

- X 和 Y 为两张原始图像，可以是二值或灰度图像；
- Z 为输出图像。

例 3-4：利用图像乘法运算提取目标区域的示例。

提取 CT 图像中掩膜图像对应的病变区域。如图 3-16 所示，图 3-16a 是 CT 图像，图 3-16b 是癌变区域的掩膜图像，图 3-16c 为图 3-16a 与图 3-16b 相乘的结果。可见，原图像乘以掩膜图像，能够抹去图像中的某些多余区域，即使多余区域为 0。

利用图像乘法运算提取 CT 图像掩膜区域的 MATLAB 代码如下：

```
clear all;
%乘法运算
I = imread('CT.png');
I = rgb2gray(I);
```

```
J = imread('Mask.png');
K = immultiply(I,J);        %图像相乘
figure(1),imshow(I);
figure(2),imshow(J);
figure(3),imshow(K);
```

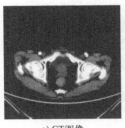  

a) CT图像　　　　　　　　　b) 癌变区域掩膜图像　　　　　　　c) 癌变区域图像

图 3-16　乘法运算在掩膜图像中的应用

　　图像掩膜技术也可以灵活应用，如可以增强选定区域外的图像而对区域内的图像不做处理，这时，只需将二值图像中区域内像素点置 1，而区域外的像素点置 0 即可。掩膜图像技术还可以应用于图像局部增强，即只对图像的某一局部区域进行增强，以突出某一具体的目标。

3.6.4　除法运算

　　除法运算的典型运用是比值图像处理。例如，除法运算可用于校正成像设备的非线性影响，在特殊形态的图像（如 CT 为代表的医学图像）处理中用到；此外，除法运算还经常用于消除图像数字化设备随空间变化所产生的影响，并可用于产生在多光谱图像处理中非常有用的比率图像。

　　图像的除法运算一般有两种，图像之间的除法运算和图像除以常数的运算。MATLAB中提供了 imdivide( ) 函数实现图像除法运算，调用形式如下：

```
Z= imdivide(X,Y)
```

● X 和 Y 为两张原始图像，可以是二值或灰度图像；

● Z 为输出图像。

图像之间的除法运算，以及图像除以常数运算的 MATLAB 代码如下：

```
I1 = imread('lena_1.jpg');
I2 = imread('lena_2.jpg');
J1 = imdivide(I2,I1);                                %两幅图像相除
J2 = imdivide(I2,0.5);                               %图像跟一个常数相除
set(0,'defaultFigurePosition',[100,100,1000,500]);  %修改图形图像的默认位置
set(0,'defaultFigureColor',[1 1 1])                 %修改图形背景颜色的设置
figure(1);imshow(I1);
figure(2); imshow(I1);
figure(3); imshow(J1);
```

figure(4)；imshow(J2)；

图 3-17a 是原始图像的暗图像，图 3-17b 是原始图像，图 3-17c 是图 3-17b 和图 3-17a 相除后得到的效果图，图 3-17b 除以常数 0.5 后的效果图如图 3-17d 所示。

a) 原始图像的暗图像

b) 原始图像

c) 图像相除效果图

d) 图像与常数0.5相除效果图

图 3-17　除法运算图像

3.7　图像的几何运算

图像的几何运算又称图像几何变换，用来改进图像中像素间的空间关系，它是图像处理和图像分析的重要内容之一。图像几何运算的基础是代数和几何学，几何运算通过改变像素点所在的几何位置来改变图像的大小、形状和位置等几何信息，甚至改变图像中各物体之间的空间位置关系。几何运算可以看成是将各物体在图像内移动，特别是图像具有一定的规律性时，一个图像可以由另一个图像通过几何变换产生。在实际的数字图像处理中，几何变换包括坐标变换和灰度内插两部分内容。

坐标变换可由下式表示：

$$(x,y)=T\{(u,v)\} \tag{3-37}$$

式中，(u,v) 是原图像中像素的坐标，(x,y) 是变换后图像中像素的坐标。通常，采用齐次坐标对图像几何变换进行统一表示：

$$\begin{bmatrix} x \\ y \\ 1 \end{bmatrix} = T \begin{bmatrix} u \\ v \\ 1 \end{bmatrix} = \begin{bmatrix} t_{11} & t_{12} & 0 \\ t_{21} & t_{22} & 0 \\ t_{31} & t_{32} & 1 \end{bmatrix} \begin{bmatrix} u \\ v \\ 1 \end{bmatrix} \tag{3-38}$$

这一变换可根据变换矩阵 T 中的元素所选择的值，对一组坐标点做尺度、旋转、平移或镜像等操作。当通过坐标变换把一幅图像上的像素重新定位到一个新的位置后，还需要对这些新的位置赋灰度值，即灰度内插。

关于平移、镜像、旋转、比例缩放等几何变换的具体操作将在第 4 章中进行详细介绍。

【本章小结】

本章主要介绍了数字图像处理的基础知识，包括图像采样和量化、像素间的基本关系、灰度直方图、图像质量评价、图像的点运算、图像的代数运算、图像的几何运算等，为后续章节内容提供了基本图像算法基础。本章以人像、工业过程、纺织纤维、医学影像等图像为例展示相关算法的图像处理效果，助推图像处理技术在智能识别、智能制造、智能医疗等领域的应用和创新。

【课后习题】

1. 什么是均匀采样和非均匀采样？
2. 什么是线性量化和非线性量化？
3. 什么是像素的 4 邻域、8 邻域和对角邻域？
4. 什么是图像的灰度直方图？灰度直方图有哪些性质和作用？
5. 常用的数字图像的距离测度有哪些？各有什么特点？
6. 图像的质量如何评价？
7. 图像间的加、减、乘、除法各有什么用处？

第4章 图像预处理技术

4.1 图像的灰度变换

图像灰度变换（Gray-Scale Transformation，GST）是图像增强的一种重要手段，它常用于改变图像的灰度范围及其分布，使图像的动态范围增大及对比度扩展，是图像数字化及图像显示的重要工具之一。图像灰度变换是指根据某种目标条件按一定变换关系逐点改变原图像中每一个像素灰度值的方法。灰度变换的目的是为了改变图像的质量，使图像的显示效果更加清晰，并且有选择地突出图像中感兴趣的特征或者抑制图像中某些不需要的特征，使图像与视觉响应特性相匹配。

一般成像系统只具有一定的亮度响应范围，因此常出现对比度不足的情况，使人眼观看图像时视觉效果很差。另外，在某些情况下，需要将图像的整个灰度级范围或者其中的某一段扩展或压缩到记录器输入灰度级动态范围之内。采用下面介绍的灰度变换方法可以充分利用相机的灰度级动态范围，记录显示出图像中需要的细节，从而大大改善人眼的视觉效果。灰度变换可分为线性变换、分段线性变换、非线性变换、灰度对数变换和直方图均衡化。

4.1.1 线性变换

灰度变换可以使图像动态范围增大，对比度得到扩展，使图像清晰、特征明显，是图像增强的重要手段之一。它主要利用点运算来修正像素灰度，由输入像素点的灰度值确定相应输出点的灰度值，是一种基于图像灰度值变换的操作。灰度变换不改变图像内的空间关系，灰度级的改变是根据某种特定的灰度变换函数进行的，也可以看作是"从像素到像素"的赋值操作。基于点运算的灰度变换如公式（4-1）所示。

$$g(x,y) = T[f(x,y)] \tag{4-1}$$

其中，T 被称为灰度变换函数，它描述了输入灰度值和输出灰度值之间的转换关系。一旦灰度变换函数确定，该灰度变换就被完全确定下来。

线性灰度变换的变换函数如公式（4-2）所示。

$$g(x,y) = \frac{d-c}{b-a} \times [f(x,y)-a] + c \tag{4-2}$$

其中，b 和 a 分别是输入图像亮度分量的最大值和最小值，d 和 c 分别是输出图像亮度分量的最大值和最小值。假定原图像 $f(x,y)$ 的灰度范围为 $[a,b]$，变换后的图像 $g(x,y)$ 的灰度范围线性扩展或压缩至 $[c,d]$，如图 4-1 所示。

若图像中大部分像素的灰度级分布在区间 $[a,b]$ 内，只有

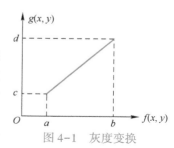

图 4-1 灰度变换

很小一部分的灰度级超过了此区间，M 为原图的最大灰度级，则为了改善增强效果，可以令：

$$g(x,y)=\begin{cases} c & 0 \leqslant f(x,y) \leqslant a \\ \dfrac{d-c}{b-a} \times [f(x,y)-a]+c & a < f(x,y) \leqslant b \\ d & b < f(x,y) \leqslant M \end{cases} \qquad (4\text{-}3)$$

此方法是将灰度值小于 a 的像素的灰度值全部映射为 c，将灰度值大于 b 的像素的灰度值全部映射为 d，也就是说，在图像增强的过程中，损失了灰度值小于 a 和大于 b 的信息。但是由于损失的信息在原图像中所占的像素数目非常小，所以在实际应用中，只要选择合适的 $[a,b]$，这些损失是可以接受的。如果不想损失这部分的信息，可以保持它们的原灰度值不变，利用公式（4-4）进行变换。

$$g(x,y)=\begin{cases} \dfrac{d-c}{b-a} \times [f(x,y)-a]+c & a \leqslant f(x,y) \leqslant b \\ f(x,y) & \text{其他} \end{cases} \qquad (4\text{-}4)$$

由于人眼对灰度级别的分辨能力有限，当相邻像素的灰度值相差较小时，人眼则无法分辨。例如，在曝光不足或过度的情况下，图像的灰度变化可能会局限在一个很小的范围内，这时得到的图像可能是一个模糊不清、没有灰度层次的图像。采用上述线性变换对图像中每一个像素灰度作线性拉伸，可使图像中相邻像素灰度的差值增加，进而有效改善图像视觉效果。

在 MATLAB 环境中，采用函数 imadjust( ) 对图像进行灰度值线性变换，常用语法有：

```
J = imadjust(I)
J = imadjust(I,[low_in high_in],[low_out high_out])
J = imadjust(I,[low_in high_in],[low_out high_out],gamma)
```

参数说明：
- I 是原图，可以是灰度图像或彩色图像。
- [low_in; high_in] 和 [low_out; high_out] 分别为原图像中要变换的灰度范围和变换后的灰度范围，区间为空时默认为 [0 1]；low_in，high_in，low_out，high_out 的值必须在 0 到 1 之间；低于 low_in 的值和高于 high_in 的值被去除，也就是说，低于 low_in 的值映射成 low_out，高于 high_in 的值映射成 high_out。
- gamma 为映射的方式，默认值为 1，即线性映射；当 gamma 不等于 1 时，为非线性映射。如果 gamma 小于 1，映射被加权到更高的输出值；如果 gamma 大于 1，则映射被加权到更低的输出值。
- 利用函数 imadjust 进行彩色图像增强时，是对彩色图像的 RGB 值分别进行操作。

对 'mengwa. jpg' 进行线性变换，其 MATLAB 程序代码如下：

```
I = imread('mengwa. jpg');          %载入图像
I1 = rgb2gray(I);
figure,imshow(I1);                   %显示图像
figure,imhist(I1);
%title('原图的直方图','fontsize',14)
```

```
xlim([0 255]);                          %规定横纵坐标
ylim([0 10000]);
%将图像中 0.3×255~0.7×255 的灰度区间通过线性变换映射到 0~255 之间
J = imadjust(I1,[0.3,0.7]);
%对灰度图像进行线性变换
figure,imshow(J);
%title('线性变换图','fontsize',14)
figure,imhist(J);
%title('线性变换后的直方图','fontsize',14)
xlim([0 255]);
ylim([0 10000]);
```

运行程序，线性变换效果如图 4-2 所示：

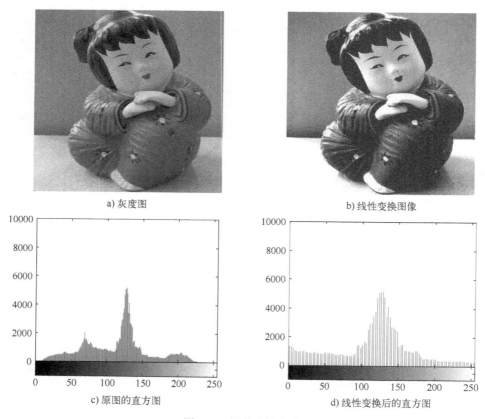

a) 灰度图   b) 线性变换图像

c) 原图的直方图   d) 线性变换后的直方图

图 4-2　图像线性变换

4.1.2　分段线性变换

在实际应用中，为了突出图像中感兴趣的研究对象，常常要求局部扩展拉伸某一范围的灰度值，或对不同范围的灰度值进行不同的拉伸处理，即分段线性拉伸，如图 4-3 所示。

在实际图像处理中，可以根据实际需要任意组合分段线性变换，以灵活的控制输出灰度分布，并改善输出图像质量，其函数形式如式（4-5）所示。

$$g(x,y)=\begin{cases} \dfrac{c}{a}\times f(x,y) & 0\leqslant f(x,y)<a \\[2mm] \dfrac{d-c}{b-a}\times[f(x,y)-a]+c & a\leqslant f(x,y)<b \\[2mm] \dfrac{M-d}{M-b}\times[f(x,y)-b]+d & b\leqslant f(x,y)\leqslant M \end{cases}\qquad(4-5)$$

通常，M 取值为 255，且 $a<b<M$，$c<d<M$，从而保证函数是单调递增的，以避免造成处理过程的图像灰度级发生颠倒。

由图 4-4 可以看出，通过调整折线拐点的位置以及控制分段直线的斜率，可以实现对任意灰度区间的扩展和压缩，分段线性变换在数字图像增强中用途是非常广泛的。

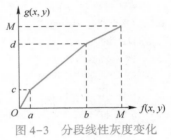

图 4-3　分段线性灰度变化

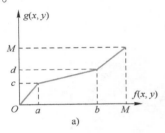 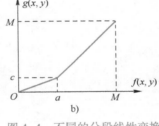 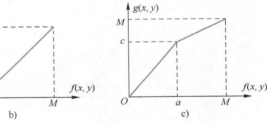

图 4-4　不同的分段线性变换

4.1.3　灰度对数变换

灰度对数变换可使一窄带的低灰度输入图像值映射为一宽带的较高灰度输出值，是一种非线性灰度图像变换方法。利用这种变换可以扩展被压缩的灰度图像中的暗像素。对数变换的一般表达式为式（4-6）：

$$g(x,y)=c\times\log(f(x,y)+1)\qquad(4-6)$$

其中 c 是比例常数，对数变换的变换关系曲线如图 4-5 所示。

由图 4-5 可知，对数变换不是对图像的整个灰度范围进行扩展，而是有选择地对低灰度值范围进行扩展，其他范围的灰度值则有可能被压缩，也就是说它主要用来将图像暗的部分进行扩展，而将亮的部分进行抑制。对数变换的作用过程示例如图 4-6 所示，变换公式如式（4-7）所示。

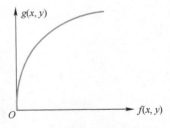

图 4-5　对数变换的变换曲线

1	3	9	9	8
2	1	3	7	3
3	6	0	6	4
6	8	2	0	5
2	9	2	6	0

6	12	21	21	20
10	6	12	19	12
12	18	0	18	14
18	20	10	0	16
10	21	10	18	0

a) 原始图　　　　　　　　　　　b) 对数变换后的图

图 4-6　对数变换作用过程

$$g(x,y) = 9 \times \log[f(x,y)+1] \quad (4-7)$$

对'mengwa2.jpg'进行对数变换，其 MATLAB 程序代码如下：

```
I = imread('mengwa2.jpg');          %载入图像
figure,imshow(I)
title('原图','fontsize',14)
J=double(I);
J=40*(log(J+1));
H=uint8(J);                          %将图像数组转换成 uint8 类型,即 8 位图
figure,imshow(H)
title('对数变换图像','fontsize',14)
figure,imhist(I);
title('原图的直方图','fontsize',14)
figure,imhist(H);
title('对数变换后的直方图','fontsize',14)
```

运行程序，对数变换效果如图 4-7 所示。

a) 原图

b) 对数变换图像

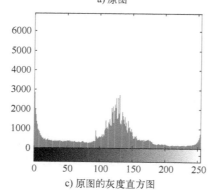
c) 原图的灰度直方图

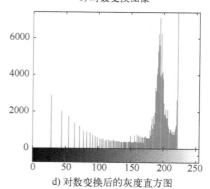
d) 对数变换后的灰度直方图

图 4-7　图像对数变换

4.1.4　直方图均衡化

直方图均衡化是一种图像对比度增强技术，它可以改变图像整体偏暗或偏亮或灰度层次不丰富的情况，使得到的直方图占据整个灰度范围且均匀分布。

图像对比度增强的方法可以分成两类：一类是直接对比度增强方法；另一类是间接对比

度增强方法。直方图拉伸和直方图均衡化是两种最常见的间接对比度增强方法。直方图拉伸是通过对比度拉伸对直方图进行调整，从而"扩大"前景和背景灰度的差别，以达到增强对比度的目的，这种方法可以利用线性或非线性的方法来实现；直方图均衡化则通过使用累积函数对灰度值进行"调整"以实现对比度的增强。

直方图均衡化是图像处理领域中利用图像直方图对对比度进行调整的方法。这种方法通常用来增强图像的局部对比度而不影响整体的对比度，尤其是当图像的有用数据的对比度相当接近的时候。直方图均衡化通过有效地扩展常用的亮度来实现这种功能，使亮度可以更好地在直方图上分布。这种方法对于背景和前景都太亮或者太暗的图像非常有用。例如，可以使 X 光图像更好地显示骨骼结构，或者改善曝光过度或者曝光不足照片中的细节。它的主要优势是：它是一个相当直观的技术并且是可逆操作，如果已知均衡化函数，那么就可以恢复原始的直方图，并且计算量也不大。它的缺点是对处理的数据不加选择，可能会增加背景噪声的对比度并且降低有用信号的对比度。

直方图均衡化的基本思想是把原始图像的直方图变换为均匀分布的形式，这样就增加了像素灰度值的动态范围，从而可达到增强图像整体对比度的效果。设原始图像在(x,y)处的灰度为$f(x,y)$，而改变后的图像为$g(x,y)$，则对图像增强的方法可表述为将在(x,y)处的灰度$f(x,y)$映射为$g(x,y)$。在灰度直方图均衡化处理中对图像的映射函数可定义为：

$$g(x,y)=EQ[f(x,y)] \tag{4-8}$$

这个映射函数$EQ(f)$必须满足两个条件（其中 L 为图像的灰度级数）：

1）$EQ(f)$在$0 \leqslant f \leqslant L-1$范围内是一个单值单增函数。这是为了保证增强处理没有打乱原始图像的灰度排列次序，原图各灰度级在变换后仍保持从黑到白（或从白到黑）的排列。

2）对于$0 \leqslant f \leqslant L-1$有$0 \leqslant g \leqslant L-1$，这个条件保证了变换前后灰度值动态范围的一致性。

累积分布函数（Cumulative Distribution Function，CDF）可以满足上述两个条件，且通过该函数可以完成将原图像$f(x,y)$的分布转换成$g(x,y)$的均匀分布。此时的直方图均衡化映射函数为：

$$g_k=EQ(f_k)=n_k/N \quad (k=0,1,2\cdots L-1) \tag{4-9}$$

上述求和区间为 0 到 k，根据该方程可以由原图像的各像素灰度值直接得到直方图均衡化后各像素的灰度值。在实际处理变换时，一般先对原始图像的灰度情况进行统计分析，并计算出原直方图分布，然后根据计算出的累计直方图分布求出f_k到g_k的灰度映射关系。在重复上述步骤得到原图像所有灰度级到目标图像灰度级的映射关系后，按照这个映射关系对原图像各点像素进行灰度转换，即可完成对原图像的直方图均衡化。

MATLAB 中采用 histeq( )函数对图像进行均衡化处理，调用形式如下：

```
J =histeq(I,hgram)
J =histeq(I,n)
[J,T] =histeq(I)
```

参数说明：
- 原始图像 I 的直方图变成用户指定的向量 hgram，hgram 中的各元素的值域为$[0,1]$。
- n 是直方图均衡后的灰度级数，默认值为 64。
- J 变换成图像，T 为变化后图像的直方图。

对'mengwa. jpg'做直方图均衡化，其 MATLAB 程序代码如下：

```
I = imread('mengwa. jpg');              %载入原始图像
I1 = rgb2gray(I);
figure,imshow(I1);
%title('原图','fontsize',14);
hgram = [0:255];                        %规定化函数
J = histeq(I1,hgram);                   %直方图均衡化
figure,imshow(J);
%title('均衡化后图像','fontsize',14)
figure,imhist(I1,256);
%title('原图的灰度直方图','fontsize',14);
xlim([0 255]);
ylim([1 6000]);                         %规定横纵坐标
figure,imhist(J,256);
%title('均衡化后的灰度直方图','fontsize',14);
xlim([0 255]);
ylim([1 6000]);
```

运行程序，直方图均衡化效果如图 4-8 所示。

a) 原图

b) 均衡化后图像

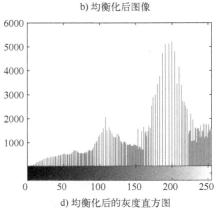

c) 原图的灰度直方图

d) 均衡化后的灰度直方图

图 4-8   图像直方图均衡化

4.2　图像的几何变换

图像几何变换是指用数学建模的方法来描述图像位置、大小、形状等变化的方法，通过对变形的图像进行几何校正，可以得出准确的图像。在实际场景拍摄到的一幅图像，如果画面过大或过小，都需要进行缩小或放大。当拍摄时景物与摄像头不构成相互平行关系的时候，会发生一些几何畸变，例如会把一个正方形拍摄成一个梯形等，这就需要进行一定的畸变校正。在进行目标物的匹配时，需要对图像进行旋转、平移等处理。在显示三维景物时，需要进行三维到二维平面的投影建模。因此，图像几何变换是图像处理及分析的基础，也是最常见的图像处理手段。

图像几何变换是计算机图像处理领域中的一个重要组成部分。图像的几何变换主要包括图像的移动、旋转、镜像、比例放缩及插值等内容。图像几何变换只改变像素所在的几何位置，而不改变图像的像素值。

4.2.1　平移

图像的平移是几何变换中最简单的变换之一，是将一幅图像上的所有点都按照给定的偏移量在水平方向沿 x 轴、在垂直方向沿 y 轴移动。如图 4-9 所示，初始坐标为 (x_0, y_0) 的点经过平移 (t_x, t_y)（设向右、向下为正方向）后，坐标变为 (x_1, y_1)。显然 (x_0, y_0) 和 (x_1, y_1) 的关系如公式（4-10）所示：

$$\begin{cases} x_1 = x_0 + t_x \\ y_1 = y_0 + t_y \end{cases} \tag{4-10}$$

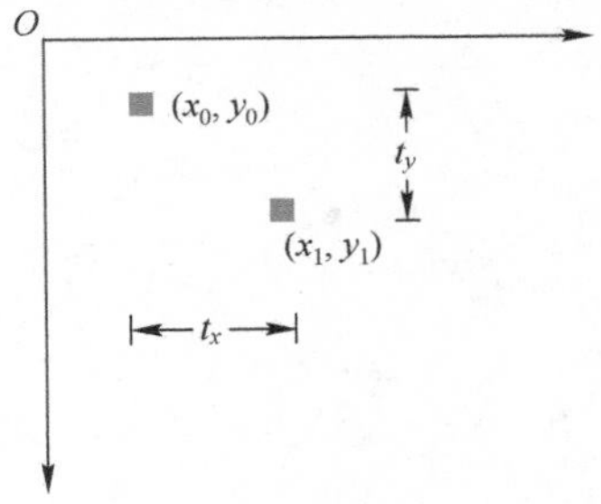

以矩阵的形式表示为公式（4-11）：

$$\begin{bmatrix} x_1 & y_1 & 1 \end{bmatrix} = \begin{bmatrix} x_0 & y_0 & 1 \end{bmatrix} \begin{pmatrix} 1 & 0 & 0 \\ 0 & 1 & 0 \\ t_x & t_y & 1 \end{pmatrix} \tag{4-11}$$

图 4-9　平移示意图

对式（4-11）求逆，可以得到逆变换公式（4-12）：

$$\begin{bmatrix} x_0 & y_0 & 1 \end{bmatrix} = \begin{bmatrix} x_1 & y_1 & 1 \end{bmatrix} \begin{pmatrix} 1 & 0 & 0 \\ 0 & 1 & 0 \\ -t_x & -t_y & 1 \end{pmatrix} \tag{4-12}$$

对'mengwa.jpg'进行平移，其 MATLAB 代码如下所示：

```
I=imread('mengwa.jpg');          %载入原图
figure,imshow(I);
%title('原图','fontsize',14)
se=translate(strel(1),[40 40]);   %向右向下平移40个像素
J=imdilate(I,se);
figure,imshow(J);
%title('平移图像','fontsize',14)
```

运行程序，图像平移效果如图 4-10 所示。

a) 原图

b) 平移图像

图 4-10 图像平移

4.2.2 旋转

图像旋转变换是指以图像的中心为原点，将图像中的所有像素（即整幅图像）旋转一个相同角度。

图像旋转变换的结果图像分为两种情况：一是扩大图像范围以显示所有的图像，如图 4-11 所示；二是保持图像旋转前后的幅面大小，把旋转后图像被转出原幅面大小的那部分截掉。下面介绍的图像旋转变换方法仅考虑第一种情况，即不考虑如何截断转出的那部分的细节问题。

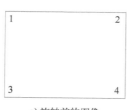

a) 旋转前的图像

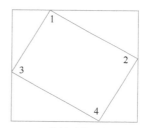

b) 旋转后的图像

图 4-11 旋转前后的大小示例图

在图 4-12 的 xoy 平面坐标系中，设位于 (x_0, y_0) 处的坐标点到坐标原点的直线 r 与 x 轴的夹角为 b，直线 r 顺时针旋转 a 角度后使 (x_0, y_0) 处的点位于 (x_1, y_1) 处。

旋转前：

$$\begin{cases} x_0 = r\cos b \\ y_0 = r\sin b \end{cases} \tag{4-13}$$

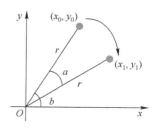

图 4-12 旋转示意图

旋转 a 角度后，得到公式（4-14）：

$$\begin{cases} x_1 = r\cos(b-a) = r\cos b\cos a + r\sin b\sin a \\ y_1 = r\sin(b-a) = r\sin b\cos a - r\cos b\sin a \end{cases} \tag{4-14}$$

将式（4-13）代入式（4-14）得到式（4-15）：

$$\begin{cases} x_1 = x_0\cos a + y_0\sin a \\ y_1 = -x_0\sin a + y_0\cos a \end{cases} \tag{4-15}$$

式（4-15）以矩阵的形式表示：

$$[x_1 \quad y_1 \quad 1] = [x_0 \quad y_0 \quad 1] \begin{pmatrix} \cos a & -\sin a & 0 \\ \sin a & \cos a & 0 \\ 0 & 0 & 1 \end{pmatrix}$$

(4-16)

MATLAB 中采用 imrotate( ) 函数对图像进行旋转操作，调用形式如下：

```
B = imrotate(A,angle)
B = imrotate(A,angle,method)
B = imrotate(A,angle,method,bbox)
```

参数说明：

- A 是旋转的图像矩阵，angle 是旋转角度，-45 是顺时针。
- method 是插值的方法（如 nearest，bilinear，bicubic，注意：要打单引号，'nearest'）。
- bbox 是指旋转后的显示方式（共有两种：crop，旋转后的图像跟原图像大小一样，超过边框的区域舍去；loose，旋转后的图像不变，随框大小而变化）。

对 'mengwa. jpg'做旋转，其 MATLAB 代码如下所示：

```
I = imread('mengwa. jpg');          %载入原图
figure,imshow(I);
%title('原图','fontsize',14)
J1 = imrotate(I,45);                %将图像旋转 45°
J2 = imrotate(I,90);                %将图像旋转 90°
J3 = imrotate(I,135);               %将图像旋转 135°
figure,imshow(J1);
%title('旋转图像 1','fontsize',14)
figure,imshow(J2);
%title('旋转图像 2','fontsize',14)
figure,imshow(J3);
%title('旋转图像 3','fontsize',14)
```

运行程序，图像旋转效果如图 4-13 所示。

a) 原图

b) 旋转45°图像

图 4-13 图像旋转

c) 旋转90°图像　　　　　　　　　　　　d) 旋转135°图像

图 4-13　图像旋转（续）

4.2.3　镜像

　　图像的镜像变换不改变图像的形状。图像的镜像（Mirror）变换分为 3 种：水平镜像、垂直镜像和对角镜像。

　　图像的水平镜像操作是将图像的左半部分和右半部分以图像垂直中轴线为中心镜像进行对换；图像的垂直镜像操作是将图像上半部分和下半部分以图像水平中轴线镜像进行对换。可以单个像素进行镜像，也可以利用位图存储的连续性进行整行复制。

　　设图像高度为 l_{height}，宽度为 l_{width}，原图中 (x_0, y_0) 经过水平镜像后坐标将变为 $(l_{width} - x_0, y_0)$，其矩阵表达式为式（4-17）：

$$\begin{pmatrix} x_1 \\ y_1 \\ 1 \end{pmatrix} = \begin{pmatrix} -1 & 0 & l_{width} \\ 0 & 1 & 0 \\ 0 & 0 & 1 \end{pmatrix} \begin{pmatrix} x_0 \\ y_0 \\ 1 \end{pmatrix} \qquad (4-17)$$

逆运算矩阵表达式为式（4-18）：

$$\begin{pmatrix} x_0 \\ y_0 \\ 1 \end{pmatrix} = \begin{pmatrix} -1 & 0 & l_{width} \\ 0 & 1 & 0 \\ 0 & 0 & 1 \end{pmatrix} \begin{pmatrix} x_1 \\ y_1 \\ 1 \end{pmatrix} \qquad (4-18)$$

即关系式为：

$$\begin{cases} x_0 = l_{width} - x_1 \\ y_0 = y_1 \end{cases} \qquad (4-19)$$

同样，(x_0, y_0) 经过垂直镜像后坐标将变为 $(x_0, l_{height} - y_0)$，其矩阵表达式为式（4-20）：

$$\begin{pmatrix} x_1 \\ y_1 \\ 1 \end{pmatrix} = \begin{pmatrix} 1 & 0 & 0 \\ 0 & -1 & l_{height} \\ 0 & 0 & 1 \end{pmatrix} \begin{pmatrix} x_0 \\ y_0 \\ 1 \end{pmatrix} \qquad (4-20)$$

逆运算矩阵表达式为式（4-21）：

$$\begin{pmatrix} x_0 \\ y_0 \\ 1 \end{pmatrix} = \begin{pmatrix} 1 & 0 & 0 \\ 0 & -1 & l_{height} \\ 0 & 0 & 1 \end{pmatrix} \begin{pmatrix} x_1 \\ y_1 \\ 1 \end{pmatrix} \qquad (4-21)$$

即式（4-22）：

$$\begin{cases} x_0 = x_1 \\ y_0 = l_{height} - y_1 \end{cases} \tag{4-22}$$

对 'mengwa. jpg'做镜像变换，其 MATLAB 程序代码如下：

```
I = imread('mengwa. jpg');
figure,imshow(I);
%title('原图','fontsize',14)
[R,C,color] = size(I);
J = zeros(R,C,color);
for i = 1:R
    for j = 1:C
        x = i;
        y = C - j + 1;
        J(x,y,:) = I(i,j,:);
    end
end
figure,imshow(uint8(J));
%title('镜像图像','fontsize',14)
```

运行程序，图像镜像变换效果如图 4-14 所示。

a) 原图　　　　　　　　　　　　　b) 镜像图像

图 4-14　图像镜像变换

4.2.4　比例放缩

在计算机图像处理和计算机图形学中，图像比例缩放（Image Scaling）是指对数字图像的大小进行调整的过程。图像缩放需要在处理效率以及缩放结果的平滑度和清晰度上做一个权衡。当一个图像的大小增加之后，组成图像的像素的可见度将会变得更高，从而使得图像表现得"软"。相反地，缩小一个图像将会增强它的平滑度和清晰度。前面的几种图像几何变换中都是 1∶1 的变换，而图像的缩放操作将会改变图像的大小，产生的图像中的像素可能在原图中找不到相应的像素点，这样就必须进行近似处理。一般的方法是直接赋值为和它最相近的像素值，也可以通过一些插值算法来计算。

图像比例缩放是指将给定的图像在 x 轴方向按比例缩放，在 y 轴方向也按比例缩放，从而获得一幅新的图像。如果两个方向上缩放比例相等，则为全比例缩放，否则为非全比例缩放，比例缩放用矩阵形式可表示为式（4-23）：

$$\begin{pmatrix} x \\ y \\ 1 \end{pmatrix} = \begin{pmatrix} f_x & 0 & 0 \\ 0 & f_y & 0 \\ 0 & 0 & 1 \end{pmatrix} \begin{pmatrix} x_0 \\ y_0 \\ 1 \end{pmatrix} \tag{4-23}$$

其逆运算为式（4-24）：

$$\begin{pmatrix} x_0 \\ y_0 \\ 1 \end{pmatrix} = \begin{pmatrix} \dfrac{1}{f_x} & 0 & 0 \\ 0 & \dfrac{1}{f_y} & 0 \\ 0 & 0 & 1 \end{pmatrix} \begin{pmatrix} x \\ y \\ 1 \end{pmatrix} \tag{4-24}$$

即关系式为式（4-25）：

$$\begin{cases} x_0 = x/f_x \\ y_0 = y/f_y \end{cases} \tag{4-25}$$

比例放缩后图像中的像素在原图像中可能找不到对应的像素点，则此时需要进行插值处理。常用的两种插值方法：一种是直接赋值为与它最相近的像素点，称为最邻近插值法（Nearest Interpolation）或者最近邻域法；另一种是通过插值算法计算相应的像素值。前一种是最基本的、最简单的图像插值算法，但效果不佳。采用这种方法放大后的图像有严重的马赛克，而缩小的图像会出现严重的失真。其原因是在由目标图的坐标反推得到的原图的坐标点是一个浮点数，直接采用四舍五入的方法将目标的坐标值设定为源图像中最接近的像素值。比如：当前的坐标值为 0.75 的时候，不应该简单的取为 1，那么目标像素值应该根据原图中虚拟点四周的四个真实点来按照一定的规律进行计算，这样才能达到更好的缩放效果。后一种算法有如双线性内插值算法，双线性内插值算法是一种比较好的图像插值算法，它充分地利用了原图中虚拟点四周的四个真实存在的像素值来共同决定目标图的一个像素值，因此缩放效果比简单的最邻近插值要好得多。

MATLAB 中采用 imresize( ) 函数对图像进行缩放处理，其常用的调用格式如下：

    B = imresize(A, scale)
    B = imresize(A, [numrows numcols])

参数说明：
- 返回的图像 B 的长宽是图像 A 的长宽的 scale 倍，即缩放图像。
- scale 大于 1，则放大图像；scale 小于 1，缩小图像。
- numrows 和 numcols 分别指定目标图像的高度和宽度。

对'mengwa1. jpg'做缩放，其 MATLAB 程序代码如下：

```
I = imread('mengwa1.jpg');    %载入原图
figure, imshow(I);
%title('原图','fontsize',14)
J1 = imresize(I,2);           %缩放
```

```
J2 = imresize(I,0.5);
figure,imshow(J1);
%title('放大图像','fontsize',14)
figure,imshow(J2);
%title('缩小图像','fontsize',14)
```

运行程序，图像缩放变换效果如图 4-15 所示。

a) 原图

b) 缩小图像

c) 放大图像

图 4-15　图像缩放

4.2.5　插值

在进行数字图像处理时，经常会碰到小数像素坐标的取值问题，这时就需要依据邻近像素的值来对该坐标进行插值。比如对图像做投影转换或几何校正时，需要对目标图像的一个像素进行坐标变换到原图像上对应的点，而变换出来的对应的坐标可能是一个小数。图像插值是图像处理中较常用的一种提高分辨率的方法，它利用已知邻近像素点的灰度值（或 RGB 图像中的三色值）来产生未知像素点的灰度值，以便由原始低分辨图像再生出具有更高分辨率的图像。

常用有三种插值方法，分别是最近邻插值、双线性插值和双三次插值。

（1）最近邻插值

最近邻插值是最简单的插值方法，在这种算法中输出像素的值就是在输入图像中与其最临近的采样点。如果要将一张 $M \times N$ 的图像 I 放大为 $m \times n$ 的图像 J，则图像 I 中任一点 (i,j) 的映射到图像 J 的坐标 (x,y)，类比相似三角形的相似性质计算图像 J 中坐标 (x,y) 的像素值为：

$$J(x,y) = I(M/P \times i, N/Q \times j) \qquad (4-26)$$

最邻近插值算法是 MATLAB 工具箱函数默认使用的插值方法，而且这种插值方法的运算量非常小。对于索引图像来说，这是唯一可行的方法。不过，当图像含有精细内容，即高频分量时，图像会显出块状态效应，造成缩放后的图像灰度上的不连续。

（2）双线性插值

在该方法中输出像素的值是它在输入图像中 2×2 的邻域采样点的平均值，它根据某像素周围 4 个像素的灰度值在水平和垂直两个方向上对其插值。

对于一个目的像素，设置坐标通过反向变换得到的浮点坐标为 $(i+u,j+v)$，其中 i、j 均为非负整数，u、v 为 $[0,1)$ 区间的浮点数，则这个像素得值 $f(i+u,j+v)$ 可由原图像中坐标为 $(i,j)(i+1,j)(i,j+1)(i+1,j+1)$ 所对应的周围四个像素的值决定，即：

$$f(i+u,j+v) = (1-u)(1-v)f(i,j) + (1-u)vf(i,j+1) + u(1-v)f(i+1,j) + uvf(i+1,j+1)$$

$$(4-27)$$

其中 $f(i,j)$ 表示原图像 (i,j) 处的像素值，以此类推。

（3）双三次插值

该插值的邻域大小为 4×4，它的插值效果比较好，但相应的计算量较大。

这三种插值方法的运算方式基本类似。对于每一种来说，为了确定插值像素点的数值，必须在输入图像中查找到与输出像素对应的点。这三种插值方法的区别在于其他对象像素点赋值的不同。例如：最邻近插值输出像素的赋值为当前点的像素点；双线性插值输出像素的赋值为 2×2 矩阵所包含的有效点的加权平均值；双三次插值输出像素的赋值为 4×4 矩阵所包含的有效点的加权平均值。

在 MATLAB 中提供的图像缩放函数 imresize( ) 可以实现对图像的缩放，在使用该函数时，可以选择图像缩放所采用的插值方法。其调用形式如下：

$$B = \text{imresize}(A, scale, method)$$

method 参数用于指定在改变图像尺寸时所使用的算法，可以为以下几种：

- 'nearest'：这个参数也是默认的，即改变图像尺寸时采用最近邻插值算法；
- 'bilinear'：采用双线性插值算法；
- 'bicubic'：采用双三次插值算法；

利用不同的插值方法将图像'mengwa1.jpg'放大 1.5 倍，其 MATLAB 程序代码如下：

```
I = imread('mengwa1.jpg');          %载入原图
figure, imshow(I);
%title('原图','fontsize',14)
J1 = imresize(I,1.5,'nearest');      %最近邻插值缩放
J2 = imresize(I,1.5,'bilinear');     %双线性插值缩放
J3 = imresize(I,1.5,'bicubic');      %双三次插值缩放
figure, imshow(J1);
%title('最近邻插值图像放大', 'fontsize',14)
figure, imshow(J2);
%title('双线性插值图像放大', 'fontsize',14)
figure, imshow(J3);
%title('双三次插值图像放大', 'fontsize',14)
```

运行程序，图像插值放大效果如图 4-16 所示。

a) 原图

b) 最近邻插值放大

c) 双线性插值放大

d) 双三次插值放大

图 4-16　图像插值放大

4.3　空间滤波增强

图像增强即增强图像中的有用信息，它可以是一个失真的过程。其目的是要改善图像的视觉效果，针对给定图像的应用场合，有目的地强调图像的整体或局部特性，将原来不清晰的图像变得清晰或强调某些感兴趣的特征，扩大图像中不同物体特征之间的差别，抑制不感兴趣的特征，使之改善图像质量、丰富信息量，加强图像判读和识别效果，满足某些特殊分析的需要。也就是说，通过采用一系列技术去改善图像的视觉效果，或将图像转换成一种更适合于人或机器进行分析处理的形式。图像增强并不以图像保真为准则，而是有选择地突出某些对人或机器分析有意义的信息，抑制无用信息，提高图像的使用价值。

空间滤波增强是基于空域的算法，通常直接对图像灰度级做运算，分为点运算算法和邻域增强算法。

1）点运算即对比度增强、对比度拉伸或灰度变换，是对图像中的每一个点单独地进行处理，目的使图像成像均匀、扩大图像动态范围或扩展对比度。新图像的每个像素点的灰度值仅由相应输入像点运算决定，只是改变了每个点的灰度值，而没有改变它们的空间关系。

2）邻域增强算法分为图像平滑和锐化两种。平滑一般用于消除图像噪声，但是也容易引起边缘的模糊，常用算法有均值滤波、中值滤波；锐化的目的在于突出物体的边缘轮廓，便于目标识别，常用算法有梯度法、拉普拉斯算子、高通滤波、掩模匹配法、统计差值法等。

4.3.1　空间滤波机理

空间滤波器是由一个邻域（通常是较小的矩形），对该邻域所包围图像像素执行的预定义操作组成。滤波产生一个新像素，新像素的坐标等于邻域中心的坐标，像素的值是滤波操作的结果。滤波后的像素值通常会赋给新创建图像中的对应位置，以容纳滤波的结果。滤波后的像素代替图像中对应位置的值的情形很少见，因为这会在改变图形内容的同时执行滤波操作。

图 4-17 说明了使用 3×3 邻域的线性空间滤波的机理。在图像中的任意一点 (x,y)，滤波器的响应 $g(x,y)$ 是滤波器系数与由该滤波器所包围的图像像素的乘积之和：

$$g(x,y)=w(-1,-1)f(x-1,y-1)+w(-1,0)f(x-1,y)+\cdots+w(0,0)f(x,y)+\cdots+ \atop w(1,1)f(x+1,y+1) \tag{4-28}$$

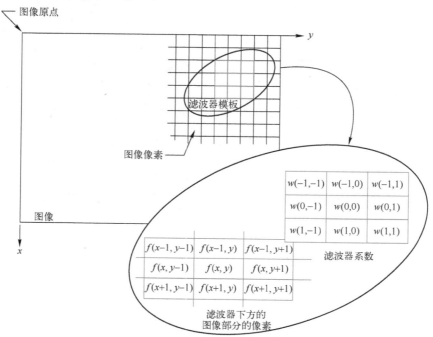

图 4-17　使用大小为 3×3 的滤波器模板的线性空间滤波机理

很明显，滤波器的中心系数 $w(0,0)$ 对准位置 (x,y) 的像素。对于大小为 $m×n$ 的模板，我们假设 $m=2a+1$ 且 $n=2b+1$，其中 a、b 为正整数。这意味着在后续的讨论中，我们关注的是奇数尺寸的滤波器，其最小尺寸为 3×3。一般来说，使用大小为 $m×n$ 的滤波器对大小为 $M×N$ 的图像进行线性空间滤波，可由下式表示：

$$g(x,y)=\sum_{s=-a}^{a}\sum_{t=-b}^{b}w(s,t)f(x+s,y+t) \tag{4-29}$$

式中，x 和 y 是可变的，以便 w 中每个像素可以访问 f 中的每个像素。

4.3.2　均值滤波

均值滤波法也叫邻域平均法，是一种局部空间域处理的算法。设 $f(i,j)$ 为给定的含有噪声的图像，经过均值滤波处理后的图像为 $g(i,j)$，则其数学表达式为式（4-30）：

$$g(i,j)=\frac{1}{N}\sum_{i,j=s}\sum F(i,j)=\frac{1}{N}\sum_{i,j=s}\sum f(i,j)+\frac{1}{N}\sum_{i,j=s}\sum h(i,j) \tag{4-30}$$

式中，$F(i,j)=f(i,j)+h(i,j)$；$f(i,j)$ 为图像信号；$h(i,j)$ 为噪声，s 为点 (x,y) 邻域内的点

集，也就是说：

$$g(i,j) = \frac{\sum f(i,j)}{N}, \quad (i,j) \in M \tag{4-31}$$

式中，M 是所取邻域中各邻近像素的坐标，是邻域中包含的邻近像素的个数。均值滤波法的模板如图 4-18 所示。

中间的黑点表示以该像素为中心元素，即该像素是要进行处理的像素。在实际应用中，也可以根据不同的需要选择使用不同的模板尺寸，如 3×3、5×5、7×7、9×9 等。

在 MATLAB 图像处理工具箱中提供了 fspecial( ) 函数用来创建预定义的滤波器模板，并提供了 filter2( ) 函数用指定的滤波器模板对图像进行均值滤波运算。filter2( ) 的调用格式为：

$$\frac{1}{9} \begin{bmatrix} 1 & 1 & 1 \\ 1 & 1\bullet & 1 \\ 1 & 1 & 1 \end{bmatrix}$$

图 4-18　均值滤波模板

```
Y=filter2 (h,X);
Y=filter2 (h,X,shape);
```

参数说明：
- h 为指定的滤波器模板。
- X 为原始图像。
- Y 为滤波后的图像。
- 返回结果 Y 的大小参数由 shape 确定，shape 取值如下：
◇ full：返回二维互相关的全部结果，size(X) < size(Y)。
◇ same：返回二维互相关结果的中间部分，size(X) = size(Y)。
◇ valid：返回二维互相关未使用边缘补 0 的部分，size(X) > size(Y)。
对'mengwa1.jpg'进行均值滤波，其 MATLAB 程序代码如下：

```
I=imread('mengwa1.jpg');                              %载入图像
I1=rgb2gray(I);
figure,imshow(I1);
%title('灰度图', 'fontsize',14)
J=imnoise(I1,'salt & pepper',0.02);                   %为了方便查看滤波效果,添加椒盐噪声
figure,imshow(J);
%title('加噪声图像', 'fontsize',14)
K1=filter2(fspecial('average',3),J)/255;              %进行3×3模板均值滤波(默认值)
K2=filter2(fspecial('average',5),J,'full')/255;       %进行5×5模板均值滤波
K3=filter2(fspecial('average',7),J,'same')/255;       %进行7×7模板均值滤波
K4=filter2(fspecial('average',9),J,'valid')/255;      %进行9×9模板均值滤波
figure,imshow(K1);
%title('3×3均值滤波', 'fontsize',14)
figure,imshow(K2);
%title('5×5均值滤波', 'fontsize',14)
figure,imshow(K3);
%title('7×7均值滤波', 'fontsize',14)
```

figure,imshow(K4);
%title('9×9 均值滤波', 'fontsize',14)

运行程序，均值滤波效果如图 4-19 所示。

a) 灰度图　　　　　　　　　　　　　b) 加噪声图像

c) 3×3均值滤波　　　　　　　　　　d) 5×5均值滤波

e) 7×7均值滤波　　　　　　　　　　f) 9×9均值滤波

图 4-19　均值滤波

　　均值滤波处理方法是以图像模糊为代价来减小噪声的，且模板尺寸越大，噪声减小的效果越显著。如果 $f(i,j)$ 是噪声点，其邻近像素灰度与之相差很大，采用邻域平均法就是用邻近像素的平均值来代替它，这样能明显削弱噪声点，使邻域中灰度接近均匀，起到平滑灰度的作用。因此，邻域平均法具有良好的噪声平滑效果，是最简单的一种平滑方法。

4.3.3　中值滤波

中值滤波法也是一种非线性平滑技术，它将每一像素点的灰度值设置为该点某邻域窗口内的所有像素点灰度值的中值。

中值滤波是基于排序统计理论的一种能有效抑制噪声的非线性信号处理技术，其基本原理是把数字图像或数字序列中一点的值用该点的一个邻域中各点值的中值代替，让周围的像素值接近的真实值，从而消除孤立的噪声点。方法是用某种结构的二维滑动模板，将板内像素按照像素值的大小进行排序，生成单调上升（或下降）的为二维数据序列。

二维中值滤波输出为：

$$g(x,y) = \text{med}\{f(x-k, y-l), (k,l \in W)\} \tag{4-32}$$

其中，$f(x,y)$、$g(x,y)$ 分别为原始图像和处理后图像。W 为二维模板，通常为 3×3 或 5×5区域，也可以是不同的形状，如线形、圆形、十字形和环形等。

中值滤波法是一种减少边缘模糊的非线性平滑技术，在一定条件下，可以克服邻域平均所带来的图像细节模糊，能保存完整的边缘信息，而且能对滤除脉冲干扰及图像扫描噪声最为有效，因此在进行邻域平均后采取中值滤波的进行图像的消噪。

在 MATLAB 图像处理工具箱中提供了 medfilt2( ) 函数用指定的滤波器模板对图像进行中值滤波运算。medfilt2( ) 的调用格式为：

```
J = medfilt2 (I);
J = medfilt2 (I,[m n]);
J = medfilt2 (___,padopt);
```

参数说明：

- [m n] 是求取中值的邻域大小，每个输出像素为输入图像相关像素 m×n 邻域的中值，默认求取 3×3 邻域内的中值滤波。
- padopt 控制边界填充的方式。
◇ 如果 padopt 为 '0'，则填充边界处都是 0；
◇ 如果 padopt 是 'symmetric'，则是对称地在边界上扩展；
◇ 如果 padopt 为 'indexed'，且 I 是 double 类型，则用 1 填充；否则，用 0 填充。

对 'mengwa1. jpg' 进行中值滤波，其 MATLAB 程序代码如下：

```
I = imread('mengwa1. jpg');
I1 = rgb2gray(I);
figure, imshow(I1);
%title('灰度图', 'fontsize',14)
J = imnoise(I1,'salt & pepper',0.02);
figure, imshow(J);
%title('加噪声图像', 'fontsize',14)
K1 = medfilt2(J,[3,3]);        %进行 3×3 模板中值滤波(默认)
K2 = medfilt2(J,[5,5]);        %进行 5×5 模板中值滤波
K3 = medfilt2(J,[7,7]);        %进行 7×7 模板中值滤波
K4 = medfilt2(J,[9,9]);        %进行 9×9 模板中值滤波
```

```
figure,imshow(K1);
%title('3×3 中值滤波','fontsize',14)
figure,imshow(K2);
%title('5×5 中值滤波','fontsize',14)
figure,imshow(K3);
%title('7×7 中值滤波','fontsize',14)
figure,imshow(K4);
%title('9×9 中值滤波','fontsize',14)
```

运行程序，中值滤波效果如图 4-20 所示。

a) 灰度图

b) 加噪声图像

c) 3×3中值滤波

d) 5×5中值滤波

e) 7×7中值滤波

f) 9×9中值滤波

图 4-20　中值滤波

需注意，均值滤波和中值滤波针对的是灰度图像或二值图像，如果是彩色图像需要转化为灰度图像进行滤波。此外，也可以对彩色图像的三个通道分别进行滤波处理，最后再合并即可。

4.4　形态学处理

形态学，即数学形态学（Mathematical Morphology），是图像处理中应用最为广泛的技术之一。其主要应用是从图像中提取对于表达和描绘区域形状有意义的图像分量，使后续的识别工作能够抓住目标对象最为本质的形状特征，如边界和连通区域等；同时图像细化、像素化和修剪毛刺等技术也常常应用于图像的预处理和后处理中，成为图像增强技术的有力补充。

4.4.1　腐蚀

对 Z^2 上的元素集合 X 和 S，使用 S 对 X 进行腐蚀，记作 $X\Theta S$，形式化地定义为：

$$X\Theta S = \{x \mid S+x \subseteq X\} \tag{4-33}$$

其中，X 称为输入图像，S 称为结构元素，x 为当 S 在图像 X 上移动到的当前位置。

腐蚀运算的基本过程是，把结构元素 S 作为一个卷积模板，遍历原图像的每一个像素，然后用结构元素的中心点对准当前正在遍历的这个像素，然后取当前结构元素所覆盖下的原图对应区域内的所有像素的最小值，用这个最小值替换当前像素值。由于二值图像最小值就是 0，所以就是用 0 替换，即变成了黑色背景，如图 4-21 所示。从而也可以看出，如果当前结构元素覆盖下，全部都是背景，那么就不会对原图做出改动，因为都是 0。如果全部都是前景像素，也不会对原图做出改动，因为都是 1。只有结构元素位于前景物体边缘的时候，它覆盖的区域内才会出现 0 和 1 两种不同的像素值，这个时候把当前像素替换成 0 就有变化了。因此腐蚀看起来的效果就是让前景物体缩小了一圈一样。对于前景物体中一些细小的连接处，如果结构元素大小相等，这些连接处就会被断开。

a）输入图像 X

b）结构元素 S

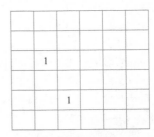
c）腐蚀运算结果图像

图 4-21　腐蚀原理图

MATLAB 中和腐蚀相关的两个常用函数为 imerode( ) 和 strel( )。

1）imerode 函数用于完成图像腐蚀，其常用调用形式如下：

J = imerode（I，SE）；

参数说明：
- I 为原始图像，可以是二值或灰度图像（对应于灰度腐蚀）。
- SE 是由 strel( )函数返回的自定义或者预设的结构元素对象。
- J 为腐蚀后的输出图像。

2）strel( )函数可以为各种常见形态学运算生成结构元素 SE，当生成二值形态学使用的结构元素时，其调用形式如下：

SE =strel(shape，parameters)；

- shape 指定了结构元素的形状，常用的有圆、矩形等。
- parameters 是和输入 shape 有关的参数。
- SE 为得到的结构元素对象。

顾名思义，腐蚀能够消融物体的边界，而具体的腐蚀结果与图像本身和结构元素形状有关。如果物体整体上大于元素结构，腐蚀的结果是使物体变"瘦"一圈，这一圈到底有多大是由结构元素决定的。如果物体本身小于结构元素，则在腐蚀后的图像中物体将完全消失；如物体仅有部分区域小于结构元素（如细小的连通），则腐蚀后物体会在连通处断裂，分离为两部分。

对'jianzhiYFFS. jpg'进行图像腐蚀，其 MATLAB 程序代码如下：

```
I=imread('jianzhiYFFS. jpg');
I1=rgb2gray(I);
figure,imshow(I1);
%title('灰度图','fontsize',14)
se1=strel('disk',1);    %生成圆形结构元素,半径 r=1
se2=strel('disk',2);    %生成圆形结构元素,半径 r=2
se3=strel('disk',3);    %生成圆形结构元素,半径 r=3
J1= imerode(I1,se1);    %用生成的结构元素对图像进行腐蚀
J2= imerode(I1,se2);
J3= imerode(I1,se3);
figure,imshow(J1);
%title('腐蚀 r=1', 'fontsize',14)
figure,imshow(J2);
%title('腐蚀 r=2', 'fontsize',14)
figure,imshow(J3);
%title('腐蚀 r=3', 'fontsize',14)
```

运行程序，图像腐蚀效果如图 4-22 所示。

a) 灰度图

b) 腐蚀 r=1

c) 腐蚀 r=2

d) 腐蚀 r=3

图 4-22 图像腐蚀

4.4.2 膨胀

对 Z^2 上的元素集合 X 和 S，使用 S 对 X 进行在膨胀，记作 $X \oplus S$，形式化地定义为：

$$X \oplus S = \{x \mid (S^v + x) \cap X \neq \varnothing\} \tag{4-34}$$

膨胀运算的基本过程是，把结构元素 S 作为一个卷积模板，遍历原图像的每一个像素，然后用结构元素的中心点对准当前正在遍历的这个像素，然后取当前结构元素所覆盖下的原图对应区域内的所有像素的最大值，用这个最大值替换当前像素值。由于二值图像最大值就是 1，所以用 1 替换，即变成了白色前景物体，如图 4-23 所示。从而也可以看出，如果当前结构元素覆盖下，全部都是背景，那么就不会对原图做出改动，因为都是 0。如果全部都是前景像素，也不会对原图做出改动，因为都是 1。只有结构元素位于前景物体边缘的时候，它覆盖的区域内才会出现 0 和 1 两种不同的像素值，这个时候把当前像素替换成 1 就有变化了。因此膨胀看起来的效果就是让前景物体胀大了一圈。对于前景物体中一些细小的断裂处，如果结构元素大小相等，这些断裂的地方就会被连接起来。

实际上膨胀和腐蚀对于集合求补和反射运算是彼此对偶的。

在 MATLAB 中和膨胀相关的两个常用函数为 imdilate( ) 和 strel( )。imdilate 函数用于完成图像膨胀，其常用调用形式如下：

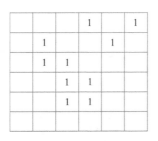

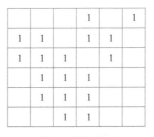

a) 输入图像 X   b) 结构元素 S   c) 膨胀运算结果图像

图 4-23 膨胀原理图

```
J = imdilate (I,SE);
```

参数说明：

● I 为原始图像，可以是二值或灰度图像（对应于灰度膨胀）。

● SE 是由 strel( ) 函数返回的自定义或者预设的结构元素对象。

● J 为膨胀后的输出图像。

与腐蚀相反，膨胀能使物体边界扩大，具体的膨胀结果与图像本身和结构元素的形状有关。膨胀常用于将图像中原本断裂开的同一物体桥连起来，对图像进行二值化之后，很容易使得一个连通的物体断裂为两部分，而这会给后续的图像分析造成困扰，此时就可以借助膨胀桥接断裂的缝隙。

对'jianzhiYFFS. jpg'进行图像膨胀，其 MATLAB 程序代码如下：

```
I=imread('jianzhiYFFS. jpg');      %载入图像
se1=strel('disk',1);               %生成圆形结构元素,半径 r=1
se2=strel('disk',2);               %生成圆形结构元素,半径 r=2
se3=strel('disk',3);               %生成圆形结构元素,半径 r=3
I1=rgb2gray(I);                    %转化为灰度图
figure,imshow(I1);
%title('灰度图', 'fontsize',14)
J1=imdilate(I1,se1);               %用生成的结构元素对图像进行膨胀
J2=imdilate(I1,se2);
J3=imdilate(I1,se3);
figure,imshow(J1);
%title('膨胀 r=1', 'fontsize',14)
figure,imshow(J2);
%title('膨胀 r=2', 'fontsize',14)
figure,imshow(J3);
%title('膨胀 r=3', 'fontsize',14)
```

运行程序，图像膨胀效果如图 4-24 所示。

a) 灰度图

b) 膨胀 r =1

c) 膨胀r =2

d) 膨胀r =3

图 4-24　图像膨胀

4.4.3　开运算

若结构元素为一个小圆形，则膨胀可填充图像中比结构元素小的孔洞以及图像边缘处的小凹陷，使图像扩大；而腐蚀能够消除图像边缘的某些小区域，并将图像缩小。但是膨胀和腐蚀并非互逆运算，因此它们可进行级联使用。

先对图像进行腐蚀运算，再进行膨胀运算，称为开运算。使用结构元素 S 对 X 进行开运算，记作 $X \circ S$，可表示为式（4-35）：

$$X \circ S = (X \ominus S) \oplus S \tag{4-35}$$

一般来说，开运算使图像的轮廓变得光滑，断开狭窄的连接和消除细毛刺。开运算断开了图中两个小区域间小于两个像素宽度连接（断开了狭窄连接），并且去除了物体上突出的小于结构元素 2×2 的区域（去除小毛刺）。但与腐蚀不同的是，图像的轮廓并有发生整体的收缩，物体位置也没有发生任何变化。

根据定义，以相同的结构元素先后调用 imerode( ) 和 imdilate( ) 即可实现开运算操作。此外，MATLAB 中直接提供了开运算函数 imopen( )，调用形式如下：

  J = imopen(I, SE);

参数说明：

● I 为原始图像，可以是二值或灰度图像。

● SE 是由 strel( ) 函数返回的自定义或者预设的结构元素对象。

● J 为开运算后的输出图像。

对'jianzhiYFFS1. jpg'进行开运算，其 MATLAB 程序代码如下：

```
I=imread('jianzhiYFFS1. jpg');
figure,imshow(I);
%title('原图', 'fontsize',14);
I1=im2bw(I,0.55);              %二值化
figure,imshow(I1);
%title('二值图', 'fontsize',14);
se=strel('disk',1);           %采用半径为 1 的圆作为结构元素
se=strel('disk',3);           %采用半径为 3 的圆作为结构元素
J=imopen(I1,se);              %开启操作
figure,imshow(J);
%title('开运算图像', 'fontsize',14);
```

运行程序，开运算效果如图 4-25 所示。

a) 原图　　　　　　　　　　b) 二值图　　　　　　　　　　c) 开运算图像

图 4-25　图像开运算

4.4.4　闭运算

先对图像进行膨胀运算，再进行腐蚀运算，称为闭运算。使用结构元素 S 对 X 进行闭运算，记作 $X \cdot S$，表达式如式（4-36）所示。

$$X \cdot S = (X \oplus S) \ominus S \tag{4-36}$$

闭运算同样使轮廓变得光滑，但与开运算相反，它通常能够弥合狭窄的间断，填充小的孔洞与前面的膨胀运算效果图不同，闭运算在前景物体的位置和轮廓不变的情况下，弥合了物体之间宽度小于 3 个像素的缝隙。闭运算在去除图像前景噪声方面有较好的应用，而开运算在粘连目标的分离及背景噪声的去除方面有较好的效果。

根据定义，以相同的结构元素先后调用 imdilate( ) 和 imerode( ) 即可实现闭运算操作。此外，MATLAB 中直接提供了闭运算函数 imclose( )，其调用形式如下：

```
J= imclose(I, SE);
```

参数说明：

● I 为原始图像，可以是二值或灰度图像。

● SE 是由 strel( ) 函数返回的自定义或者预设的结构元素对象。

● J 为闭运算后的输出图像。

对'jianzhiYFFS1. jpg'进行开运算，其 MATLAB 程序代码如下：

```
I = imread('jianzhiYFFS1. jpg');
figure, imshow(I);
%title('原图', 'fontsize', 14)
I1 = im2bw(I);                    %二值化
figure, imshow(I1);
%title('二值图', 'fontsize', 14)
se = strel('disk', 1);           %采用半径为 1 的圆作为结构元素
J = imclose(I1, se);             %闭合操作
figure, imshow(J);
%title('闭运算图像', 'fontsize', 14)
```

运行程序，闭运算效果如图 4-26 所示。

a) 原图　　　　　　　　　　b) 二值图　　　　　　　　　　c) 闭运算图像

图 4-26　图像闭运算

4.4.5　细化

图像处理中物体的形状信息是十分重要的，为了便于描述和抽取图像特定区域的特征，对那些表示物体的区域通常需要采用细化算法处理，得到与原来物体区域形状近似的由简单的弧或曲线组成的图形，这些细线处于物体的中轴附近，这就是所谓的图像的细化。通俗的说图像细化就是从原来的图像中去掉一些点，但仍要保持目标区域的原来形状，通过细化操作可以将一个物体细化为一条单像素宽的线，从而图形化地显示出其拓扑性质。实际上，图像细化就是保持原图的骨架。所谓骨架，可以理解为图像的中轴，例如：一个长方形的骨架是它的长方向上的中轴线；正方形的骨架是它的中心点；圆的骨架是它的圆心；直线的骨架是它自身；孤立点的骨架也是自身。对于任意形状的区域，细化实质上是腐蚀操作的变体，细化过程中要根据每个像素点的八个相邻点的情况来判断该点是否可以剔除或保留。

二值图像 A 的形态骨架可以通过选定合适的结构元素 B，然后对 A 进行连续腐蚀和开运算来求得。设 $S(A)$ 表示 A 的骨架，则求图像 A 的骨架可以描述为：

$$S(A) = \bigcup_{N=0}^{N} S_n(A) \tag{4-37}$$

$$S_n(A) = (A \ominus nB) - [(A \ominus nB) \circ B] \tag{4-38}$$

其中，$S_n(A)$ 为 A 的第 n 个骨架子集，N 为满足 $(A\Theta nB)\neq\varnothing$ 和 $A\Theta(n+1)B=\varnothing$ 的 n 值，即 N 的大小为将 A 腐蚀成空集的次数减 1。

MATLAB 中直接提供了细化运算函数 bwmorph( )，其调用形式如下：

$$J = bwmorph(I,'thin',n);$$

参数说明：

- n 是要细化迭代的次数，也可以是 Inf（没有引号）。Inf 表示算法会一直迭代直到图像不再改变为止。
- 'thin'：细化算子，可替换为其他的操作算子，例如'skel'、'remove'等。
- 'skel'：函数中 n＝Inf，骨架提取但保持图像中物体不发生断裂，不改变图像欧拉数。
- 'remove'：如果一个像素点的 4 邻域都为 1，则该像素点将被置 0，该选项将移除内部像素、保留边界像素。

对'wenhua. png'进行闭运算，其 MATLAB 程序代码如下：

```
I = imread('wenhua. png');          %载入原始图像
I1 = im2bw(I);                      %二值化处理
K = imcomplement(I1);              %取反处理
K1 = bwmorph(K, 'thin',Inf);        %细化处理
K2 = bwmorph(K, 'skel',Inf);        %骨架提取
K3 = bwmorph(K, 'remove');          %移除内部
figure,imshow(K);
%title('二值图', 'fontsize',14)
figure,imshow(K1);
%title('细化处理', 'fontsize',14)
figure,imshow(K2);
%title('骨架提取', 'fontsize',14)
figure,imshow(K3);
%title('移除内部', 'fontsize',14)
```

运行程序，细化处理效果如图 4-27 所示。

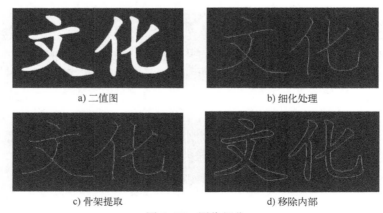

a) 二值图   b) 细化处理

c) 骨架提取   d) 移除内部

图 4-27　图像细化

4.4.6 填充

在已知区域边界的基础上可进行区域填充操作。区域填充是对图像背景像素进行操作。区域填充一般以图像的膨胀、求补和交集为基础。

利用数学形态学方法可以填充孔洞，具体做法是：

1）求带孔图像 A 的补集，记为 A^c；

2）确定结构元 B；

3）在带孔边缘内部选择一个点，并将该点作为初始化的 X_0；

4）利用下面的形态学运算得到 X_k（$k=1,2,3\cdots$）：

$$X_k = (X_{k-1} \oplus B) \cap A^c \quad k=1,2,3\cdots \tag{4-39}$$

5）判断 $X_k = X_{k-1}$ 是否成立，如果成立，转下一步；否则跳转步骤4）；

6）利用步骤5）中得到的 X_k 和 A 求并集，得到最后的目标结果。

需要说明的是，如果不对式（4-39）加以限制，那么对图像的膨胀处理将会填充整个区域。在迭代过程中，每一步都求与 A^c 有交集，可以将得到的结果限在感兴趣的区域内，这一处理过程也称作条件膨胀。

MATLAB 中提供了填充运算函数 imfill( )，其调用形式如下：

```
J = imfill(I);
J = imfill(I,'holes');
```

参数说明：

● I 为二值图像。

● J 为填充后图像。

● 'holes'表示对孔洞进行填充

利用 imfill 函数对'jianzhiFu. jpg'进行孔洞填充，其 MATLAB 程序代码如下：

```
I=imread('jianzhiFu. jpg');
J=im2bw(I);
K=imcomplement(J);
L=imfill(K,'holes');
figure,imshow(I);
%title('原图', 'fontsize',14)
figure,imshow(J);
%title('二值图', 'fontsize',14)
figure,imshow(L);
%title('孔洞填充图', 'fontsize',14)
```

运行程序，孔洞填充效果如图4-28 所示。

a) 原图

b) 二值图

c) 孔洞填充图

图 4-28　图像孔洞填充

【本章小结】

本章主要介绍了图像的预处理技术，包括图像的灰度变换、图像的几何变换、空间滤波增强以及图像的形态学处理等方法。本章以中国传统文化泥人张、工艺品、剪纸艺术等图像为例展示相关算法的处理效果，坚定文化自信，激活传统文化的灵魂，让中华优秀传统文化绽放更耀眼的光芒。

【课后习题】

1. 简述直方图均衡化的基本原理。
2. 如何通过图像灰度变换来提高图像的对比度？
3. 编写一个程序以实现如下功能：将一个灰度图像与该灰度图像进行平移和旋转（边界全部填充为零），并显示和比较这两种操作带来的不同图像输出效果。
4. 图像的旋转变换对图像的质量有无影响？为什么？
5. 设原图像如下所示，请用分别用最近邻插值、双线性插值和双三次插值法将该图像放大为 16×16 大小的图像。

59	60	58	57
61	59	59	57
62	59	60	58
59	61	60	56

6. 简述中值滤波和均值滤波的基本原理。
7. 设原图像如下图所示，利用 3×3 的模板求解该图像的中值滤波和均值滤波结果。

1	1	1	1	1	1	1	1
1	5	5	5	5	5	5	1
1	5	7	5	5	5	5	1
1	5	5	8	8	5	5	1
1	5	5	8	9	5	5	1
1	5	5	5	5	5	5	1
1	5	5	5	5	5	5	1
1	1	1	1	1	1	1	1

8. 设给出图像集合 A 和结构元素 B 分别如下图所示。

1）画出用 B 膨胀 A 的结果图。

2）画出用 B 腐蚀 A 的结果图。

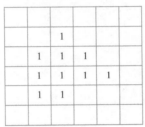

图像集合 A

结构元素 B

第5章 图像变换

5.1 傅里叶变换

在图像处理研究中，数字图像的二维变换是非常重要的研究内容。通过不同的变换可以将图像表示为一系列的基本信号的组合，并进一步用于完成不同的图像处理任务。傅里叶变换便是最常用的方法之一，通过傅里叶变换可以将图像分解为一系列在各个方向上的空间正弦信号，每个信号都有精确的频率。在学习图像傅里叶变换之前，首先了解一下傅里叶变换的基本性质和傅里叶变换滤波器。

5.1.1 一维和二维傅里叶变换基本原理

（1）傅里叶变换的基本原理

连续函数 $f(x)$ 的一维连续傅里叶变换为：

$$F(\omega) = \int_{-\infty}^{+\infty} f(x) \exp[-j2\pi\omega x] dx \tag{5-1}$$

对应的傅里叶逆变换公式为：

$$f(x) = \int_{-\infty}^{+\infty} F(\omega) \exp[j2\pi\omega x] d\omega \tag{5-2}$$

公式（5-1）可以分解为实数部分 $R(\omega)$ 和虚数部分 $I(\omega)$，表示为：

$$F(\omega) = R(\omega) + jI(\omega) \tag{5-3}$$

幅度函数称为函数 $f(x)$ 的傅里叶谱或者幅度谱，表示为：

$$|F(\omega)| = \sqrt{R^2(\omega) + I^2(\omega)} \tag{5-4}$$

函数 $f(x)$ 的相角 $\phi(\omega)$ 表示为：

$$\phi(\omega) = \arctan\left[\frac{I(\omega)}{R(\omega)}\right] \tag{5-5}$$

一维傅里叶变换的概念可以推广到二维傅里叶变换，连续函数 $f(x,y)$ 的二维傅里叶变换表示为：

$$F(\omega,\psi) = \int_{-\infty}^{+\infty} \int_{-\infty}^{+\infty} f(x,y) \exp[-j2\pi(\omega x + \psi y)] dy dx \tag{5-6}$$

相应二维函数 $f(x,y)$ 的幅度谱和相角分别为：

$$|F(\omega,\psi)| = \sqrt{R^2(\omega,\psi) + I^2(\omega,\psi)} \tag{5-7}$$

$$\phi(\omega) = \arctan\left[\frac{I(\omega,\psi)}{R(\omega,\psi)}\right] \tag{5-8}$$

对应二维傅里叶逆变换为：

$$f(x,y) = \int_{-\infty}^{+\infty} \int_{-\infty}^{+\infty} F(\omega,\psi) \exp\left[j2\pi(\omega x + \psi y) \right] \mathrm{d}\psi \mathrm{d}\omega \tag{5-9}$$

（2）离散傅里叶变换的基本原理

当函数或者信号的形式为离散采样序列 $f(x) = \{f(0), f(1), \cdots, f(N-1)\}$ 表示时，离散信号对应的傅里叶变换就是离散傅里叶变换（Discrete Fourier Transform，DFT）。

具有整数指数 x 长度为 N（N 的取值范围是从 $1 \sim N-1$）的函数 $f(x)$ 的一维离散傅里叶变换可以表示为：

$$F(u) = \frac{1}{N} \sum_{x=0}^{N-1} f(x) \exp\left[-j \frac{2\pi ux}{N} \right] \tag{5-10}$$

对应的一维逆傅里叶变换为：

$$f(x) = \sum_{u=0}^{N-1} F(u) \exp\left[j \frac{2\pi ux}{M} \right] \tag{5-11}$$

维数为 $M \times N$，整数指数为 x 和 y（x 和 y 的取值范围分别为 $0 \sim M-1$ 和 $0 \sim N-1$）的二维信号 $f(x,y)$ 的离散傅里叶变换为：

$$F(u,v) = \frac{1}{MN} \sum_{x=0}^{M-1} \sum_{y=0}^{N-1} f(x,y) \exp\left[-2\pi j \left(\frac{ux}{M} + \frac{vy}{N} \right) \right] \tag{5-12}$$

对应的二维逆傅里叶变换为：

$$f(x,y) = \sum_{u=0}^{M-1} \sum_{v=0}^{N-1} F(u,v) \exp\left[2\pi j \left(\frac{ux}{M} + \frac{vy}{N} \right) \right] \tag{5-13}$$

5.1.2　傅里叶变换的性质

1. 傅里叶变换的基本性质

（1）平移性

傅里叶变换的平移可用公式（5-14）表示。

$$f(x,y) \exp\left[j2\pi(px+qy) \right] \Leftrightarrow F(u-p, v-q) \tag{5-14}$$

上式表示二维图像函数和它的傅里叶变换之间的平移，也就是说，用指数项乘以 $f(x,y)$ 可以将二维傅里叶的原点移到点 (p,q)，同时平移对函数 $F(u,v)$ 的幅度变化没有影响。

（2）旋转性

假设函数 $f(x,y)$ 旋转了 α 角，那么在极坐标中对应的函数 $f(x,y)$ 表示为 $f(r,\alpha)$，这里，$x = r\cos\alpha$，$y = r\sin\alpha$。在极坐标中，对应的二维傅里叶函数 $F(u,v)$ 表示为 $F(\beta,\gamma)$，这里，$u = \beta\cos\gamma$，$v = \beta\sin\gamma$。即意味着如果 $f(x,y)$ 旋转的角度是 α_0，那么 $F(u,v)$ 也会旋转相同的角度 α_0。

（3）分配律

两个函数 $f_1(x,y)$ 与 $f_2(x,y)$ 的和与这两个函数的傅里叶变换的和相等，即

$$F\{f_1(x,y) + f_2(x,y)\} = F\{f_1(x,y)\} + F\{f_2(x,y)\} \tag{5-15}$$

这里，$F\{f_1(x,y)\}$ 是 $f_1(x,y)$ 的傅里叶变换。值得注意的是，分配律产生的两个函数的乘积并不相等，即

$$F\{f_1(x,y) \cdot f_2(x,y)\} = F\{f_1(x,y)\} \cdot F\{f_2(x,y)\} \tag{5-16}$$

（4）尺度性

函数 $f(x,y)$ 的二维傅里叶变换乘以尺度 k 和尺度 k 乘以函数的二维傅里叶变换的结果是

相同的，即

$$F\{kf(x,y)\} = kF(u,v) \tag{5-17}$$

卷积定律：两个函数卷积的二维傅里叶变换与这两个函数的二维傅里叶变换的乘积相等，即：

$$F\{f_1(x,y) \otimes f_2(x,y)\} = F_1(u,v) \cdot F_2(u,v) \tag{5-18}$$

（5）相关性

在连续域中，两个函数 $f_1(x,y)$ 与 $f_2(x,y)$ 之间的相关性表示为：

$$f_1(x,y) \cdot f_2(x,y) = \int_{-\infty}^{+\infty} \int_{-\infty}^{+\infty} f_1^*(\alpha,\beta) f_2(x+\alpha, y+\beta) \mathrm{d}\alpha \mathrm{d}\beta \tag{5-19}$$

式中，$*$ 代表共轭。

两个函数 $f_1(x,y)$ 与 $f_2(x,y)$ 之间的相关性的傅里叶变换时第一个函数的傅里叶变换与第二个函数的傅里叶变换共轭的结果，即：

$$F\{f_1(x,y) \cdot f_2(x,y)\} = F_1^*(u,v) \cdot F_2(u,v) \tag{5-20}$$

（6）周期性

二维函数 $f(x,y)$ 和它的逆傅里叶变换都具有周期性，假设周期为 τ，则

$$F(u,v) = F(u+\tau,v) = F(u,v+\tau) = F(u+\tau,v+\tau) \tag{5-21}$$

2. 图像傅里叶变换的实现及性质验证

为了进一步对比图像在傅里叶变换后的性质变换，分别对二维图像中的平移、旋转和缩放进行变换实验。

（1）图像平移性质验证

图像平移傅里叶变换 MATLAB 代码见附录 5-1，运行结果如图 5-1 所示，图像在空域中进行平移时，其在频域上的信号不发生改变。

a) 原图   b) 原频谱图

c) 平移后的效果图   d) 平移后的频谱图

图 5-1 平移性质实验结果

（2）图像旋转性质验证

图像旋转傅里叶变换运行结果如图 5-2 所示，图像在空域中的旋转会影响其在频域中

的信号，即频域中的相位会随着图像的旋转而改变。

a) 原图

b) 原图频谱图

c) 旋转45°效果图

d) 旋转45°频谱图

图 5-2　旋转性质实验结果

（3）图像缩放性质验证

图像缩放傅里叶变换 MATLAB 代码见附录 5-3，运行结果如图 5-3 所示，当图像进行缩放时，其频域的信号量会随着图像的缩放而变化。

a) 原图

b) 原图频谱图

c) 放大一倍

d) 放大一倍频谱图

图 5-3　缩放性质实验结果

5.1.3 频率域滤波（低通、高通、高斯、带通及带阻滤波器）

1. 空间域滤波与频域滤波的对应关系

空间域和频域线性滤波的基础都是卷积定理，该定理可以写成：

$$f(x,y) \otimes h(x,y) \Leftrightarrow H(u,v)F(u,v) \tag{5-22}$$

和

$$f(x,y)h(x,y) \Leftrightarrow H(u,v) \otimes F(u,v) \tag{5-23}$$

其中，符号"$\otimes$"表示两个函数的卷积，$f(x,y)$ 是输入图像，$F(u,v)$ 是傅里叶变换结果，$H(u,v)$ 是滤波函数 $h(x,y)$ 的傅里叶变换，简称为滤波器。上述表达式表明两个空间函数的卷积可以通过计算两个傅里叶变换的乘积的逆变换得到。相反的，两个空间函数的卷积的傅里叶变换恰好等于两个函数的傅里叶变换的乘积。

频率域滤波的基本过程就是通过修改一幅图像的傅里叶变换然后计算其反变换得到处理后的结果，如图5-4所示。由此，若给定一幅大小为 $M \times N$ 的数字图像 $f(x,y)$，则有如下的基本滤波公式：

$$g(x,y) = \varphi^{-1}\left[H(u,v)F(u,v)\right] \tag{5-24}$$

其中，φ^{-1} 为傅里叶逆变换，$g(x,y)$ 是滤波后的输出图像。函数 F、H 和 g 的大小与输入图像大小一致，即为 $M \times N$ 的阵列。因此，频域滤波的关键是选择一个合适的滤波器传递函数 $H(u,v)$，以便按照指定的方式修改 $F(u,v)$。

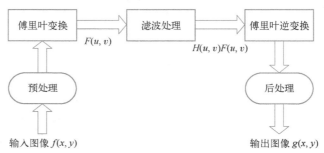

图5-4 滤波的基本步骤

2. 频域滤波器的基本类型

按照频率特性分，滤波器的类型主要分为理想低通滤波器（Ideal Low-Pass Filter，ILPF）、理想高通滤波器（Ideal High-Pass Filter，IHPF），带通滤波器（Band Pass Filter，BPF），带阻滤波器（Band Elimination Filter，BEF）以及常用的高斯滤波器（Gaussian Filter）等。接下来将对不同类型的滤波器进行简单介绍。

（1）低通滤波器（LPF）

理想低通滤波器（ILPF）具有传递函数：

$$H(u,v) = \begin{cases} 1 & D(u,v) \leq D_0 \\ 0 & D(u,v) > D_0 \end{cases} \tag{5-25}$$

其中，D_0 为指定的非负数，$D(u,v)$ 为点 (u,v) 到滤波器中心的距离。从中可以看出，$D(u,v) = D_0$ 的点的轨迹为一个圆，在这个圆内可以无衰减的通过所有频率，而在该圆外"切断"所有频率，这就是理想的低通滤波器。

（2）高通滤波器（HPF）：

一个二维理想的高通滤波器（IHPF）定义为：

$$H(u,v) = \begin{cases} 0 & D(u,v) \leqslant D_0 \\ 1 & D(u,v) > D_0 \end{cases} \tag{5-26}$$

其中，D_0 为截止频率。理想高通滤波器和低通滤波器刚好相反，高通滤波器把以 D_0 为半径的圆内的所有频率置零，而毫无衰减的通过圆外的所有频率。

（3）带阻滤波器（BEF）

理想带通滤波器（IBEF）的表达式为：

$$H(u,v) = \begin{cases} 0 & D_0 - W/2 \leqslant D \leqslant D_0 + W/2 \\ 1 & \text{others} \end{cases} \tag{5-27}$$

其中，W 表示带宽，D 为 $D(u,v)$ 到滤波器中心的距离。

（4）带通滤波器（BPF）

一个高通滤波器可以从低通滤波器得到，同样一个带通滤波器也可以从一个带阻滤波器中得到，理想带通滤波器（IBPF）的表达式为：

$$H(u,v) = \begin{cases} 1 & D_0 - W/2 \leqslant D \leqslant D_0 + W/2 \\ 0 & \text{others} \end{cases} \tag{5-28}$$

高斯滤波器和巴特沃斯滤波器是两种常用的按照实际幅频特性逼近理想幅频特性的方式分类的滤波器，可根据具体需求来设计不同频率特性的滤波器。

（1）高斯滤波器

高斯滤波是一种线性平滑滤波，用于消除高斯噪声，广泛应用于图像处理的减噪过程。高斯低通滤波器（GLPF）的二维表达式如下：

$$H(u,v) = e^{-D^2(u,v)/2\sigma^2} \tag{5-29}$$

其中，$D(u,v)$ 是距频率矩形中心的距离，σ 是关于中心的扩展度的度量，通过令 $\sigma = D_0$，其表达式可以表示为：

$$H(u,v) = e^{-D^2(u,v)/2D_0^2} \tag{5-30}$$

其中，D_0 是截止频率。

截止频率处在距频率矩形中心距离为 D_0 的高斯高通滤波器（GHPF）的表达式为：

$$H(u,v) = 1 - e^{-D^2(u,v)/2D_0^2} \tag{5-31}$$

（2）巴特沃斯滤波器

截止频率位于距原点 D_0 处的 n 阶巴特沃斯低通滤波器（BLPF）的表达式为：

$$H(u,v) = \frac{1}{1 + [D(u,v)/D_0]^{2n}} \tag{5-32}$$

同时，截止频率为 D_0 的 n 阶巴特沃斯高通滤波器（BHPF）的表达式为：

$$H(u,v) = \frac{1}{1 + [D_0/D(u,v)]^{2n}} \tag{5-33}$$

5.1.4　基于傅里叶变换的图像频域滤波实现

为了进一步比较不同滤波器之间的区别，分别使用不同的低通滤波和高通滤波方法对图像进滤波处理。

1. 图像低通滤波

（1）理想低通滤波器的图像低通滤波

利用理想低通滤波器对图像频域进行低通滤波的 MATLAB 代码见附录 5-4，代码运行结果如图 5-5 所示。

图 5-5　理想低通滤波

（2）高斯低通滤波器的图像低通滤波

利用高斯低通滤波器对图像频域进行低通滤波的 MATLAB 代码见附录 5-5，代码运行结果如图 5-6 所示。

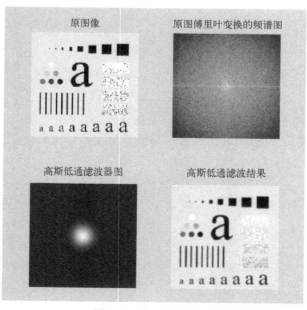

图 5-6　高斯低通滤波

（3）巴特沃斯低通滤波器的图像低通滤波

利用巴特沃斯低通滤波器对图像频域进行低通滤波的 MATLAB 代码见附录 5-6，代码运行结果如图 5-7 所示。

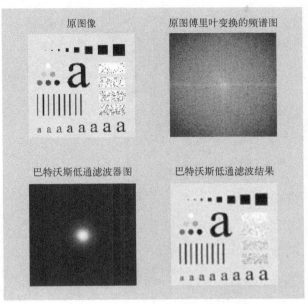

图 5-7　巴特沃斯低通滤波

2. 高通滤波

（1）理想高通滤波器的图像高通滤波

利用理想高通滤波器对图像频域进行高通滤波的 MATLAB 代码见附录 5-7，代码运行结果如图 5-8 所示。

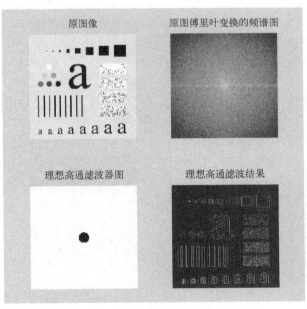

图 5-8　理想高通滤波

（2）高斯高通滤波器的图像高通滤波

利用高斯高通滤波器对图像频域进高通滤波的 MATLAB 代码见附录 5-8，代码运行结果如图 5-9 所示。

图 5-9　高斯高通滤波

（3）巴特沃斯高通滤波器的图像高通滤波

利用巴特沃斯高通滤波器对图像频域进行高通滤波的 MATLAB 代码见附录 5-9，代码运行结果如图 5-10 所示。

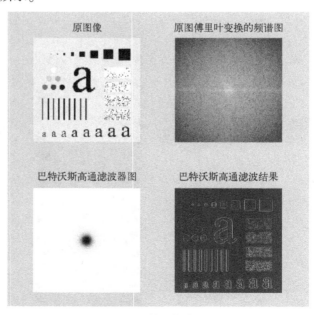

图 5-10　巴特沃斯高通滤波

5.2　小波变换

小波变换（Wavelet Transform，WT）是一种时频域变换方法，它继承和发展了短时傅里叶变换局部化的思想，同时又克服了窗口大小不随频率变化等缺点，能够提供一个随频率改变的"时间-频率"窗口，是进行信号时频分析和处理的理想工具。它的主要特点是通过变换能够充分突出问题某些方面的特征，能对时间（空间）频率的局部化分析，通过伸缩平移运算对信号（函数）逐步进行多尺度细化，最终达到高频处时间细分，低频处频率细分，能自动适应时频信号分析的要求，从而可聚焦到信号的任意细节，解决了傅里叶变换中遇到的困难问题，成为继傅里叶变换以来在科学方法上的重大突破。

5.2.1　图像二维离散小波变换

小波变换作为一门现代化的信息处理技术，已经被广泛应用于模式识别与图像处理中，基于小波变换的凸显纹理分析法是指通过基小波（母小波）的伸缩和平移对函数或信号进行多尺度细化分析。图像的小波变换是小波应用于图像分析和特征提取的基础，而图像的分析和处理都是二维的，因此需要将多分辨率分析从一维推广到二维。

小波变换定量表示了信号与小波函数系中的每一个小波相关或相近的程度。如果把小波看成是 $L^2(R)$ 空间的基函数系，采用式（5-34）作为窗函数。

$$\phi_{a,b}(x,y) = |a|^{-1/2}\varphi\left(\frac{x-b}{a}, \frac{y-b}{a}\right) \quad a>0, \quad a,b \in IR \tag{5-34}$$

式中，$\varphi(x)$ 称为基本小波（或称为母小波），a 为尺度参数，通常取 $a=1/2$。这样，尺寸为 $M \times N$ 的图像 $I(x,y)$ 的离散小波变换可表示为式（5-35）。

$$WT(a,b) = \frac{1}{\sqrt{MN}}\sum_{x=0}^{M-1}\sum_{y=0}^{N-1}I(x,y)\phi_{a,b}(x,y) \tag{5-35}$$

设 j 为小波分解的级数，对于二维空间进行多尺度分解，则第 j 级的二维图像分解后的小波分量可以表示如下：

$$f_j^0 = f_{j+1}^0 \oplus f_{j+1}^1 \oplus f_{j+1}^2 \oplus f_{j+1}^3 \tag{5-36}$$

式中，f_{j+1}^0 为低频子图像的小波分量；f_{j+1}^1 为水平高频子图像的小波分量；f_{j+1}^2 为垂直高频子图像的小波分量；f_{j+1}^3 为对角高频子图像的小波分量。

利用这些小波分量，经过线性映射可得小波分解的各个子图像。即小波变换将一个二维图像分解为四个子图像："低频子图像"（LL）、"水平高频子图像"（LH）、"垂直高频子图像"（HL）、"对角线高频子图像"（HH）。LL 是水平方向和垂直方向低通滤波后的小波系数，是最重要的系数，它基本包含了原有图像的信息。同时，在这个区域中消除了随机噪声和冗余信息。LH 是水平方向低通滤波和垂直方向高通滤波后的小波系数，主要包括了水平方向的特征。HL 是垂直方向的特征，物体边缘和纹理对应其中的强响应，而平滑区域则对应其中的弱响应。HH 是水平方向和垂直方向的高通滤波后的小波系数，所包含的信息最少。小波变换图像分解过程如图 5-11 所示，经过多尺度分解后的每个子空间图像的大小为原始图像的 1/4。

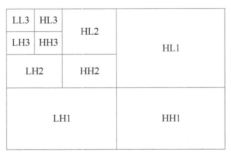

图 5-11　小波变换图像分解过程

在 MATLAB 中，部分常用的小波变换函数见表 5-1。

表 5-1　MATLAB 中的小波变换常用函数

序　号	函　数	功　能
1	dwt2	实现一级二维离散小波变换的函数
2	idwt2	实现一级二维离散小波逆变换
3	wavedec2	多级二维离散小波分解
4	waverec2	多级二维离散小波重构
5	appcoef2	提取小波分解的低频分量
6	detcoef2	提取小波分解的高频分量

（1）dwt2：用于实现一级二维离散小波变换的函数

$$[ca,ch,cv,cd] = dwt2(Image, 'wavename');$$

参数说明：

Image：待分解图像。

wavename：小波函数，如'db4'、'sym5'。

ca：小波分解得到的低频分量。

ch：小波分解得到的水平高频分量。

cv：小波分解得到的垂直高频分量。

cd：小波分解得到的对角线高频分量。

（2）idwt2：用于实现一级二维离散小波逆变换的函数

$$Image = dwt2(ca,ch,cv,cd, 'wavename');$$

参数说明：

Image：小波重构得到的图像。

wavename：小波函数，如'db4'、'sym5'。

ca：小波变换得到的低频分量。

ch：小波变换得到的水平高频分量。

cv：小波变换得到的垂直高频分量。

cd：小波变换得到的对角线高频分量。

（3）wavedec2：多级二维离散小波分解

$$[c, s] = wavedec2(Image, Num, 'wavename');$$

参数说明：

Image：待分解图像。

Num：分解级数。

wavename：小波函数，如'db4'、'sym5'。

c：低频分量、水平高频分量、垂直高频分量、对角线高频分量组成的向量。

s：低频分量、水平高频分量、垂直高频分量、对角线高频分量的长度。

（4）waverec2：多级二维离散小波重构

$$Image = waverec2(c, s, 'wavename');$$

参数说明：

Image：小波重构得到的图像。

wavename：小波函数，如'db4'、'sym5'。

c：低频分量、水平高频分量、垂直高频分量、对角线高频分量组成的向量。

s：低频分量、水平高频分量、垂直高频分量、对角线高频分量的长度。

（5）appcoef2：提取小波分解的低频分量

$$A = appcoef2(c, s, 'wavename', N);$$

参数说明：

A：低频分量。

N：级数。

wavename：小波函数，如'db4'、'sym5'。

c：低频分量、水平高频分量、垂直高频分量、对角线高频分量组成的向量。

s：低频分量、水平高频分量、垂直高频分量、对角线高频分量的长度。

（6）detcoef2：提取小波分解的高频分量

$$[A, H, V, D] = detcoef2('all', c, s, N);$$

参数说明：

A：低频分量。

H：水平高频分量。

V：垂直高频分量。

D：对角线高频分量。

N：级数。

c：低频分量、水平高频分量、垂直高频分量、对角线高频分量组成的向量。

s：低频分量、水平高频分量、垂直高频分量、对角线高频分量的长度。

对图像进行小波变换的 MATLAB 代码实现如下：

```
%图像小波变换
Image = imread('xuerongrong.jpg');
Image = rgb2gray(Image);
figure,imshow(Image),title('灰度图像');
%%小波分解
```

```
[C, S] = wavedec2(Image,2,'sym5');      %2 层小波分解
%%小波系数重构
LL2 = appcoef2(C,S,'sym5',2);
figure,
[HL2,LH2,HH2] = detcoef2('all',C,S,2);
subplot(2,2,1),imshow(LL2,[]),title('第二层 LL 子图');
subplot(2,2,2),imshow(HL2,[]),title('第二层 HL 子图');
subplot(2,2,3),imshow(LH2,[]),title('第二层 LH 子图');
```

程序运行结果如图 5-12 所示。

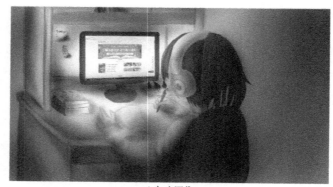

a) 灰度图像

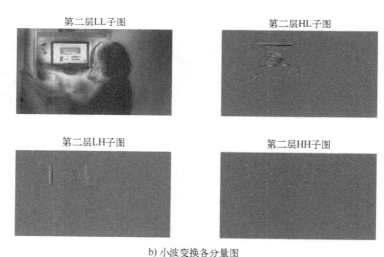

b) 小波变换各分量图

图 5-12　图像小波分解

5.2.2　基于小波变换的图像去噪

目前，小波图像去噪的方法大概可以分为三大类：第一类方法是利用小波变换模极大值原理去噪，即根据信号和噪声在小波变换各尺度上的不同传播特性，剔除由噪声产生的模极大值点，保留信号所对应的模极大值点，然后利用所余模极大值点重构小波系数，进而恢复

信号；第二类方法是对含噪信号作小波变换之后，计算相邻尺度间小波系数的相关性，根据相关性的大小区别小波系数的类型，从而进行取舍，然后直接重构信号；第三类是小波阈值去噪方法，该方法认为信号对应的小波系数包含有信号的重要信息，其幅值较大，但数目较少，而噪声对应的小波系数是一致分布的，个数较多，但幅值小。上述三种基本方法中，小波阈值去噪法相对于小波模极大值法与小波变换尺度相关性法，其运算量小，实现简单且使用广泛。

Donoho 和 Johnstone 于 1995 年提出了小波阈值收缩去噪法（Wavelet Shrinkage），该方法在最小均方误差意义下可达近似最优，并且取得了良好的视觉效果，因而得到了深入广泛的研究和应用。

小波阈值去噪的基本思想是：基与阈值的小波降噪方法按一定的规则（或阈值化）将小波分量划分成两类，一类是重要的、规则的小波分量，另一类是不重要的或受噪声干扰的小波分量。基于阈值的小波去噪就是舍弃不重要的小波分量，然后重构去噪后的图像。

小波阈值去噪的主要步骤是：

1）选择合适的小波和分解层数 N，对含噪声图像作离散小波变换，得到各尺度小波系数；

2）设定各分解层数阈值，对各层小波系数进行阈值处理，算出小波估计系数；

3）通过小波分解的第 N 层低频系数与量化处理后的各层高频系数，计算并重构图像，得到去噪后的图像。

常用的阈值函数有硬阈值和软阈值函数：

1）硬阈值方法指的是设定阈值，小波分量绝对值大于阈值的保留，小于阈值的置零，这样可以很好地保留边缘等局部特征，但会出现失真现象；

2）软阈值方法将较小的小波分量置零，较大的小波分量按一定的函数计算，向零收缩，其处理结果比硬阈值方法的结果平滑，但因绝对值较大的小波分量减小，会损失部分高频信息，造成图像边缘的失真模糊。

利用小波阈值去噪方法，对带有高斯（椒盐）噪声的图像去噪 MATLAB 代码见附录 5-10，程序运行结果如图 5-13 所示。

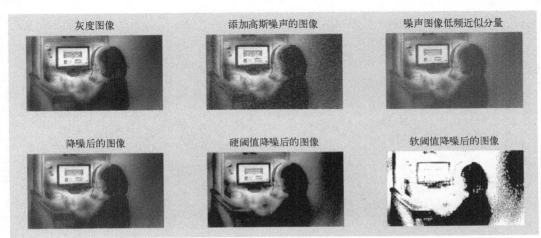

图 5-13　图像小波阈值去噪

5.2.3 基于小波变换的图像融合

图像融合是将同一对象的两个或更多的图像合成在一幅图像中，使其比原来任何一幅图像更容易被人所理解。

基于小波变换的图像融合是指将原图像进行小波分解，在小波域通过一定的融合算子融合小波分量，再重构生成融合的图像。小波变换可以将图像分解到不同的频域，在不同的频域运用不同的融合算法，得到合成图像的多分辨分解，从而在合成图像中保留原图像在不同频域的显著特征。小波图像融合代码如下所示：

```
%小波图像融合

%%读入图像
Image1 = rgb2gray(imread('深夜苦读.png'));
Image2 = rgb2gray(imread('星月.jpg'));

%%统一两张图像的尺寸
[m,n] = size(Image1);
Image2 = imresize(Image2,[m,n]);
subplot(221),imshow(Image1),title('深夜苦读');
subplot(222),imshow(Image2),title('星月');

%%图像融合
[ca1,ch1,cv1,cd1] = dwt2(Image1,'db4');
[ca2,ch2,cv2,cd2] = dwt2(Image2,'db4');
ca = (ca1+ca2)/2;              %低频取平均
ch = min(ch1,ch2);cv = min(cv1,cv2);cd = min(cd1,cd2);        %高频取最小
Image3 = idwt2(ca,ch,cv,cd,'db4')/256;
subplot(223),imshow(Image3),title('融合方式1');
ca = ca1+ca2;                 %低频直接相加
ch = max(ch1,ch2);cv = max(cv1,cv2);cd = max(cd1,cd2);        %高频取最大
Image4 = idwt2(ca,ch,cv,cd,'db4')/256;
subplot(224),imshow(Image4),title('融合方式2');
```

程序运行结果如图 5-14 所示。

深夜苦读  星月

图 5-14　基于小波变换的图像融合

融合方式1

融合方式2

图 5-14　基于小波变换的图像融合（续）

【本章小结】

　　本章主要介绍了傅里叶变换与小波变换，包括一维和二维傅里叶变换基本原理、傅里叶变换的性质、频率域滤波、图像二维离散小波变换、基于小波变化的图像去噪、图像融合等。本章以"深夜苦读"图片为例展示相关算法的处理效果，传递勤奋刻苦的奋斗品格，彰显中国少年探索知识、提升境界、点亮梦想的优秀精神风貌。

【课后习题】

1. 二维傅里叶变换有哪些性质？
2. 二维傅里叶变换的可分离性有何意义？
3. 什么是小波？小波函数是唯一的吗？
4. 一个小波函数应满足哪些容许性条件？
5. 论述小波变换的基本性质。

第6章 图像复原

在成像过程中，由于成像系统中各种因素的影响，可能会使获得的图像不是真实景物的完善影像。图像在形成、传播和保存过程中使图像质量下降的过程，称为图像退化。图像退化的典型表现是图像出现模糊、失真以及存在附加噪声等。为此，必须对退化的图像进行处理，才能恢复出真实的原始图像，这一过程就称之为图像复原（Image Restoration）。图像复原就是重建退化的图像，使其最大限度地恢复景物原貌，即利用退化过程的先验知识，去恢复已被退化图像的本来面目。图像复原只能尽量使图像接近其原始图像，但由于噪声干扰等因素，很难精确还原。

图像增强与图像复原的区别：图像增强是一个主观过程，其目的是消除噪声，改善图像的质量，对感兴趣的部分加以增强，对不感兴趣的部分予以抑制，不考虑图像质量下降的原因。图像复原是一个客观过程，利用退化现象的某种先验知识，建立退化现象的数学模型，再根据模型进行反向推演运算，尽可能地恢复原来的景物图像。因而，图像复原可以理解为图像降质的逆过程，实际上是一个估算过程。因此，建立图像复原逆过程的数学模型，就是图像复原的主要任务。然而，经过逆过程数学模型的运算，要想恢复全真的景物图像比较困难。所以，图像复原本身往往需要有一个质量标准，即衡量接近全真景物图像的程度，或者说，对原图像的估算是否到达最佳的程度。

经过几十年的研究，图像复原技术的应用已经扩展到多个学科和技术领域，如空间探索、天文观测、物质研究、遥测遥感、军事科学、医学影像、刑事侦查以及智慧交通等。在天文成像领域，地面上的成像系统由于受到射线及大气的影响，会造成图像的退化；在太空中的成像系统，由于宇宙飞船的速度远远快于相机快门的速度，也会造成图像产生运动模糊。在医学领域，图像复原技术广泛应用于 X 光、CT、超声、MRI、PET 等成像系统，用来抑制各种成像系统在成像时附加的噪声，以改善医学图像的分辨率。在军事、公安领域，如巡航导弹地形识别，测试雷达的地形侦察，指纹、人脸识别，笔迹、签名等鉴定识别，过期档案文字、老照片的修复等，都与图像复原技术有着密不可分的关系。随着宽带通信技术的发展，视频会议、远程面试、访谈和远程医疗等都已经进入了我们的生活，而所有这些技术都高度依赖于图像的质量。因此，图像复原是一项非常实用的技术，在多学科、技术领域中有着十分重要的地位。

6.1 图像复原的理论模型

图像 $f(x,y)$ 的退化复原过程如图 6-1 所示，可以建模为一个退化函数 H 和一个加性噪声 η。假设 H 是一个线性时不变过程，则空间域的退化图像 $g(x,y)$ 可以由式（6-1）给出：

$$g(x,y) = h(x,y) * f(x,y) + \eta(x,y) \tag{6-1}$$

其中，$h(x,y)$ 是退化函数的空域表示，符号 $*$ 表示卷积。式（6-1）的频率域表示如式（6-2）：

$$G(u,v) = H(u,v)F(u,v) + H(u,v) \tag{6-2}$$

其中的大写字母项是式（6-1）中相应项的傅里叶变换。

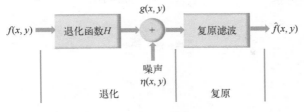

图 6-1　图像的退化复原过程

6.2　噪声模型

噪声主要来源于图像的获取和传输过程。这是因为图像传感器的工作情况受各种因素的影响，如图像获取时的大气、光照、天气、温湿度等环境条件和传感器元器件自身的质量；还由于图像在传输过程中所用的传输信道被干扰而受到了噪声的污染。

6.2.1　噪声的分类

按照噪声产生的原因可以分为外部噪声和内部噪声；按照噪声与信号的关系可以分为加性噪声和乘性噪声；按照噪声的频谱可以分为白噪声、$1/f$ 噪声和三角噪声；按照噪声的概率密度函数可以分为高斯噪声、瑞利噪声、伽马噪声、指数噪声、均匀噪声和椒盐噪声（脉冲噪声）等。其中最为常见的噪声处理方式是以概率密度函数的分类对不同的噪声进行相关的处理。对于只有加性噪声，我们可以通过一些噪声模型，例如高斯噪声、瑞利噪声、椒盐噪声等，以及对这些噪声参数的估计，来选择合适的空间滤波器，如均值滤波器、中值滤波器、频率滤波器、带阻/带通滤波器、低通/高通滤波器、陷波滤波器等来进行滤波。

6.2.2　一些重要噪声的概率密度函数

（1）高斯噪声

高斯噪声是指它的概率密度函数（PDF）服从高斯分布（即正态分布）的一类噪声。常见的高斯噪声包括起伏噪声、宇宙噪声、热噪声和散粒噪声等。除常用抑制噪声的方法外，对高斯噪声的抑制方法常常采用数理统计方法。高斯随机变量 z 的 PDF 由式（6-3）给出：

$$p_z(z) = \frac{1}{\sqrt{2\pi}\,\sigma} e^{-(z-\bar{z})^2/2\sigma^2} \tag{6-3}$$

其中，z 表示灰度值，$\bar{z}$ 表示 z 的均值，σ 表示 z 的标准差，其平方 σ^2 称为 z 的方差。

（2）瑞利噪声

瑞利噪声的 PDF 由式（6-4）给出：

$$p(z) = \begin{cases} \dfrac{2}{b}(z-a)\,\mathrm{e}^{-(z-a)^2/b}, & z \geqslant a \\ 0, & z < a \end{cases} \tag{6-4}$$

其概率密度的均值和方差是：

$$\bar{z} = a + \sqrt{\pi b / 4} \tag{6-5}$$

和

$$\sigma^2 = \frac{b(4-\pi)}{4} \tag{6-6}$$

（3）伽马噪声

伽马噪声的 PDF 可由式（6-7）给出：

$$p(z) = \begin{cases} \dfrac{a^b z^{b-1}}{(b-1)!}\,\mathrm{e}^{-az}, & z \geqslant a \\ 0, & z < a \end{cases} \tag{6-7}$$

其中，参数 $a>0$，b 为正整数，"!"表示阶乘。其概率密度的均值和方差是

$$\bar{z} = \frac{b}{a} \tag{6-8}$$

和

$$\sigma^2 = \frac{b}{a^2} \tag{6-9}$$

尽管式（6-7）经常被称之为伽马密度，但严格说来，只有当分母为伽马函数 $\Gamma(b)$ 时才是正确的。当分母表达如式（6-7）时，该称之为厄兰密度更合适。

（4）指数噪声

指数噪声的 PDF 由式（6-10）给出：

$$p(z) = \begin{cases} a\mathrm{e}^{-az}, & z \geqslant 0 \\ 0, & z < 0 \end{cases} \tag{6-10}$$

其中，$a>0$。其概率密度的均值和方差是

$$\bar{z} = \frac{1}{a} \tag{6-11}$$

和

$$\sigma^2 = \frac{1}{a^2} \tag{6-12}$$

这个 PDF 是当 $b=1$ 时厄兰 PDF 的特殊情况。

（5）均匀噪声

均匀噪声的 PDF 由式（6-13）给出：

$$p(z) = \begin{cases} \dfrac{1}{b-a}, & a \leqslant z \leqslant b \\ 0, & \text{其他} \end{cases} \tag{6-13}$$

其概率密度的均值和方差是

$$\bar{z} = \frac{a+b}{2} \tag{6-14}$$

和

$$\sigma^2 = \frac{(b-a)^2}{12} \tag{6-15}$$

（6）脉冲（椒盐）噪声

脉冲噪声的 PDF 由式（6-16）给出：

$$p(z) = \begin{cases} P_a, & z=a \\ P_b, & z=b \\ 1-P_a-P_b, & \text{其他} \end{cases} \tag{6-16}$$

如果 $b>a$，则灰度级 b 在图像中显示为一个亮点；反之，则灰度级 a 在图像中显示为一个暗点；若 P_a 或 P_b 为零，则脉冲噪声成为单极脉冲。

在一幅数字图像中，高斯噪声一般来源于诸如电子电路噪声以及由低照明度或高温带来的传感器噪声。瑞利噪声有助于在深度成像中表征噪声。指数密度和伽马密度函数应用于激光成像。脉冲噪声产生于成像期间错误的开关操作。均匀密度在实践中描述得较少，然而在仿真时，常见于一些随机生成器中。

用 MATLAB 语言绘制以上六种概率密度曲线，代码见附录 6-1，生成的噪声曲线如图 6-2 所示。

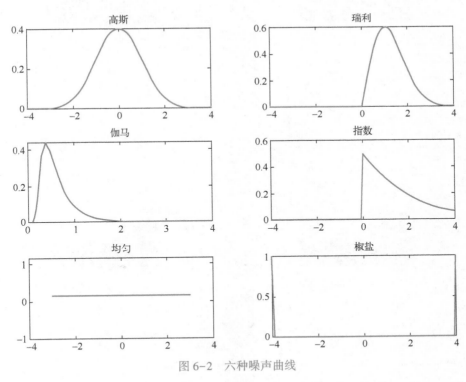

图 6-2　六种噪声曲线

在 MATLAB 命令窗口中调用 add_noise 函数为图 6-3 添加噪声，并调用 MATLAB 自带函数 hist 绘制灰度直方图。add_noise 函数代码见附录 6-2，主程序 imgnoise.m 见附录 6-3，生成结果如图 6-4 所示。

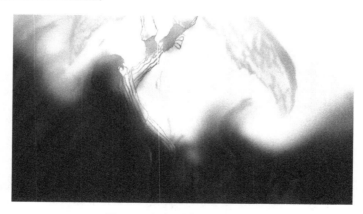

图 6-3　添加噪声之前的原图

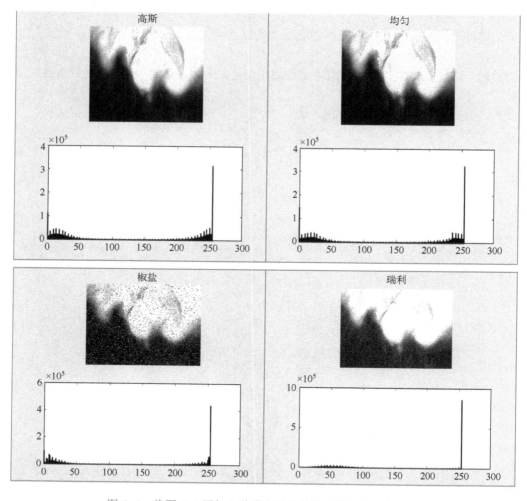

图 6-4　将图 6-3 添加六种噪声后的结果及其相应的直方图

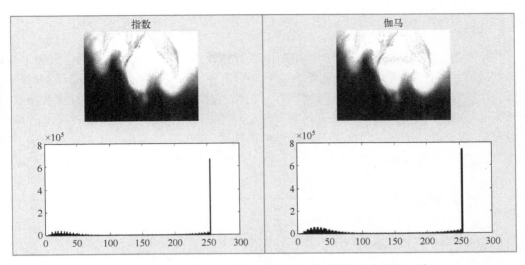

图 6-4　将图 6-3 添加六种噪声后的结果及其相应的直方图（续）

6.2.3　周期噪声

周期噪声是一种存在于空间域、与特定频率相关的噪声。一般产生于图像采集过程中的电气设备或电机的干扰，表现为图像中存在周期性的冲击。如果空间域中正弦波的振幅足够强，那么在该图像的谱中将会看到图像中每个正弦波的脉冲对，例如图 6-5a 中的图像，对其进行傅里叶变换，在图 6-5d 即可在其频谱中看到该脉冲噪声。

a) 原图

b) 添加周期噪声后的图像

c) 原图的频谱

d) 添加周期噪声后的频谱
（每对共轭脉冲对应于一个正弦波）

图 6-5　图像添加周期噪声

6.2.4　估计噪声参数

周期噪声的参数通常是通过分析傅里叶谱进行估计的。周期噪声往往会生成频率尖峰，这些尖峰通常可通过目视来检测。当噪声尖峰非常明显时，或者存在一些关于干扰频率的知识时，就能实现自动分析。在空间域噪声存在的情况下，可以通过传感器的技术参数知道 PDF 的一部分参数，但是通常情况下也需要通过样本图像来估计未知参数。噪声的均值 m 和方差的关系，以及用来表示重要噪声的 PDF 的参数 a 和 b，如表 6-1 所列。因此噪声参数的估计就变成了通过样本图像估计均值和方差，然后利用这些估计值进一步求解 a 和 b。

表 6-1　重要噪声的 PDF 及其参数

名称	PDF	均值和方差	CDF	生成器*
均匀	$p_z(z)=\begin{cases}\dfrac{1}{b-a} & 若\ a\leqslant z\leqslant b\\ 0 & 其他\end{cases}$	$\bar{z}=\dfrac{a+b}{2},\sigma^2=\dfrac{(b-a)^2}{12}$	$F_z(z)=\begin{cases}0 & z<a\\ \dfrac{z-a}{b-a} & a\leqslant z\leqslant b\\ 1 & z>b\end{cases}$	MATLAB 函数 rand
高斯	$p_z(z)=\dfrac{1}{\sqrt{2\pi}b}e^{-(z-a)^2/2b^2}$ $-\infty<z<\infty$	$m=a,\sigma^2=b^2$	$F_z(z)=\displaystyle\int_{-\infty}^{z}p_z(v)\,\mathrm{d}v$	MATLAB 函数 randn
椒盐	$p_z(z)=\begin{cases}P_a & z=a\\ P_b & z=b\\ 0 & 其他\end{cases}$	$m=aP_a+bP_b$ $\sigma^2=(a-m)^2P_a+$ $(b-m)^2P_b$	$F_z(z)=\begin{cases}0 & 对于\ z<a\\ P_a & 对于\ a\leqslant z<b\\ P_a+P_b & 对于\ b\leqslant z\end{cases}$	具有附加逻辑的 MATLAB 函数 rand
对数正态	$p_z(z)=\dfrac{1}{\sqrt{2\pi}bz}e^{-[\ln(z)-a]^2/2b^2}\quad z>0$	$m=e^{a+(b^2/2)}$, $\sigma^2=[e^{b^2}-1]e^{2a+b^2}$	$F_z(z)=\displaystyle\int_{0}^{z}p_z(v)\,\mathrm{d}v$	$z=ae^{bN(0,1)}$
瑞利	$p_z(z)=\begin{cases}\dfrac{2}{b}(z-a)e^{-(z-a)^2/b} & z\geqslant a\\ 0 & z<a\end{cases}$	$m=a+\sqrt{\pi b/4}$, $\sigma^2=\dfrac{b(4-\pi)}{4}$	$F_z(z)=\begin{cases}1-e^{-(z-a)^2/b} & z\geqslant a\\ 0 & z<a\end{cases}$	$z=a+\sqrt{b\ln[1-U(0,1)]}$
指数	$p_z(z)=\begin{cases}ae^{-az} & z\geqslant 0\\ 0 & z<0\end{cases}$	$m=\dfrac{1}{a},\sigma^2=\dfrac{1}{a^2}$	$F_z(z)=\begin{cases}1-e^{-az} & z\geqslant 0\\ 0 & z<0\end{cases}$	$z=-\dfrac{1}{a}\ln[1-U(0,1)]$
伽马	$p_z(z)=\dfrac{a^b z^{b-1}}{(b-1)!}e^{-az}\quad z\geqslant 0$	$m=\dfrac{b}{a},\sigma^2=\dfrac{b}{a^2}$	$F_z(z)=$ $\left[1-e^{-az}\displaystyle\sum_{n=0}^{b-1}\dfrac{(az)^n}{n!}\right]\quad z\geqslant 0$	$z=E_1+E_2+\cdots+E_b$ E_i 是具有参数 a 的指数随机数

注：*$N(0,1)$ 表示高斯随机数，其均值为 0，方差为 1。$U(0,1)$ 表示 $(0,1)$ 范围内的均匀随机数。

6.3　几种较经典的图像复原方法

图像复原算法有线性和非线性两类。线性算法通过对图像进行逆滤波来实现反卷积，这类方法方便快捷，无须循环或迭代，直接可以得到反卷积结果。然而，它有一些局限性，比如：无法保证图像的非负性。而非线性方法通过连续的迭代过程不断提高复原质量，直到满足预先设定的终止条件，结果往往令人满意。但是迭代程序导致计算量很大，图像复原耗时较长，有时甚至需要几个小时。所以实际应用中还需要对两种处理方法综合考虑再进行选择。

6.3.1　逆滤波复原

一般假设噪声为加性噪声，为了简化问题，设噪声 $n(x,y)=0$。若：

$$H[af_1(x,y)+bf_2(x,y)]=aH[f_1(x,y)]+bH[f_2(x,y)] \tag{6-17}$$

则系统 H 是一个线性系统。这里，a 和 b 是比例常数，$f_1(x,y)$ 和 $f_2(x,y)$ 是任意两幅输入的图像。取 $a=b=1$ 时，式（6-17）变为：

$$H[f_1(x,y)+f_2(x,y)]=H[f_1(x,y)]+H[f_2(x,y)] \tag{6-18}$$

这就是所谓的加性。这一特性简单地表明，如果 H 为线性算子，那么两个输入之和的响应等于两个响应之和。如果 $f_2(x,y)=0$，则：

$$H[af_1(x,y)]=aH[f_1(x,y)] \tag{6-19}$$

这就是均匀性。它表明任何与常数相乘的输入的响应等于该输入响应乘以相同的常数，即一个线性算子具有加性和均匀性。

对于任意 $f(x,y)$、α 和 β，如果有：

$$H[f(x-\alpha,y-\beta)]=g(x-\alpha,y-\beta) \tag{6-20}$$

则存在一个具有输入输出关系 $g(x,y)=H[f(x,y)]$ 的系统，称为位置（或空间）不变系统。这个定义说明图像中任一点的响应只取决于在该点的输入值，而与该点的位置无关。因此，图像复原问题可以在线性系统的理论框架中去解决。

在没有噪声的情况下，频域退化模型可由式（6-21）给出：

$$G(u,v)=H(u,v)F(u,v) \tag{6-21}$$

其中的 3 个量分别为退化图像 G、退化函数 H 和原始图像 F。显然原始图像可表示为：

$$F(u,v)=\frac{G(u,v)}{H(u,v)} \tag{6-22}$$

也就是说，如果已知退化图像和退化传递函数的频域表示就可以求得原始图像的频域表达式。随后取傅里叶逆变换即可得到复原的图像：

$$\hat{f}(x,y)=F^{-1}[F(u,v)]=F^{-1}\left[\frac{G(u,v)}{H(u,v)}\right] \tag{6-23}$$

这就是逆滤波法，又叫去卷积法。在有噪声的情况下，逆滤波可以写为：

$$F(u,v)=\frac{G(u,v)}{H(u,v)}-\frac{N(u,v)}{H(u,v)} \tag{6-24}$$

但是退化过程的传递函数 H 是不可知的，且噪声项 N 也无法精确得到。另外，在式（6-24）中，传递函数 $H(u,v)$ 充当分母，在很多情况下传递函数的值为零或接近零，此时得到的结果往往是极不准确的。一种解决方法是，仅对半径在一定范围内的傅里叶系数进行运算。由于通常低频系数值较大，高频系数接近零，因此这种方法能大大减少遇到零值的概率。

利用 MATLAB 实现一定半径内的逆滤波的相关代码如下。分为以下两个步骤：

（1）退化

使用不同半径大小进行逆滤波复原。对图像按式（6-25）进行频域退化操作：

$$H(u,v)=\exp\left(-k*\left[(u-M/2)^2+(v-N/2)^2\right]^{\frac{5}{6}}\right) \tag{6-25}$$

其中，$k=0.0025$，M、N 分别为傅里叶变换矩阵的宽和高，因此 $(u-M/2, v-N/2)$ 为频谱的中心位置，其退化结果如图 6-6 所示。

```
%%退化
%读取原始图像
clc;close all;
I = imread('Yichun. png');
I = rgb2gray(I);
figure(1);subplot(1,2,1);imshow(I);title('原始图像')
f = im2double(I);
%傅里叶变换
F = fft2(f);
F = fftshift(F);
%执行退化
[M,N] = size(F);
[u,v] = meshgrid(1:M,1:N);
H = exp(-0.0025 * ((u'-M/2).^2+(v'-N/2).^2).^(5/6));
F = F. * H;
%傅里叶逆变换
X = ifftshift(F);
X = ifft2(X);
subplot(1,2,2);
X = uint8(abs(X) * 256);
imshow(X);imwrite(X,'Yichun_. tif');title('退化图像');
```

a) 原图   b) 退化图

图 6-6　应用逆滤波复原的原图及退化图像

（2）复原

复原运行程序见附录 6-4，分别采用阈值 128、108、78、48、24、12 对退化图像进行逆滤波，其结果如图 6-7 所示。

阈值分别为128、108、78、48、24、12

图 6-7　阈值分别为 128、108、78、48、24、12 的逆滤波复原结果

6.3.2　维纳滤波复原

逆滤波只能解决只有退化函数，没有加噪声的问题。维纳滤波又称最小均方误差滤波，综合考虑了退化函数和噪声，找出一个原始图像 $f(x)$ 的估值 $\hat{f}(x)$，使两者的均方误差最小。均方误差由式（6-26）给出：

$$e^2(x) = |f(x) - \hat{f}(x)|^2 \tag{6-26}$$

假定噪声与图像是不相关的，复原图像的最佳估计可以用式（6-27）表示：

$$\hat{F}(u,v) = \left[\frac{H^T(u,v)}{|H(u,v)|^2 + S_n(u,v)/S_f(u,v)} \right] G(u,v) \tag{6-27}$$

其中，$H(u,v)$ 为退化函数，$H^T(u,v)$ 为共轭退化函数，$|H(u,v)|^2 = H(u,v)H^T(u,v)$，$S_n(u,v)$ 为噪声功率谱密度，$S_f(u,v)$ 为未退化图像的功率谱。

观察公式（6-27）可以发现，假如没有噪声，则 $S_n(u,v) = 0$，此时维纳滤波退化为逆滤波。该式还存在一个问题，即 $S_n(u,v)$ 与 $S_f(u,v)$ 如何估计。假设退化过程已知，则 $H(u,v)$ 可以确定；假如噪声为高斯白噪声，则 $S_n(u,v)$ 为常数。但 $S_f(u,v)$ 通常难以估计。一种近似的解决方法就是用一个系数 K 代替 $S_n(u,v)/S_f(u,v)$，因此式（6-27）变为：

$$\hat{F}(u,v) = \left[\frac{1}{H(u,v)} \cdot \frac{|H(u,v)|^2}{|H(u,v)|^2 + K} \right] G(u,v) \tag{6-28}$$

实际计算时，可多次迭代，以确定合适的值。

MATLAB 实现代码如下：

对 1930×1930 的灰度图像进行退化处理，再添加方差为 0.001 的高斯噪声，对得到的退化图像进行复原，如图 6-8 所示。

a) 原图　　　　　　　　　　　　　b) 退化图

图 6-8　应用维纳滤波复原的原图及退化图像

（1）退化

```
%读取原始图像
I = imread('baby. JPG');
I = rgb2gray(I);
figure(1);subplot(1,2,1);imshow(I);title('原始图像');
f = im2double(I);
%傅里叶变换
F = fft2(f);
F = fftshift(F);
%执行退化
[M,N] = size(F);
[u,v] = meshgrid(1:M,1:N);
H = exp(-0.0025 * ((u'-M/2).^2+(v'-N/2).^2).^(5/6));
F = F. * H;
%傅里叶逆变换
X = ifftshift(F);
X = ifft2(X);
subplot(1,2,2);
X = uint8(abs(X) * 256);
Xout = imnoise(X,'gaussian',0,0.001);
imshow(Xout);imwrite(Xout,'BotanicGarden_. tif');title('退化图像');
```

（2）将逆滤波和维纳滤波的复原效果进行对比

函数调用格式：

```
I_new=wn_filter(I,H,threshold,K)
```

参数说明：I 为输入图像矩阵；H 为传递函数；threshold 为滤波的半径距离中心点超过 threshold 的傅里叶系数将保持原值；K 为噪声–图像功率比。

```
function I_new = wn_filter(I,H,threshold,K)
%维纳滤波复原函数
if ndims(I)>=3
```

114

```
        I = rgb2gray(I);
    end
    I = im2double(I);
    %傅里叶变换
    fI = fft2(I);
    fI = fftshift(fI);
    G = fI;         %传递函数
    F = G;
    D = abs(H);
    D = D. ^2;
    [M,N] = size(G);
    %逆滤波
    if threshold>M/2
        %全滤波
        F = F. /(H+eps);
    else
        %对一定半径范围内进行滤波
        for i = 1:M
            for j = 1:N
                if sqrt((i-M/2). ^2+(j-N/2). ^2)<threshold
                    %维纳滤波公式
                    F(i,j) = G(i,j). /(H(i,j)). * (D(i,j). /(D(i,j)+K));
                end
            end
        end
    end
    I_new = fftshift(F);
    I_new = ifft2(I_new);
    I_new = uint8(abs(I_new) * 255);
end
```

从图 6-9 中可以看到，取同样的半径时，维纳滤波比逆滤波复原的效果更平滑一些。

a) 维纳滤波结果　　　　　　　　　b) 逆滤波结果

图 6-9　维纳滤波和逆滤波的结果对比

MATLAB 为维纳滤波提供了专用的函数 deconvwnr( )，调用格式为：J = deconvwnr(I, PSF，NSR)。

另一种调用格式为：J=deconvwnr(I, PSF, NCORR, ICORR)。

6.3.3 有约束最小二乘复原

维纳滤波是基于统计的复原方法，当图像和噪声都属于随机场，且频谱密度已知时，所得结果是平均意义上的最优解。有约束最小二乘复原除了噪声的均值和方差外，不需要提供其他参数，且往往能得到比维纳滤波更好的效果。有约束最小二乘复原采用图像的二阶导数（可用拉普拉斯变换得到）作为最小准则函数，定义如式（6-29）：

$$C = \sum_{x=0}^{M-1} \sum_{y=0}^{N-1} \mid \nabla^2 f(x,y) \mid^2 \tag{6-29}$$

设 g 为退化图像，n 为噪声，有：

$$g - Hf = n \tag{6-30}$$

在复原过程中必须满足式（6-30），因此将其作为约束条件。在这里采用了它的一种变形，即把要求式（6-30）两端范数相等的条件作为约束，即：

$$\| g - Hf \|^2 = \| n \|^2 \tag{6-31}$$

其中 $\| \cdot \|^2$ 表示 2 范数。该最优化问题在频域中的解可以表示为式（6-32）：

$$\hat{F}(u,v) = \frac{H^*(u,v)}{\mid H(u,v) \mid^2 + g \mid P(u,v) \mid^2} G(u,v) \tag{6-32}$$

其中，g 为待调整的参数，g 应使式（6-31）成立，$P(u,v)$ 是函数 $p(x,y)$ 的傅里叶变换，$p(x,y)$ 为拉普拉斯算子：

$$p(x,y) = \begin{bmatrix} 0 & -1 & 0 \\ -1 & 4 & -1 \\ 0 & -1 & 0 \end{bmatrix} \tag{6-33}$$

假如 $g=0$，则复原的图像表示为：

$$\hat{F}(u,v) = \frac{H^*(u,v)}{\mid H(u,v) \mid^2} G(u,v) = \frac{G(u,v)}{H(u,v)} \tag{6-34}$$

此时有约束最小二乘复原退化为逆滤波复原。

MATLAB 提供了 deconvreg( ) 函数实现约束最小二乘复原：

J =deconvreg(I, PSF, N, Range)用于复原由点扩散函数 PSF 及可能的加性噪声引起的退化图像 I，算法保持估计图像与实际图像之间的最小平方误差最小。

参数说明：I 为输入图像矩阵；PSF 为点扩散函数；N 为加性噪声功率，默认值为零。Range 为长度为 2 的向量，算法在 Range 指定的区间中寻找最佳的拉格朗日乘数，默认值为 [1e-9,1e9]。若 Range 为标量，则采用 Range 值作为拉格朗日乘数的值。

```
%有约束最小二乘复原
clc;close all;
I = imread('baby. JPG');
I = rgb2gray(I);
%产生退化图像
```

```
%运动模糊的点扩散函数
PSF = fspecial('motion',100,45);
%对图像进行运动模糊滤波
Im1 = imfilter(I,PSF,'circular');
%添加高斯噪声
noise = imnoise(zeros(size(I)),'gaussian',0,0.08);
Im = double(Im1)+noise;
%维纳滤波
Iw = deconvwnr(Im,PSF,0.02);
%约束最小二乘滤波
I = edgetaper(I,PSF);          %消减振铃现象
Iz = deconvreg(Im,PSF,0.2,[1e-7,1e7]);
%绘图
subplot(2,2,1);imshow(I,[]);title('原始图像');
subplot(2,2,2);imshow(Im,[]);title('退化图像');
subplot(2,2,3);imshow(Iw,[]);title('维纳滤波');
subplot(2,2,4);imshow(Iz,[]);title('约束最小二乘滤波');
```

生成结果如图 6-10 所示。

a) 原图　　　　　　　　　　　　　　b) 退化图像

c) 维纳滤波结果　　　　　　　　　d) 有约束最小二乘滤波结果

图 6-10　有约束最小二乘滤波与维纳滤波结果的对比

6.3.4　盲去卷积图像复原

本节主要介绍由 Fish 提出的基于露西-理查德森（Lucy-Richardson，L-R）的盲去卷积算法。在上一小节介绍的约束最小二乘算法只需要提供点扩散函数及噪声的参数，但很多场合下噪声的参数是未知的。L-R 算法是非线性方法中一种典型的算法，在噪声信息未知时仍可得到较好的复原结果。L-R 算法用泊松噪声来对未知噪声建模，通过迭代求得最可能的复原图像。当下面的（6-35）式迭代收敛时，模型的最大似然函数可以得到一个令人满意的方程。

$$\hat{f}_{k+1}(x,y)=\hat{f}_k(x,y)\left[h(-x,-y)\times\frac{g(x,y)}{h(x,y)\times\hat{f}_k(x,y)}\right] \tag{6-35}$$

如同大多数非线性方法一样，L-R 算法很难保证确切的收敛时间，只能具体问题具体分析。对于给定的应用场景，在获得满意的结果时，观察输出并终止算法。L-R 所得的解是复原图像的极大似然值。

MATLAB 提供了 deconvlucy( )函数，该函数通过加速收敛的迭代算法完成图像复原。调用格式：J=deconvlucy(I,PSF,NumIt,Dampar,Weight)。
参数说明：I 为输入图像矩阵；PSF 为退化过程的点扩散函数，用于恢复 PSF 和可能的加性噪声引起的退化；NumIt 为指定了算法迭代的次数，默认值为 10；Weight 为每个像素的加权值，反映了每个像素记录的质量。

```
clc;close all;
I = checkerboard(12,6,6);
%点扩散函数
PSF = fspecial('gaussian',7,10);
%标准差为 0.01
SD = 0.01;
In = imnoise(imfilter(I,PSF),'gaussian',0,SD^2);
%使用 Lucy-Richardson 算法对图像复原
Dampar = 10 * SD;
LIM = ceil(size(PSF,1)/2);
Weight = zeros(size(In));
%权值 weight 数组的大小为 144 * 144;并且有值为 0 的 4 个像素宽的边界,其余像素值为 1
Weight(LIM+1:end-LIM,LIM+1:end-LIM) = 1;
%迭代 5 次
NumIt = 5;
J1 = deconvlucy(In,PSF,NumIt,Dampar,Weight);
NumIt = 10;
J2 = deconvlucy(In,PSF,NumIt,Dampar,Weight);
NumIt = 20;
J3 = deconvlucy(In,PSF,NumIt,Dampar,Weight);
NumIt = 100;
J4 = deconvlucy(In,PSF,NumIt,Dampar,Weight);
```

subplot(2,3,1);imshow(I);title('原图');
subplot(2,3,2);imshow(In);title('退化图像');
subplot(2,3,3);imshow(J1);title('迭代 5 次');
subplot(2,3,4);imshow(J2);title('迭代 10 次');
subplot(2,3,5);imshow(J3);title('迭代 20 次');
subplot(2,3,6);imshow(J4);title('迭代 100 次');

生成结果如图 6-11 所示。

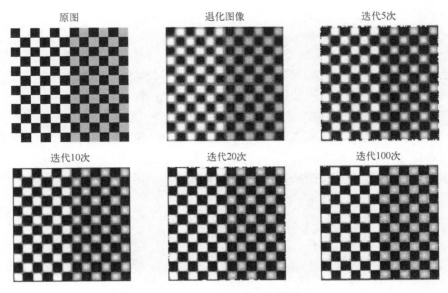

图 6-11　L-R 图像复原结果

6.4　图像复原案例：PLSMS 模型夜间雾霾图像的复原

　　拍摄图像的成像质量往往受到恶劣天气和其他不利条件的影响，如雾霾使光线衰减，夜间照度低导致图像退化。图像复原算法能够为这些具有挑战性和普遍存在的问题寻求切实可行的解决方案。

　　一般来说，雾或雾霾天气对成像影响更大，因为这种天气情况下空气中的颗粒会更多，导致光线衰减和散射更严重。到目前为止，许多基于单一图像的去雾复原算法已经通过米德尔顿模型实现，主要基于一些先验图像信息，如暗通道、颜色衰减和雾线，来估计该模型中的两个未知参数，即传输率和大气光。然而，这种模型对于白天雾霾图像的复原效果比夜间的要好。这是因为在夜间，大气光被路灯、霓虹灯、汽车大灯等光照不均匀的多色人工光源所影响，因此增加了估计模型中大气光的难度。

　　研究者们专门针对夜间雾霾图像的复原展开了研究：其中，Pei 和 Lee 提出了一种色彩转移技术，参考白天图像的颜色统计把夜间雾霾图转换成灰度图。尽管能够减少色偏，但是会改变最初的颜色产生不真实的结果；Zhang 等人提出基于模型的方法应用暗通道先验以校正色偏并去雾，然而光补偿环节增强了色偏以致影响到后续的颜色校正；Li Yu 等人提出了层分离算法以去除输入图像中光源周围的光晕，尽管比之前的方法产生了更理想的去雾效果，但在光源部分会产生颜色突变及噪声增强的问题；Zhang 等人提出了统计先验、最大反射先验（MRP）以解决色偏并去雾。由于 MRP 是作用于固定尺寸的像素邻域中，不适用于存在各种局部特性的情况，如大面积的具有单一颜色的草坪区域；汤春明等人提出了一种分层复原模型，将低照度雾霾图像分为纹理层和结构层后再分别优化、估计参数，再根据大气散射模型求出复原的结构层；最后将复原的结构层与优化后的纹理层叠加为最终的复原图像。尽管复原结果具有噪声低、纹理细节丰富和色彩恢复度高的优点，但对光晕抑制仍不理想，有时会增强局部闪烁光。

针对这些问题，本节介绍一种由汤春明等人提出的一种 PLSMS 模型，主要基于光成像原理和多散射理论。该模型把雾霾图像看作是从被成像物体本身反射的光和它的多散射分量的一个线性组合。图像中每个像素都可以看作点光源，并对它的邻域像素产生多散射。多散射用大气点扩散函数（APSF）进行模拟。在该模型中有两个 APSF 模板：一个大小为 5×5，其权值是固定的，不随输入雾霾图像的改变而改变，应用该模板可以得到一幅边缘增强的图像；另一个大小为 25×25，它的权值随着粗估计的模糊图像的透射率而变化，以此模拟多散射。将原雾霾图像减去多散射图后，就可以得到一幅细节图。复原图像是增强图像和细节图像的线性组合。主要目的是去雾的同时能够恢复被强光隐藏的暗区域细节、抑制光源光晕的扩散并恢复颜色。

6.4.1 多散射成分

一幅图像 I 是由光传感器接受光的辐射获得的，按照大气点扩散函数的计算方法，I 可以分解成三部分：

$$I = L_s + L_d + L_0 \tag{6-36}$$

其中，L_s 表示物体反射的光线经介质的退化散射到达相机传感器的辐射强度，L_d 表示相邻光源散射后到达相机传感器的辐射强度，L_0 表示环境中大气光辐射强度。

目前常用于图像去雾复原的 Middleton 模型如公式（6-37）：

$$I(x) = J(x)t(x) + A(1 - t(x)) \tag{6-37}$$

其中，$J(x)t(x)$ 代表入射光衰减项，$A(1 - t(x))$ 代表大气光叠加项。我们最终要利用成像设备拍摄到的雾霾图像 $I(x)$，复原出无雾图像 $J(x)$。该求解过程由于透射率 $t(x)$ 和大气光 A 这两个参数都是未知的，因此如何获得准确的参数估计值，就成了能否更好地复原图像的关键和难点。这两个公式之间有一定的联系：L_s 即大气散射模型中的 $J(x)t(x)$ 项，它包括了图像中大部分信息及细节，因此我们希望这一项在成像结果中占的比重越大越好；L_0 一般是指白天太阳光在大气中的散射和反射，即大气散射模型中的 $A(1 - t(x))$ 项，它决定着图像的整体亮度。由于大气散射模型对 L_d 的影响没有考虑，即没有考虑成像视野中各发光物体的多散射而产生的相互影响，大气中颗粒越多，该影响会越严重，从而导致各光源在成像平面上的光线相互叠加，从而在图像上形成光晕，以图 6-12 为代表。图像复原时忽略该因素的影响会使夜间图像的复原图中强光成片，细节模糊，尤其对于含水面、镜面、玻璃等强反射表面和光源多的图像，而这类图像往往是图像复原中的难点。

a) 有雾图像

b) 去雾图像

图 6-12　应用 Middleton 模型获得的夜间去雾图像

6.4.2　PLSMS 模型的描述

（1）通过反卷积抑制多散射

Narasimhan 和 Nayar 提出可以用大气点扩散函数（APSF）模拟成像上的多散射。光的线性叠加原理表明，由多次散射产生的光晕可以看作是光源之间叠加的结果。将每个图像像素作为点光源，则图像 I 可写成：

$$I = \sum_i I_{0i} * APSF \tag{6-38}$$

其中，I_{0i} 表示成像场景中物体本身 I_0 反射出的点光源，表现在图像中的每一个像素，$APSF$ 是大气点扩散函数。I_{0i} 与 $APSF$ 卷积后，得到对应的点扩散结果，这些结果相互叠加就得到最终的成像结果 I。我们通过如公式（6-39）的反卷积，即 $\otimes$，便可以获得抑制多散射的复原图 I_0。

$$I_0 = \otimes(I, APSF) \tag{6-39}$$

（2）APSF 中参数的估计

在大气光学领域，对于均匀介质中各向同性的点光源来说，它在径向距离为 d、径向偏转角为 θ 的某个方向上，由多散射作用产生的辐照度可由 Narasimhan 和 Nayar 提出的式（6-40）来描述：

$$
\begin{cases}
I(T,\mu) = \sum_{m=0}^{\infty} (g_m(T) + g_{m+1}(T)) L_m(\mu) \\
g_m(T) = I_0 e^{-\beta_m T - \alpha_m \log T} \\
\alpha_m = m + 1 \\
\beta_m = \dfrac{2m+1}{m}(1 - q^{m-1})
\end{cases}
\tag{6-40}
$$

其中，$I(T,\mu)$ 即为 $APSF$，与光学厚度 T，光入射角度 $\mu(\mu=\cos\theta)$，粒子前向散射系数 q 和 m 阶 Legendre 多项式 $L_m(\mu)$ 有关。另外，函数 $g_m(T)$ 用来模拟光在介质中传播时产生的衰减。由于这些参数很难估计，所以直接计算 $I(T,\mu)$ 较为困难。因此，Metari 等人进一步利用广义高斯分布来逼近模拟 $APSF$，如式（6-41）：

$$APSF(x,y;q,T) = e^{-\frac{(x^2+y^2)\frac{kT}{2}}{\left|A\left(kT,\frac{1-q}{q}\right)\right|^{kT}}} \Big/ 4\Gamma^2\left(1+\frac{1}{kT}\right) A\left(kT,\frac{1-q}{q}\right)^2 \tag{6-41}$$

这里，k 为系数一般取 1，T 是光学厚度，$\Gamma(\ )$ 是伽马函数，尺度参数 $A\left(kT,\dfrac{1-q}{q}\right)^2$ 等于 $\left[\left(\dfrac{1-q}{q}\right)^2\Gamma\left(\dfrac{1}{kT}\right)\Big/\Gamma\left(\dfrac{3}{kT}\right)\right]^{1/2}$。公式（6-41）中，需要确定的参数是 T 和 q。一般来说，能见度越低，q 值越小。在我们的研究中是通过实验，确定不同的 T、q 值对 APSF 的影响。根据 Narasimhan 的分析，当 $T<1$ 时，式（6-40）不收敛。15 对不同取值的 q 和 T 组成 15 个 7×7 APSF 归一化卷积核，如图 6-13 所示。从第四列和第五列可以看出，当 $T>4$ 时，APSF 模板随 q 的变化很小。因此，T 一般设置在 1 到 4 之间。

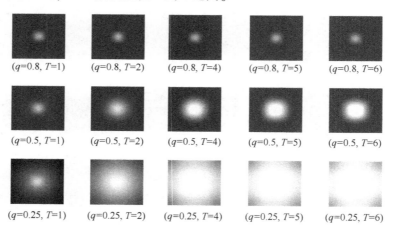

$(q=0.8, T=1)$ $(q=0.8, T=2)$ $(q=0.8, T=4)$ $(q=0.8, T=5)$ $(q=0.8, T=6)$

$(q=0.5, T=1)$ $(q=0.5, T=2)$ $(q=0.5, T=4)$ $(q=0.5, T=5)$ $(q=0.5, T=6)$

$(q=0.25, T=1)$ $(q=0.25, T=2)$ $(q=0.25, T=4)$ $(q=0.25, T=5)$ $(q=0.25, T=6)$

图 6-13　有不同 q、T 值的归一化 7×7 APSF 模板

通过观察图 6-14 我们发现，当设置参数 $q=0.25$，$T=4$ 时，光散射开始变得最强，点扩散最严重，已经超出了 7×7 的模板尺寸。究竟什么尺寸的 APSF 模板最适合模拟多散射需要我们做进一步的实验。根据相应文献，APSF 函数可以近似地表示为高斯函数。我们通过公式（6-41）计算不同大小、q、T 值的离散高斯核的权值和，见表 6-2。从表 6-2 中我们可以看出，当模板尺寸取到 25×25 时，权值和已经趋于不变，说明此时模板已经可以比较准确的模拟 APSF。所以不失一般性，我们设 APSF 模板尺寸为 25×25。

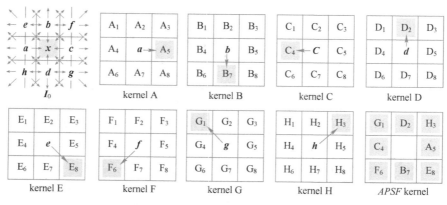

图 6-14　APSF 模板中权值的计算

表 6-2　五种尺寸、三对参数值的 APSF 模板权值之和（ws）

ws ＼ pp	$q=0.25, T=1$	$q=0.25, T=2$	$q=0.25, T=4$
Size 5×5	10.9508	20.1906	24.2602
Size 9×9	19.4878	42.6237	60.5303
Size 19×19	27.1765	56.3830	4.1369
Size 25×25	28.0491	56.5455	74.1369
Size 29×29	28.2431	56.5485	74.1369

（3）计算 APSF 卷积模板

雾霾图像 I 可表示为物体本身的反射光 I_0，即清晰图，与其多散射 I_m 相加的结果，如公式（6-42），结合公式（6-38）推导出描述多散射成分 I_m 的公式（6-43）：

$$I=I_0+I_m \tag{6-42}$$

$$I_m(x,y) = I - I_0(x,y) = \sum_i I_{0i} * APSF - I_0(x,y)$$

$$= \sum_{\phi \in \Omega} I_0(\phi) \cdot APSF_{T(\phi)}(x,y) - I_0(x,y) \tag{6-43}$$

其中，$APSF_{T(\phi)}$ 表示对应光学厚度 $T(\phi)$ 值的 APSF 模板。在 Ω 范围内，即 25×25 邻域内，所有像素与其对应的 APSF 模板相乘后再相加（卷积），以模拟在点 (x,y) 处受到的所有多散射影响的结果。这其中不包括 $I_0(x,y)$ 点本身的灰度值。该卷积方法如图 6-14 所示，为简洁描述，这里选用 3×3 模板进行说明。

对于 I_0 中的像素 x，其 3×3 邻域中的 8 个像素 $a \sim h$ 看作其点光源，它们对光产生的散射影响着 x。用 8 个 APSF 模板：$a \sim h$ 分别估计它们对 x 的散射效果。如在 kernel A 中，像素 a 按照在 I_0 中与 x 的邻域关系，它对 x 的散射应该是 A5。同样的，在 kernel B 中，像素 b 按照在 I_0 中与 x 的邻域关系，它对 x 的散射应该是 B7。A5 计算方法如下：假设在 kernel A 中 a 的坐标是（0,0），A5 的坐标是（1,0）。令 $T=2$，$q=0.25$，A5 的权值可通过式（6-41）算出，即 $APSF(1, 0, 0.25, 2) = 0.0167$。同样，在 kernel B，B7 的权值是 $APSF(0, 1, 0.25, 2) = 0.0167$。类似的，我们可以获得 APSF 模板中的所有权值。对像素 x 在 3×3 邻域中其他 8 个像素对其产生的散射结果用式（6-44）计算得出。

$$\mathrm{Im}(x) = a\text{A5} + b\text{B7} + c\text{C4} + d\text{D2} + e\text{E8} + f\text{F6} + g\text{G1} + h\text{H3} \tag{6-44}$$

（4）估计细节图和增强图

I_0 中所有像素用该 APSF 模板卷积后，根据式（6-43）得到一个多散射图像 I_m，由于 I_0 未知，我们用雾霾图像 I 代替它得到卷积结果。I_m 的估计值 $\hat{I}_m$ 可以通过式（6-45）得到，也是对多次散射的估计。

$$\hat{I}_m(x,y) = \sum_{\phi \in \Omega} I(\phi) \cdot APSF_{T(\phi)}(x,y) - I(x,y) \tag{6-45}$$

I_0' 可通过式（6-46）获得，包含了很多丰富的细节，因此 I_0' 也被称之为细节图。

$$I_0' = I - \hat{I}_m \tag{6-46}$$

通过式（6-47）获得边缘增强图像 $\hat{I}_0$。

$$\hat{I}_0 = \otimes(I, APSF_s) \tag{6-47}$$

这个 $APSF_s$ 模板仍旧是通过式（6-41）计算得到，模板大小是 5×5。T 取了一个中间值，$T=2$。由于 q 的取值范围是 $(0,1)$，取经验值 $q=0.64$。这个 $APSF_s$ 模板与雾霾原图像无关，其权值为固定值：

$$\begin{bmatrix} 9.7976e\text{-}4 & 0.0042 & 0.0075 & 0.0042 & 9.7976e\text{-}4 \\ 0.0042 & 0.0313 & 0.0863 & 0.0313 & 0.0042 \\ 0.0075 & 0.0863 & 1 & 0.0863 & 0.0075 \\ 0.0042 & 0.0313 & 0.0863 & 0.0313 & 0.0042 \\ 9.7976e\text{-}4 & 0.0042 & 0.0075 & 0.0042 & 9.7976e\text{-}4 \end{bmatrix}$$

该边缘增强图像不能通过拉普拉斯运算得到，因为当存在雾霾时，图像中的真实边缘已经被模糊了。我们尝试选用不同尺寸的 APSF，发现尺寸越大，可以恢复的细节越多，但是增强后的图像的亮度会越低。这是因为在反卷积时，更多邻域像素对中心像素的贡献没有被考虑。我们在细节和复原图像的亮度之间进行权衡，最终选择了 5×5 的大小。

（5）复原图像

包含着细节和具有边缘增强的复原图像 J 表达式如式（6-48）。经过宽动态对比度自动调整之后，得到最终复原结果。最终的复原模型表达式（6-49）。

$$J = \hat{I}_0 + I_0' \tag{6-48}$$

$$J = \otimes (I, APSF_s) + \left[I - \left(\sum_{\phi \in \Omega} I(\phi) \cdot APSF_{T(\phi)} - I \right) \right]$$
$$= \otimes (I, APSF_s) + 2I - \sum_{\phi \in \Omega} I(\phi) \cdot APSF_{T(\phi)} \tag{6-49}$$

与传统复原模型式（6-37）相比，公式（6-49）中的模型只需要计算一个模板 $APSF_{T(\phi)}$，它与雾霾图像的透射率 $t(x)$ 有关。只要把它正确计算出来，无论是低照度，还是白天、夜间雾霾图像，都能被较好地复原。

（6）实验结果和分析

在图 6-16 中，我们选择了 6 张拍摄的真实夜间雾霾图像，并把用 PLSMS 模型与用 Zhang Jing(MRP 和 MRP_Faster) 和 Li 提出的复原方法获得的复原结果进行了比较。从图 6-15a 中红色矩形区域的放大图中可以看到，使用 PLSMS 模型复原的这两种光的强度与原雾霾图很相近，而用其他方法复原的图像明显更耀眼；并且灯光周围的细节也被 PLSMS 模型复原出，比其他方法效果都好。从图 6-15c、6-15d、6-15e 中，可以看到 PLSMS 模型可以恢复出更多的细节，同时还能保持它本身的自然色彩，不会出现光源中心出现蓝色这种过增强现象。尤其对图 6-15f，PLSMS 模型细节恢复效果最好。

a)

| 夜间雾霾图像 | Li's | MRP | MRP_Faster | PLSMS |

图 6-15 夜间雾霾图像的不同复原算法获得结果的比较

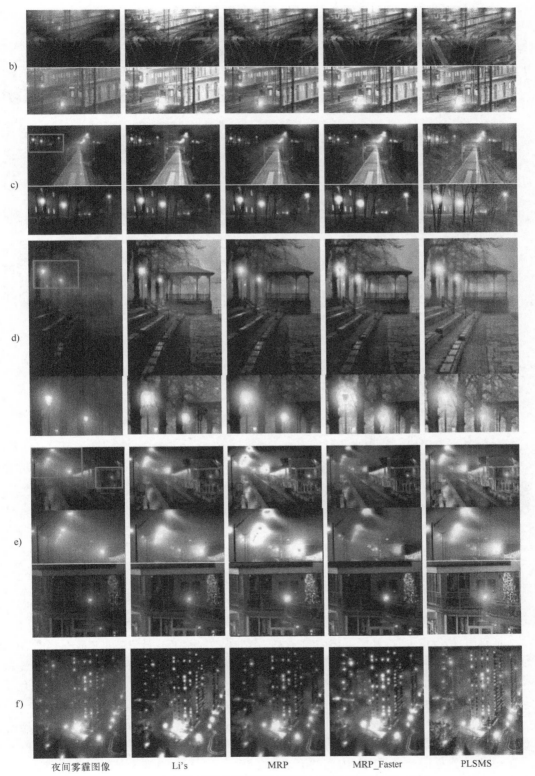

| 夜间雾霾图像 | Li's | MRP | MRP_Faster | PLSMS |

图 6-15 夜间雾霾图像的不同复原算法获得结果的比较（续）

PLSMS 模型也适用于如图 6-16 所示的白天雾霾图像。

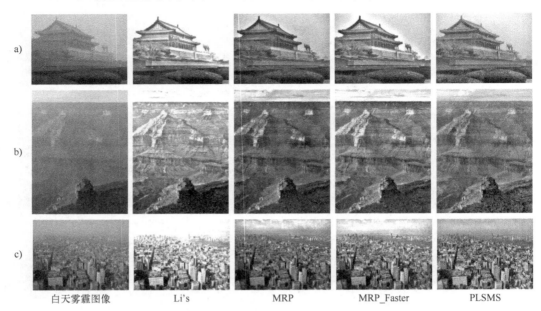

图 6-16　白天雾霾图像的不同复原算法获得结果的比较

图 6-17 是由 Zhang Jing 提供的原图，这是应用他们方法的一个复原失败的例子：草和叶子区域存在一些颜色畸变，而我们的方法由于没有应用他们所用的先验知识，没有出现这种畸变。

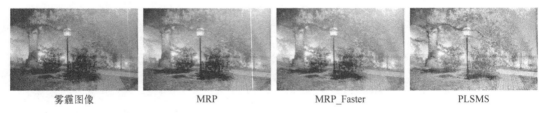

图 6-17　采用 MRP 和 MRP_Faster 算法失败例子与 PLSMS 复原结果的比较

（7）对颜色恢复的准确性进行分析

我们通过实验对比来评估不同复原方法的颜色恢复能力。图 6-18 的第一行是在夜间雾霾环境下拍摄的图像以及不同复原方法获得的结果。图中彩色旗子颜色的真实图如图 6-18f 所示，是利用日光灯在室内环境下拍摄的。我们计算了六种颜色不同结果的 PSNR，如图 6-18g 所示。可以看出，除了绿色和红色，PLSMS 复原模型在白色、棕色和蓝色中取得了最高的 PSNR，与 Li 和 Zhang 的方法相比，综合来看 PLSMS 复原模型具有更好的颜色再现能力。

（8）复原结果的客观评估

表 6-3 的第一列和第二列分别计算的是 SSIM（一致性参数）和 PSNR（峰值信噪比）；表 6-3 的最后一列显示了复原大小为 463×370 图像的运行时间。其中，PLSMS 和 Li 的算法都是在一台配置为 Intel i5 和 8G 内存的笔记本电脑，用 MATLAB 编程实现的，而 Zhang Jing 使用 C++ 编程实现的。MRP-Faster 仍然是最快的，PLSMS 比 MRP 慢了不到 1 s。

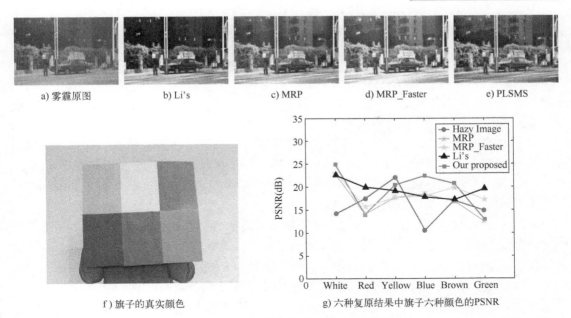

a) 雾霾原图　　　b) Li's　　　c) MRP　　　d) MRP_Faster　　　e) PLSMS

f) 旗子的真实颜色　　　　g) 六种复原结果中旗子六种颜色的PSNR

图 6-18　雾霾图像复原色彩真实性的比较

表 6-3　对一幅 463×370 图像不同复原结果的客观对比

	SSIM	PSNR	Runtime(s)
Hazy Image	0.5472	14.8944	—
Li's[16]	0.5709	16.5618	24.3032
MRP[15]	0.5856	17.9554	1.29872
MRP-Faster[15]	0.6423	17.3098	0.250681
PLSMS	0.6995	17.1180	2.1054

MATLAB 实现代码见附录 6-5。

PLSMS 图像复原模型主要基于 APSF 函数模拟的多散射理论。通过相关理论和确定合适的参数以计算两个 APSF 模板的权值。通过这两种模板对模糊图像进行卷积和反卷积，最后得到恢复图像。由于反卷积时 APSF 模板的权值是固定的，通过模糊图像的透射率只计算卷积 APSF 模板的一个变化参数，因此我们的模型可以更简单有效地复原夜间雾霾图像。特别是对于那些存在的人造光源，在去雾过程中可以有效地抑制光的强度，恢复自然色彩，并可以更好地复原光源周围的细节。

【本章小结】

本章主要介绍了图像复原的理论模型、噪声模型、噪声的分类、经典的图像复原方法、图像滤波方法、PLSMS 模型夜间雾霾图像复原案例。本章以白衣天使挽救生命、天安门、长城风景区等图像为例展示相关算法的处理效果，传承救死扶伤的大爱精神，厚植自强不息的家国情怀，弘扬中华民族绵延不屈的伟大力量。

【课后习题】

1. 假设有一个 $[0,1]$ 上的均匀分布随机数发生器 $U(0,1)$，请基于它构造指数分布的随机数发生器，推导出随机数生成方程。若我们有一个标准正态分布的随机数发生器 $N(0,1)$，请推导出对数正态分布的随机数生成方程。

2. 考虑在 x 方向均匀加速导致的图像模糊问题。如果图像在 $t=0$ 静止，并用均匀加速 $x_0(t)=at^2/2$ 加速，对于时间 T，找出模糊函数 $H(u,v)$，可以假设快门开关时间忽略不计。

3. 已知一个退化系统的退化函数 $H(u,v)$，以及噪声的均值与方差，请描述如何利用约束最小二乘方算法计算出原图像的估计。

4. 一位考古学教授在做古罗马时期货币流通方面的研究，最近认识到 4 个罗马硬币对他的研究很关键，它们被列在伦敦大英博物馆的馆藏目录中。遗憾的是，他到达那里后，被告知现在硬币已经被盗了，幸好博物馆保存的一些照片来研究也是可行的。但硬币的照片模糊了，日期和其他小的标记不能读出。模糊的原因是摄取照片时照相机散焦。作为一名图像处理专家，要求你帮助决定是否能通过计算机处理复原图像，帮助教授读出这些标记。且用于拍摄该图像的原照相机一直能用，以拍摄同一时期其他有代表性的硬币。提出解决这一问题的过程。

第7章 图像分割技术

在对图像的研究和应用中，人们往往仅对图像中的某些部分感兴趣，这部分常常称为目标或前景（其他部分称为背景），它们一般对应图像中特定的、具有独特性质的区域。这里的独特性可以是像素的灰度值，或者物体轮廓曲线、颜色、纹理等。为了识别和分析图像中的目标，需要将它们从图像中分离、提取出来，在此基础上才有可能进一步对目标进行测量和利用。图像分割就是指把图像分成各具特性的区域并提取出感兴趣目标的技术和过程。

一般的图像处理过程如图 7-1 所示。从图中可以看出，图像分割是从图像预处理到图像识别和分析的关键步骤，在图像处理中占据重要的位置。一方面它是目标表达的基础，对特征测量有重要的影响；另一方面，图像分割及其基于分割的目标表达（特征提取和参数测量等）将原始图像转换为更为抽象、紧凑的形式，使得更高层的图像识别和分析理解成为可能。

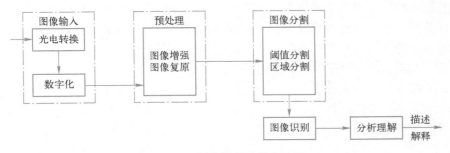

图 7-1 图像处理的基本过程

自 20 世纪 70 年代起，图像分割一直受到人们的高度重视，目前已经提出的图像分割方法有很多。从分割依据角度出发，图像分割方法大致可以分为非连续性分割和相似性分割。所谓非连续分割就是首先根据亮度值突变来检测局部不连续性，然后将它们连接起来形成边界，这些边界把图像分成不同的区域，这种基于不连续性原理检测物体边缘的方法有时也称为基于点相关的分割技术，如点检测、边缘检测、Hough 变换等；所谓相似性分割就是将具有同一灰度级或相同组织结构的像素聚集在一起，形成图像中的不同区域，这种基于相似性原理的方法通常也称为基于区域相关的分割技术，如阈值分割、区域生长、分类合并、聚类分割等方法。以上两类方法是互补的，分别适用于不同的场合，有时还要将它们有机地结合起来，以求得更好的分割效果。

近年来，各学科的新理论和新方法层出不穷，人们也提出了一些与特定理论、方法和工具相结合的分割技术，如聚类分析、数学形态学、活动轮廓、小波变换和人工神经元等有关的分割方法等，这些分割方法的提出极大促进了图像分割技术的发展。

7.1 阈值分割

图像阈值分割是一种最常用的图像分割方法，同时也是最简单的图像分割方法之一，它特别适用于目标和背景占据不同灰度级范围的图像。它不仅可以极大地压缩数据量，而且也大大简化了分析和处理步骤。因此在很多情况下，图像阈值化分割是进行图像分析、特征提取与模式识别之前的必要的图像预处理过程。图像阈值化的目的是要按照灰度级，对像素集合进行划分，得到的每个子集形成一个与现实景物相对应的区域，各个区域内部具有一致的属性，而相邻区域不具有这种一致属性。这样的划分可以从灰度级出发，选取一个或多个阈值来实现。

阈值分割法是一种基于区域的图像分割技术，其基本原理是：通过设定不同的特征阈值，把图像像素点分为若干类。常用的特征包括：直接来自原始图像的灰度或彩色特征；由原始灰度或彩色值变换得到的特征。设原始图像为 f，按照一定的准则在 f 中找到特征值 T，将图像分割为两个部分，分割后的图像为 g，则阈值分割的公式为：

$$g(x,y) = \begin{cases} b_0 & f(x,y) \leqslant T \\ b_1 & f(x,y) > T \end{cases} \tag{7-1}$$

若取 $b_0 = 0$（黑），$b_1 = 1$（白），即为我们通常所说的图像二值化，图像 g 称为二值图。

阈值分割方法主要分为全局阈值法和局部阈值法。全局阈值法指利用全局信息对整幅图像求出最优分割阈值，可以是单阈值，也可以是多阈值；局部阈值法是把原始的整幅图像分为几个小的子图像，再对每个子图像应用全局阈值法分别求出最优分割阈值。全局阈值法又可分为基于点的阈值法和基于区域的阈值法。

阈值分割法的结果很大程度上依赖于阈值的选择，因此该方法的关键是如何选择合适的阈值。一般意义下，阈值运算可以看作是对图像中某点的灰度、某种局部特性以及该点在图像中的位置的一种函数，这种阈值函数可记作：$T[x,y,n(x,y),f(x,y)]$。式中，$f(x,y)$ 是点 (x,y) 的灰度值；$n(x,y)$ 是点 (x,y) 的局部邻域特性。根据对 T 的不同约束，可以得到 3 种不同类型的阈值，即

1）点相关的全局阈值 $T = T[f(x,y)]$：只与点的灰度值有关。

2）区域相关的全局阈值 $T = T[n(x,y),f(x,y)]$：与点的灰度值和该点的局部邻域特征有关。

3）局部阈值或动态阈值 $T = T[x,y,n(x,y),f(x,y)]$ 与点的位置、该点的灰度值和该点邻域特征有关。

基于点的全局阈值算法与其他几大类方法相比，算法时间复杂度较低，易于实现，适合应用于在线实时图像处理系统。当同一区域内的像素在位置和灰度级上同时具有较强的一致性和相关性时，宜采用基于区域的全局阈值方法。当图像中有如下一些情况：有阴影，照度不均匀，各处的对比度不同，突发噪声，背景灰度变化等，如果只用一个固定的全局阈值对整幅图像进行分割，则由于不能兼顾图像各处的情况而使分割效果受到影响。此时，需采用动态阈值法，也称局部阈值法或自适应阈值法。

MATLAB 中 DIP 工具箱函数 im2bw 使用阈值（Threshold）变换法把灰度图像（Grayscale Image）转换成二值图像。im2bw 的调用格式如下：

```
BW = im2bw(I,T);
```

其中，I 为灰度图，BW 为二值图，阈值 T 的取值范围为 [0,1]。

7.1.1　极小值点阈值法

如果将直方图的包络看作一条曲线，可利用曲线极小值的方法来选取直方图的谷。设用 $H(z)$ 代表直方图，那么极小值点应满足 $h'(z)=0$ 和 $h''(z)>0$。这些极小值点对应的灰度值就可用作分割阈值。

对'lianpu.jpg'进行极小值点法分割，其 MATLAB 程序代码如下：

```
%%加载图像
I = imread('lianpu.jpg');
I1 = rgb2gray(I);
%%计算极小值
[h,x] = imhist(I1);
h = smooth(h,7);                    %平滑处理
df1 = diff(h);                      %一阶差分
df2 = diff(df1);                    %二阶差分
[m,n] = size(df2);
T = 0;
%%选取阈值
for i = 1:m
if(abs(df1(i+1))<0.05 && df2(i)>0)
    T = x(i+2);                     %确定阈值
    break;
  end
end
J1 = im2bw(I,T/255);                %转为二值图像
%%展示图像
figure,imshow(I);                   %title('原图','fontsize',14)
figure,imshow(I1);                  %title('灰度图','fontsize',14)
figure,imshow(J1);                  %title('极小值点阈值法分割结果','fontsize',14)
figure,imhist(I1);                  %title('灰度图的灰度直方图','fontsize',14)
axis([0 256 0 2000])
line([T T],[2 2000])
text(T+2,1000,['T=',num2str(T)]);
%%保存图像
imwrite(I,'原图.jpg');
imwrite(I1,'灰度图.jpg');
imwrite(J1,'极小值点阈值法分割结果.jpg');
print('-djpeg','-r200','灰度图的灰度直方图')
```

运行结果如图 7-2 所示。

a) 原图   b) 灰度图   c) 极小值点阈值法分割结果

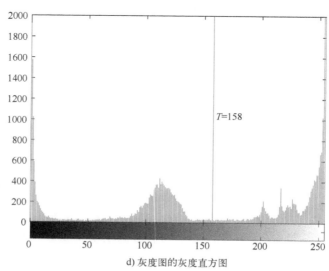

d) 灰度图的灰度直方图

图 7-2　极小值点阈值法分割

7.1.2　最小均方误差阈值法

最小均方误差法也是常用的阈值分割法之一。这种方法通常以图像中的灰度为模式特征，假设各模式的灰度是独立分布的随机变量，并假设图像中待分割的模式服从一定的概率分布。一般来说，采用的是正态分布，即高斯概率分布。

首先假设一幅图像仅包含两个主要的灰度区域——前景和背景。令 z 表示灰度值，$p(z)$ 表示灰度值概率密度函数的估计值。假设概率密度函数 $p_1(z)$ 对应于图像中前景即对象的灰度值，$p_2(z)$ 对应于背景的灰度值，则描述图像中整体灰度变换的混合密度函数是：

$$P(z) = P_1 p_1(z) + P_2 p_2(z) = \frac{P_1}{\sqrt{2\pi}\sigma_1}\exp\left[-\frac{(z-\mu_1)^2}{2\sigma_1^2}\right] + \frac{P_2}{\sqrt{2\pi}\sigma_2}\exp\left[-\frac{(z-\mu_2)^2}{2\sigma_2^2}\right] \qquad (7-2)$$

式中，μ_1 和 μ_2 分别是前景和背景的平均灰度值，σ_1 和 σ_2 分别是关于均值的均方差，P_1 和 P_2 分别是前景和背景中具有值 z 的像素出现的概率。根据概率定义有 $P_1 + P_2 = 1$。

假设 $\mu_1 < \mu_2$，需定义一个阈值 T，使得灰度值小于 T 的像素分割为背景，而灰度值大于 T 的像素分割为目标。这时会将一个目标像素划分为背景的概率和一个背景像素错误地划分为目标的概率分别是：

$$E_1(T) = \int_{-\infty}^{T} p_2(z)\,\mathrm{d}z \tag{7-3}$$

$$E_2(T) = \int_{T}^{\infty} p_1(z)\,\mathrm{d}z \tag{7-4}$$

总的误差概率是：

$$E(T) = P_2 E_1(T) + P_1 E_2(T) \tag{7-5}$$

为求得使该误差最小的阈值，可将 $E(T)$ 对 T 求导并令导数为零，这样得到：

$$P_1 p_1(z) = P_2 p_2(z) \tag{7-6}$$

$$T = \frac{\mu_1 + \mu_2}{2} + \frac{\sigma^2}{\mu_1 - \mu_2} \ln\left(\frac{P_2}{P_1}\right) \tag{7-7}$$

若 $P_1 = P_2 = 0.5$，则最佳阈值是均值的平均数，即：

$$T = \frac{\mu_1 + \mu_2}{2} \tag{7-8}$$

如果用上述方法去计算阈值 T，需要计算 5 个未知参数。为了简化计算过程，可以根据最小分类误差思想给出准则函数 $J(T)$：

$$J(T) = 1 + 2[P_1(T)\ln\sigma_1(T) + P_2(T)\ln\sigma_2(T)] - 2[P_1(T)\ln P_1(T) + P_2(T)\ln P_2(T)] \tag{7-9}$$

当 $J(T)$ 最小时，即为求得的最佳阈值 T。

对'lianpu. jpg'进行最小均方误差法分割，其 MATLAB 程序代码如下：

```
%%加载图像
I=imread('lianpu.jpg');                          %载入原始图像
J=rgb2gray(I);
%%初始化
[counts,x]=imhist(J);                            %直方图统计
gray_level=length(x);                            %亮度级别数量
gray_probability = counts ./ sum(counts);        %计算各灰度概率
gray_mean=x' * gray_probability;                 %统计像素均值
gray_vector=zeros(gray_level,1);
w=gray_probability(1);
mean_k = 0;
ks=gray_level-1;
%%迭代计算
for k = 1:ks
  w=w+gray_probability(k+1);
  mean_k = mean_k + k * gray_probability(k+1);
  %%计算均值
  mean_k1=mean_k/w;
```

```
mean_k2 = ( gray_mean-mean_k)/(1-w);
%%计算方差
var_k1 = (((0:k)'-mean_k1).^2)' * gray_probability(1:k+1);%计算方差
var_k1 = var_k1/w;
var_k2 = (((k+1:ks)'-mean_k2).^2)' * gray_probability(k+2:ks+1);
var_k2 = var_k2/(1-w);
%%计算目标函数
if var_k1>eps&&var_k2>eps
    gray_vector(k+1) = 1+w * log(var_k1)+(1-w) * log(var_k2)…
    -2 * w * log(w)-2 * (1-w) * log(1-w);
end
end
%%极值统计
min_gray_index = find( gray_vector = = min( gray_vector));        %找到极小值点
min_gray_index = mean( min_gray_index);
%%找到阈值
threshold_kittler = ( min_gray_index-1)/ks;                      %计算阈值
J1 = im2bw(J,threshold_kittler);                                  %阈值分割
%%展示图像
figure，imshow(I);   %title('原图','fontsize',14)
figure，imshow(J);   %title('灰度图','fontsize',14)
figure，imshow(J1);%title('最小均方误差法分割结果','fontsize',14)
%%保存图像
imwrite(I,'原图.jpg');
imwrite(J,'灰度图.jpg');
imwrite(J1,'最小均方误差法分割结果.jpg');
```

运行结果如图 7-3 所示。

a) 原图   b) 灰度图   c) 最小均方差法分割结果

图 7-3 最小均方误差法分割

7.1.3 迭代选择阈值法

迭代法是基于逼近的思想建立的，其步骤如下：

1）求出图像的最大灰度值和最小灰度值，分别记为 Z_{max} 和 Z_{min}，令初始阈值 $T(0) = (Z_{max}+Z_{min})/2$；

2）根据阈值 $T(K)$ 将图像分割为前景和背景，分别求出两者的平均灰度值 Z_O 和 Z_B；

3）求出新阈值 $T(K+1) = (Z_O+Z_B)/2$；

4）若 $T(K) = T(K+1)$，则所得即为阈值；否则转 2），迭代计算。

基于迭代的阈值能区分出图像的前景和背景的主要区域所在，图像分割的效果良好，但在图像的细微处还没有很好的区分度。对某些特定图像，微小数据的变化却会引起分割效果的巨大改变。

对'lianpu. jpg'进行迭代阈值法分割，其 MATLAB 程序代码如下：

```
%%加载图像
I  = imread('lianpu. jpg');
I1 = rgb2gray(I);
I2 = double(I1);                %转换成双精度防止失真
%%初始化
[h,x] = imhist(I2);            %求直方图
x1 = max(x);                   %求灰度的最大值
x2 = min(x);                   %求灰度的最小值
T = floor((x1+x2)/2);          %将最大值和最小值的均值作为阈值 T 的初始值
done = false;                  %定义跳出循环的量
i = 0;
%%while 循环进行迭代
while ~done
  r1 = find(I2<=T);            %小于阈值的部分
  r2 = find(I2>T);             %大于阈值的部分
  Tnew = (mean(I2(r1)) + mean(I2(r2))) / 2;   %计算分割后两部分的阈值均值的均值
  done = abs(Tnew-T)==0;       %判断迭代是否收敛
  T = Tnew;                    %如不收敛,则将分割后的均值的均值作为新的阈值进行循环计算
  i = i+1;
end
I2 = im2bw(I1,T/255);          %利用阈值二值化
%%展示图像
figure, imshow(I)             %title('原图','fontsize',14)
figure, imshow(I1)            %title('灰度图','fontsize',14)
figure, imshow(I2)            %title('迭代选择阈值法分割结果','fontsize',14)
%%保存图像
imwrite(I,'原图 . jpg');
imwrite(I1,'灰度图 . jpg');
imwrite(I2,'迭代选择阈值法分割结果 . jpg');
```

运行结果如图 7-4 所示。

a) 原图　　　　　　　　　　　b) 灰度图　　　　　　　c) 迭代选择阈值法分割结果

图 7-4　迭代选择阈值法分割

7.1.4　双峰阈值法

双峰法是一种简单的阈值分割方法，即如果灰度级直方图呈现明显的双峰状，则选双峰之间的谷底所对应的灰度级作为阈值分割。双峰法的原理很简单，它认为图像由前景和背景（不同的灰度级）两部分组成，图像的灰度分布曲线近似认为是由两个正态分布函数(μ_1，σ_1^2)和(μ_2，σ_2^2)叠加而成，图像的直方图将会出现两个分离的峰值，双峰之间的波谷处就是图像的阈值所在。

对'lianpu. jpg'进行双峰法分割，其 MATLAB 程序代码如下：

```
%%载入图像
I = imread('lianpu. jpg');
I1 = rgb2gray(I);
%%求双峰峰值
[h,i] = imhist(I1);%直方图 0-255
[cnt,x] = findpeaks(h,'minpeakheight',30);   %找到图像峰值
%找到最大的两个峰值对应的坐标
[max1,ind1] = max(cnt(:));
cnt(ind1) = -inf;
[max2,ind2] = max(cnt(:));
ind = [x(ind1),x(ind2)];
max = [max1,max2];
%%找到阈值
T = (x(ind1)+x(ind2))/2
I3 = im2bw(I1,T/255);
%%展示图像
figure, imshow(I);                      %title('原始图像','fontsize',14)
figure, imshow(I1);                     %title('灰度图','fontsize',14)
figure, imshow(I3);                     %title('双峰法分割结果','fontsize',14)
figure, imhist(I1);                     %title('灰度图的灰度直方图','fontsize',14)
axis([0 255 0 2000])
text((x(ind1)-30),max1+100,['(',num2str(x(ind1)),',',num2str(max1),')'])
```

text((x(ind2)-10),max2+80,['(',num2str(x(ind2)),',',num2str(max2),')'])

line([T T],[2 2000])

text(T+2,1000,['T=',num2str(T)]);

print('-dpng','-r200','灰度图的灰度直方图')

figure,stem(ind,max);%title('显示两个峰值及最后选定的阈值T','fontsize',14)

axis([0 255 0 2000])

text((x(ind1)-30),max1+80,['(',num2str(x(ind1)),',',num2str(max1),')'])

text((x(ind2)-10),max2+80,['(',num2str(x(ind2)),',',num2str(max2),')'])

line([T T],[2 2000])

text(T+2,1000,['T=',num2str(T)]);

%%保存图像

imwrite(I,'原始图像.jpg');

imwrite(I1,'灰度图.jpg');

imwrite(I3,'双峰法分割结果.jpg');

print('-djpeg','-r200','双峰值及阈值显示');

运行结果如图 7-5 所示。

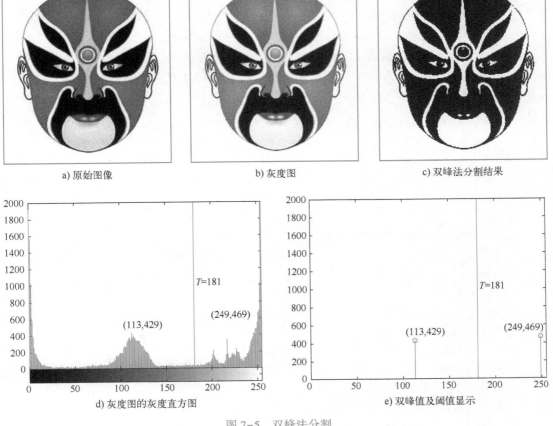

a) 原始图像　　　　　　b) 灰度图　　　　　　c) 双峰法分割结果

d) 灰度图的灰度直方图　　　　　　e) 双峰值及阈值显示

图 7-5　双峰法分割

由于本示例的灰度图存在多个峰值，故在这里取出较大的两个峰值，分别为 429 和 469。并根据灰度值的峰值，找到其所对应的灰度级，分别为 113 和 249。最后求出两个灰度级距离的平均值，将此均值作为分割的阈值 T，即选取 $T = 181$ 作为双峰法的分割阈值。

7.1.5 最大类间方差阈值法

最大类间方差法，又称 Otsu 法或大津法，由 Otsu 于 1978 年提出。最大类间方差法以其计算简单、稳定有效被广泛使用。从模式识别的角度看，最佳阈值应当具有最佳的目标类与背景类的分离性能，此性能用类别方差来表征，为此引入类内方差、类间方差和总体方差。其基本思路是将直方图在某一阈值处分割成两组，当被分成的两组的方差为最大时，得到阈值。方差是灰度分布均匀性的一种量度，方差值越大，说明构成图像的两部分差别越大。当部分目标错分为背景或部分背景错分为目标都会导致两部分差别变小，因此使类间方差最大的分割就意味着错分概率最小。

利用最大类间方差法计算图像阈值的步骤如下：

1）记 T 为前景与背景的分割阈值，前景点数占图像比例为 w_0，平均灰度为 u_0；背景点数占图像比例为 w_1，平均灰度为 u_1。

2）则图像的总平均灰度为：$u = w_0 * u_0 + w_1 * u_1$。

3）前景和背景图像的方差：

$$g = w_0 * (u_0 - u)^2 + w_1 * (u_1 - u)^2 = w_0 * w_1 * (u_0 - u_1)^2 \tag{7-10}$$

4）从小到大遍历 T，最大 g 所对应的 T 值即为最优阈值。

对'lianpu. jpg'进行最大类间方差阈值法分割，其 MATLAB 程序代码如下：

```
%%加载图像
I0 = imread('lianpu. jpg');
if ndims(I0) == 3
    I = rgb2gray(I0);
else
    I = I0;
end
%%使用最大类间方差得到阈值
[h,x] = imhist(I, 256);              %灰度直方图
percent = h/sum(h);                  %统计各灰度级概率
%初始化
w0 = zeros(1,length(x));
u0 = zeros(1,length(x));
u1 = zeros(1,length(x));
w0(1) = percent(1);
%迭代计算
for i = 2:length(x)                  %从第 2 个数开始算
    w0(i) = w0(i-1)+percent(i);      %计算前景点数占图像比例
end
```

```
w1 = 1−w0;                                    %计算背景点数占图像比例

for i = 1:length(x)−1                         %从第 1 个数开始算
    u0(i) = sum(h(1:i). * x(1:i))/sum(h(1:i));    %前景平均灰度
    u1(i) = sum(h(i+1:length(x)). * x(i+1:length(x)))/sum(h(i+1:length(x)));    %背景平均灰度
end
all = w0. * w1. * (u0−u1). * (u0−u1);         %前景与背景图像的类间方差
[C2,T] = max(all);
T = T/255;
%%使用阈值法进行图片分割
I1 = im2bw(I, T);                             %阈值分割小于阈值的为黑,大于阈值的为白
%%展示图像
figure;imshow(I0);                            %title('原图','fontsize',14)
figure;imshow(I);                             %title('灰度图','fontsize',14)
figure;imshow(I1);                            %title(' Otsu 法分割图像','fontsize',14)
%%保存图像
imwrite(I0,'原图 . jpg');
imwrite(I,'灰度图 . jpg');
imwrite(I1,'Otsu 法分割结果 . jpg');
```

运行结果如图 7-6 所示。

a) 原始图像　　　　　　　　b) 灰度图　　　　　　　　c) Otsu法分割结果

图 7-6　Otsu 法分割

　　总的来说,基于点的全局阈值算法,与其他几大类方法相比,算法时间复杂度较低,易于实现,适用于在线实时图像处理系统。对于直方图双峰明显,谷底较深的图像,迭代方法可以较快地获得满意结果。但是对于直方图双峰不明显或图像目标和背景比例差异悬殊,迭代法所选取的阈值则不如最大类间方差法分割效果好。

7.2　边缘检测

　　边缘是图像最基本的特征,往往携带着一幅图像的大部分信息。所谓边缘(Edge)是指图像局部特性的不连续性,例如,灰度级的突变、颜色的突变、纹理结构的突变等。边缘

广泛存在于目标与目标、物体与背景、区域与区域（含不同色彩）之间，它是图像分割所依赖的重要基础，也是纹理分析和图像识别的重要基础。图像的边线通常与图像灰度的一阶导数的不连续性有关。理想情况下，图像灰度的不连续性可分为两类：阶跃不连续，即图像灰度在不连续处的两边的像素灰度值有明显差异；线条不连续，即图像灰度突然从一个值变化到另一个值，保持一个较小的行程又返回到原来的值。但在实际中，阶跃和线条边缘图像是较少见的，由于空间分辨率（尺度空间）、图像传感器等原因会使阶跃边缘变成斜坡形边缘，线条边缘变成房顶形边缘，它们的灰度变化不是瞬间的，而是跨越一定距离的。

边缘检测算法则是图像边缘检测问题中经典技术难题之一，它的解决对于我们进行高层次的特征描述、识别和理解等有着重大的影响；又由于边缘检测在许多方面都有着非常重要的使用价值，所以人们一直在致力于研究和解决如何构造出具有良好性质及效果的边缘检测算子的问题。理想的边缘检测应当能够正确解决边缘的有无、真假和定向定位问题。

图像边缘检测的基本步骤为：1）滤波，边缘检测主要基于导数计算，但受噪声影响，滤波器在降低噪声的同时也导致边缘强度的损失。2）增强，增强算法将邻域中灰度有显著变化的点突出显示，一般通过计算梯度幅值完成。3）检测，最简单的边缘检测是梯度幅值阈值判定，但在有些图像中梯度幅值较大的并不是边缘点。4）定位，精确确定边缘的位置。

在介绍边缘检测方法之前，首先介绍一些术语的定义。

1）边缘点：图像中灰度显著变化的点。

2）边缘段：边缘点坐标(i,j)及方向θ的总和，边缘的方向可以是梯度角。

3）轮廓：边缘列表，或者是一条边缘列表的曲线模型。

4）边缘检测器：从图像抽取边缘（边缘点或边线段）集合的算法。

5）边缘连接：从无序边缘形成有序边缘表的过程。

6）边缘跟踪：一个用来确定轮廓图像（指滤波后的图像）的搜索过程。

在实际处理过程中，边缘点和边缘段都称为边缘。

边缘检测的实质是采用某种算法来提取出图像中对象与背景间的交界线。将边缘定义为图像中灰度发生急剧变化的区域边界。图像灰度的变化情况可以用图像灰度分布的梯度来反映，因此我们可以用局部图像微分技术来获得边缘检测算子。

经典的边界提取技术大都基于微分运算。首先通过平滑来滤除图像中的噪声，然后进行一阶微分或二阶微分运算，求得梯度最大值或二阶导数的过零点，最后选取适当的阈值来提取边界。

7.2.1　Roberts 边缘算子

Roberts 算子是一种斜向偏差分的梯度计算方法，梯度的大小代表边缘的强度，梯度的方向与边缘走向垂直。Roberts 算子通常由下列计算公式表示：

$$G(X,Y) = \{[\sqrt{f(x,y)} - \sqrt{f(x+1,y+1)}]^2 + [\sqrt{f(x+1,y)} - \sqrt{f(x,y+1)}]^2\}^{\frac{1}{2}} \quad (7-11)$$

其中，$f(x,y)$ 是具有整数像素坐标的输入图像，$G(X,Y)$ 表示计算结果。

如图 7-7 所示，Roberts 边缘算子是一个 2×2 的模板，采用的是对角方向相邻的两个像素之差。Roberts 算子边缘定位准，但是对噪声敏感，适用于边缘明显而且噪声较少的图像分割。

图 7-7　Roberts 算子

7.2.2　Prewitt 边缘算子

Prewitt 边缘算子是一种边缘样板算子，它利用像素点上下、左右邻点灰度差，在边缘处达到极值检测边缘，去掉部分伪边缘，对噪声具有平滑作用。其原理是在图像空间利用两个方向模板与图像进行邻域卷积来完成的，这两个方向模板一个检测水平边缘，一个检测垂直边缘。

Prewitt 边缘算子的卷积核如图 7-8 所示，其中 7-8a 是水平边缘检测算子，图 7-8b 是垂直边缘检测算子。图像中的每个像素都用这两个核进行卷积，两个卷积的最大值作为输出，产生一幅边缘幅度图像。

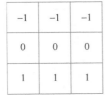
　a) 水平边缘检测算子

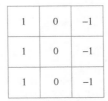
　b) 垂直边缘检测算子

图 7-8　Prewitt 边缘算子

Prewitt 算子在一个方向求微分，而在另一个方向求平均，因而对噪声相对不敏感，有抑制噪声作用。Prewitt 边缘算子不仅能检测边缘点，而且能抑制噪声的影响，因此对灰度和噪声较多的图像处理得较好。但是像素平均相当于对图像的低通滤波，所以 Prewitt 算子对边缘的定位不如 Roberts 算子。

7.2.3　Sobel 边缘算子

Sobel 算法与 Prewitt 算法的思路相同。Sobel 边缘算子的卷积核如图 7-9 所示，这两个核分别对水平边缘和垂直边缘响应最大。图像中的每个像素都用这两个核作卷积，两个卷积的最大值作为该点的输出位，运算结果是一幅边缘幅度图像。

-1	-2	-1
0	0	0
1	2	1

a) 水平边缘检测算子

-1	0	1
-2	0	2
-1	0	1

b) 垂直边缘检测算子

图 7-9　Sobel 边缘算子

Sobel 算子认为邻域的像素对当前像素产生的影响不是等价的，所以距离不同的像素具有不同的权值，对算子结果产生的影响也不同。一般来说，距离越大，产生的影响越小。

7.2.4 Laplacian 边缘算子

拉普拉斯（Laplacian）算子是最简单的各向同性微分算子，具有旋转不变性。一个二维图像函数的拉普拉斯变换是各向同性的二阶导数，定义为：

$$\nabla^2 f = \frac{\partial^2 f}{\partial x^2} + \frac{\partial^2 f}{\partial y^2} \tag{7-12}$$

为了更适合于数字图像处理，将该方程表示为如下离散形式：

$$\nabla^2 f = [f(x+1,y) + f(x-1,y) + f(x,y+1) + f(x,y-1) - 4f(x,y)] \tag{7-13}$$

Laplacian 算子利用二阶导数信息，具有各向同性，即与坐标轴方向无关，坐标轴旋转后梯度结果不变。使得图像经过二阶微分后，在边缘处产生一个陡峭的零交叉点，根据这个对零交叉点判断边缘。其 4 邻域和 8 邻域 Laplacian 算子的模板分别如图 7-10 所示。

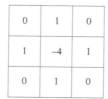
a) 4邻域Laplacian算子

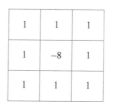
b) 8领域Laplacian算子

图 7-10　Laplacian 算子

Laplacian 算子对噪声比较敏感，Laplacian 算子有一个缺点是它对图像中的某些边缘产生双边响应。所以图像一般先经过平滑处理，通常把 Laplacian 算子和平滑算子结合起来生成一个新的模板。

7.2.5 LoG 边缘算子

利用图像强度二阶导数的零交叉点来求边缘点的算法对噪声十分敏感，所以希望在边缘增强前滤除噪声。为此，马尔（Marr）和希尔得勒斯（Hildreth）根据人类视觉特性提出了一种边缘检测的方法，该方法将高斯滤波和拉普拉斯检测算子结合在一起进行边缘检测的方法，故称为 LoG（Laplacian of Gaussian）算法，也称之为拉普拉斯高斯算法。

该算法的主要思路和步骤如下：

步骤 1：滤波，首先对原图像 $I(x,y)$ 进行平滑滤波，其滤波函数根据人类视觉特性选为高斯函数，即：

$$f(x,y) = G(x,y) * I(x,y) \tag{7-14}$$

$$G(x,y) = \frac{1}{2\pi\sigma^2} \exp\left(-\frac{x^2+y^2}{2\sigma^2}\right) \tag{7-15}$$

其中，$G(x,y)$ 是对图像 $I(x,y)$ 进行处理时选用的平滑函数（Gaussian 函数），对 $I(x,y)$ 的平滑作用强度是可通过 σ 来控制的。将图像 $I(x,y)$ 与平滑函数 $G(x,y)$ 进行卷积，可以得到

一个平滑的图像 $f(x,y)$。

步骤 2：增强，对平滑图像 $f(x,y)$ 进行拉普拉斯运算，即：

$$h(x,y)=\nabla^2(f(x,y))=\nabla^2(G(x,y)*I(x,y)) \tag{7-16}$$

步骤 3：检测，边缘检测判据是二阶导数的零交叉点（即 $h(x,y)=0$ 的点），并对应一阶导数的较大峰值。

这种方法的特点是图像首先与高斯滤波器进行卷积，这样既平滑了图像又降低了噪声，孤立的噪声点和较小的结构组织将被滤除。但是由于平滑会造成图像边缘的延伸，因此边缘检测器只将那些具有局部梯度最大值的点作为边缘点，这一点可以用二阶导数的零交叉点来实现。拉普拉斯函数用作二维二阶导数的近似，是因为它是一种无方向算子。在实际应用中为了避免检测出非显著边缘，应选择一阶导数大于某一阈值的零交叉点作为边缘点。由于对平滑图像 $f(x,y)$ 进行拉普拉斯运算可等效为 $G(x,y)$ 的拉普拉斯运算与 $I(x,y)$ 的卷积，故式（7-17）可表示为：

$$h(x,y)=f(x,y)*\nabla^2 G(x,y) \tag{7-17}$$

式中，$\nabla^2 G(x,y)$ 称为 LOG 滤波器，其公式为：

$$\nabla^2 G(x,y)=\frac{\partial^2 G}{\partial x^2}+\frac{\partial^2 G}{\partial y^2}=\frac{x^2+y^2-2\sigma^2}{\sigma^4}\exp\left(-\frac{x^2+y^2}{2\sigma^2}\right) \tag{7-18}$$

这样就有两种方法求图像边缘：

1）求图像与高斯滤波器的卷积，再求卷积的拉普拉斯变换，然后再进行过零判断。

2）求高斯滤波器的拉普拉斯变换，再求与图像的卷积，然后再进行过零判断。

这两种方法在数学上是等价的。

由于 LoG 滤波器在 (x,y) 空间中的图形与墨西哥草帽形状相似，所以又称为墨西哥草帽算子。LoG 算子是效果较好的边沿检测器，常用的 5×5 模板的 LoG 算子如图 7-11 所示。

-2	-4	-4	-4	-2
-4	0	8	0	-4
-4	8	24	9	-4
-4	0	8	0	-4
-2	-4	-4	-4	-2

0	0	-1	0	0
0	-1	-2	-11	0
-1	-2	16	-2	-1
0	-1	-2	-1	0
0	0	-1	0	0

a) 5×5模板的LoG算子1　　　　　　b) 5×5模板的LoG算子2

图 7-11　LoG 算子

LoG 算子把高斯平滑滤波器和拉普拉斯锐化滤波器结合起来，先平滑掉噪声，再进行边缘检测，所以效果更好。

7.2.6　Canny 边缘算子

Canny 边缘算子是一种既能滤去噪声，又能保持边缘特性的边缘检测最优滤波器。采用二维高斯函数任意方向上的一阶方向导数作为噪声滤波器，通过与图像卷积进行滤波，但是会将一些高频边缘平滑掉，造成边缘丢失，因此对滤波后的图像寻找图像梯度的局部最大值，以此来确定图像边缘。根据对信噪比与定位乘积进行测度，得到最优化逼近算子。类似于 LoG 边缘检测方法，也属于先平滑、后求导数的方法。

Canny 边缘检测算法的具体步骤如下：

步骤 1：用高斯滤波器平滑图像进行去噪。

Canny 算子同样采用二维高斯函数进行平滑滤波。高斯平滑滤波的具体过程见 7.2.5 节的步骤 1，此处不再赘述。

步骤 2：分别计算在 x 和 y 方向上的梯度，由此计算出梯度的幅值和方向。

在 x 方向上的梯度为：

$$E_x = \frac{\partial G(x,y)}{\partial x} * f(x,y) \tag{7-19}$$

在 y 方向上的梯度为：

$$E_y = \frac{\partial G(x,y)}{\partial y} * f(x,y) \tag{7-20}$$

此时的梯度幅值为：

$$A(x,y) = \sqrt{E_x^2 + E_y^2} \tag{7-21}$$

此时的梯度方向为：

$$\theta = \arctan\left(\frac{E_y}{E_x}\right) \tag{7-22}$$

式中，$A(x,y)$ 反映了 $f(x,y)$ 点处的边缘强度，θ 是原图像点 (x,y) 处的法向矢量，使得 $A(x,y)$ 取得局部最大值的方向角，就反映了边缘的方向。

步骤 3：对梯度幅值进行非极大值抑制（Non-Maximum Suppression，NMS），目的是保留梯度方向上的最大值，得到细化的边缘，从而让模糊的边界变得更清晰。

非极大值抑制是一种边缘稀疏技术。对图像进行梯度计算后，仅仅得到全局的梯度并不足以确定边缘，要确定边缘，必须保留局部梯度最大的点，这一过程的实现主要是通过找出图像梯度中的局部极大值点，抑制其他非局部极大值，也就是把其他非局部极大值置零。

如图 7-12a 所示，将梯度方向主要划分为 4 个方向：水平方向、垂直方向、45° 对角线方向和 135° 对角线方向。每个梯度方向都对应两个值，这四个方向对应 1~8 位置这八个梯度值。例如，在图 7-12b 中所示，设当前像素点 $M(x,y)$ 在 45° 对角线方向上有两个值："2"位置的梯度值和"6"位置的梯度值。在进行非极大值抑制时，会将当前像素的梯度强度与沿正负梯度方向上的两个像素进行比较，如果当前像素的梯度与另外两个梯度的强度相比是最大的，则保留该像素点作为边缘点，否则将该点的像素梯度置为 0。

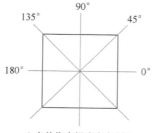

a) 当前像素梯度方向划分

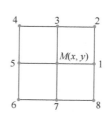

b) 当前像素邻近梯度值

图 7-12　非极大值抑制

　　实际上，如果只选定这四个方向作为梯度方向，我们只能得到当前像素点相邻 8 个点的梯度值。由于实际图像中的像素点是离散的二维矩阵，当前像素点的梯度方向的两侧的点不一定存在，此时，当前像素点的两个梯度值可以通过插值得到。如图 7-13 所示，在当前像素点的梯度方向作一条斜线，这条斜线与周围像素点会有两个交点，按照同样的方法，将当前像素点的梯度值与两个交点的梯度值作比较，判断对该点是否受到抑制。

　　步骤 4：用双阈值算法检测和连接边缘。减少假边缘段数量的典型方法是对 $G(x,y)$ 使用一个阈值，将低于阈值的所有像素赋零值。

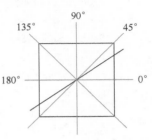

图 7-13　梯度差值情况

　　在 Canny 算法中，常采用双阈值算法进行边缘判别和连接边缘，具体步骤如下。

　　1）进行边缘判别：凡是边缘强度大于高阈值的，一定是边缘点；凡是边缘强度小于低阈值的，一定不是边缘点；如果边缘强度大于低阈值又小于高阈值，则看这个像素的邻接像素中有没有超过高阈值的边缘点，如果有，它就是边缘点，如果没有，它就不是边缘点。

　　2）进行连接边缘：双阈值算法对非极大值抑制图像作用两个阈值 T_1 和 T_2，且 $2T_1 \approx T_2$，从而可以得到两个阈值边缘图像 $G_1(x,y)$ 和 $G_2(x,y)$。由于 $G_1(x,y)$ 和 $G_2(x,y)$ 是使用高阈值得到，因而含有很少的假边缘，但有间断（不闭合）。双阈值法要在 $G_2(x,y)$ 中把边缘连接成轮廓，当到达轮廓的端点时，该算法就在 $G_1(x,y)$ 的 8 邻点位置寻找可以连接到轮廓上的边缘。这样，算法不断地在 $G_1(x,y)$ 中收集边缘，直到将 $G_1(x,y)$ 连接起来为止。

7.2.7　边缘检测算子 MATLAB 实现及主要特性分析

　　在 MATLAB 图像处理工具箱中，提供了 edge 函数和 fspecial 函数，利用以上算子来检测灰度图像的边缘。

　　基于以上边缘算子的 MATLAB 程序代码实现如下：

```
%%加载图像
I=imread('lianpu.jpg');          %读入图像文件
I=im2double(I);                  %把图像转换成双精度型
I=rgb2gray(I);                   %将原图转换成灰度图像
%%边缘检测
%sobel、robert、prewitt、Log、Canny 算子检测图像边缘
J0=edge(I,'sobel',0.1);          %sobel 算子检测边缘
J1=edge(I,'roberts',0.1);        %roberts 算子检测边缘
J2=edge(I,'prewitt',0.1);        %prewitt 算子检测边缘
se=fspecial('laplacian');        %构造 laplacian 算子
J3 =imfilter(I,se);              %laplacian 算子检测边缘
J4=edge(I,'log');                %LoG 算子检测边缘
J5=edge(I,'canny');              %Canny 算子默认阈值为[0,0.1]
J6=edge(I,'canny',[0.1,0.3]);    %Canny 算子双阈值[0.1,0.3]
J7=edge(I,'canny',[0.3,0.5]);    %Canny 算子双阈值[0.3,0.5)
```

```
%%展示图像
figure,imshow(I);                    %title('灰度图','fontsize',14);
figure,imshow(J0);                   %title('Sobel 算子','fontsize',14);
figure,imshow(J1);                   %title('Roberts 算子','fontsize',14);
figure,imshow(J2);                   %title('Prewitt 算子','fontsize',14);
figure,imshow(J3);                   %title('Laplacian 算子','fontsize',14);
figure,imshow(J4);                   %title('LoG 算子','fontsize',14);
figure,imshow(J5);                   %title('Canny 算子','fontsize',14);
figure,imshow(J6);                   %title('Canny 算子[0.1,0.3]','fontsize',14);
figure,imshow(J7);                   %title('Canny 算子[0.3,0.5]','fontsize',14);
%%保存图像
imwrite(I,'灰度图.jpg');
imwrite(J0,'Sobel 算子.jpg');
imwrite(J1,'Roberts 算子.jpg');
imwrite(J2,'Prewitt 算子.jpg');
imwrite(J3,'Laplacian 算子.jpg');
imwrite(J4,'LoG 算子.jpg');
imwrite(J5,'Canny 算子.jpg');
imwrite(J6,'Canny 算子[0.1,0.3].jpg');
imwrite(J7,'Canny 算子[0.3,0.5].jpg');
```

运行结果如图 7-14 所示。

在利用各个算子进行边缘检测时，边缘阈值的选取会直接影响到检测结果。在 MATLAB 中，边缘阈值是可以通过手动设置的。本章以 Canny 算子为例，分别给出了默认情况（Canny 算子的默认边缘阈值是[0, 0.1]），以及阈值分别为[0.1, 0.3]和[0.3, 0.5]情况下的边缘检测结果。可以看出边缘阈值越小，得到的细节越多。

各种边缘检测算子的主要特性可归纳如下：

Roberts 算子检测方法对具有陡峭的低噪声的图像处理效果较好，但是利用 Roberts 算子提取边缘的结果是边缘比较粗，因此边缘的定位不是很准确。

Prewitt 算子检测方法对灰度渐变和噪声较多的图像处理效果较好，但边缘较宽，而且间断点多。

Sobel 算子检测方法对灰度渐变和噪声较多的图像处理效果较好，对噪声具有平滑作用，提供较为精确的边缘方向信息，但是边缘定位精度不够高，图像的边缘不止一个像素。当对精度要求不是很高时，是一种较为常用的边缘检测方法。

Laplacian 算子法对噪声比较敏感，所以很少用该算子检测边缘，而是用来判断边缘像素是图像的明区还是暗区。

LoG 算子是高斯滤波和拉普拉斯边缘检测结合在一起的产物，它具有 Laplace 算子的所有优点，同时也克服了其对噪声敏感的缺点。

Canny 方法使用两种不同的阈值分别检测强边缘和弱边缘，并且当弱边缘和强边缘相连时，才将弱边缘包含在输出图像中。该方法不容易受噪声干扰，很少把边缘点误认为非边缘点，可以精确地把边缘点定位在灰度变化最大的像素上，能够检测到真正的弱边缘。

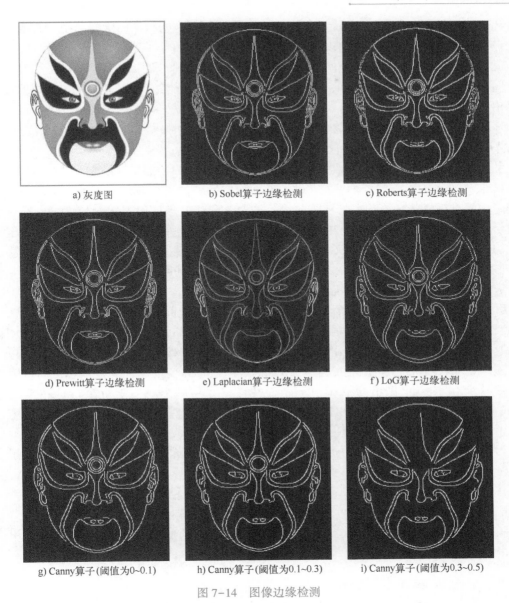

a) 灰度图　　　　b) Sobel算子边缘检测　　　　c) Roberts算子边缘检测

d) Prewitt算子边缘检测　　　　e) Laplacian算子边缘检测　　　　f) LoG算子边缘检测

g) Canny算子(阈值为0~0.1)　　　　h) Canny算子(阈值为0.1~0.3)　　　　i) Canny算子(阈值为0.3~0.5)

图 7-14　图像边缘检测

7.3　Hough 变换

7.3.1　Hough 变换概述

Hough（霍夫）变换最早是在 1962 年由 Paul Hough 以专利的形式提出，它的实质是一种从图像二维空间到参数空间的映射关系。所以，Hough 变换从根本上来讲是两个参数空间之间的某种关系，这种联系能够将图像空间中难以解决的问题在参数空间中很好的解决。这也是自 1962 年 Hough 变换提出到现在半个多世纪始终能够得到不断发展创新的原因。

Hough 变换最初所解决的问题是在两个笛卡儿坐标系之间检测图像空间中的直线。其主要任务就是将直线的截距与斜率映射到参数空间中，成为一个特定的点，而参数空间中的这个点就能够唯一的代表原图像空间中的一条线，这种映射将原图像中待检测的图形变换为参数空间中的一个峰值。如此一来，就把原始图像中特定图形的检测问题变成了筛选参数空间中峰值的问题，这对于后续的直线提取具有十分积极的意义。

Hough 变换自 1962 年提出至今已经历了半个多世纪的时间，在后世学者研究的过程中，Hough 变换得到了不同方向和不同领域上的改进。

针对 Hough 变换形式上的改进，主要形成于该算法提出后的早期研究，其中包括：1972 年，Duda 改变了 Hough 变换的映射形式，将图像空间中的点映射到 ρ-θ 参数空间中，使图像空间中的点对应着参数空间的正弦曲线，这种改变让改进后的 Hough 变换可以适应任何参数形式下的直线提取和检测。1981 年学者 Ballard 针对经典 Hough 变换只能检测待定几何形状的物体的不足，提出了广义 Hough 变换，该算法能够检测任何形状的物体，这使得 Hough 变换在适用范围上获得了相当大的扩展。至此，改进后的 Hough 变换已经成为一种能够适应任何参数空间和任何形状物体的图像检测算法。

针对经典 Hough 变换具有计算率低及占用较大存储空间的不足，学者们也提出了相应的解决对策，其中包括：由 Davis 于 1982 年提出的分层 Hough 变换，Kannan 于 1990 年提出的快速 Hough 变换，Xu Lei 提出的高效快速随机 Hough 变换，该算法通过对图像边缘检测出的边缘点采取随机抽样的方法，有效降低了传统 Hough 变换的计算复杂程度与空间占有率；1991 年由 Kiryati 提出的概率 Hough 变换可以利用一个小的随机窗口选择性的进行 Hough 变换的方法代替了传统的 Hough 变换中对图像空间像素点遍历，也在一定程度上有效降低了 Hough 变换的计算复杂度。

为了提高传统 Hough 变换下提取精度不高，稳定性不强的特点，E. J. Austin 提出了自适应 Hough 变换，该算法在并行算法的基础上融入了自适应算法，这使得改进后的 Hough 变换具有更佳的鲁棒性及计算效率；Yuen 于 1992 年提出的相关 Hough 变换有效提高了传统 Hough 变换的计算精度。

Hough 变换之所以能够获得多方位、多领域的发展，应归功于其在实际生产生活中的广泛需求及广阔的应用前景。

7.3.2 基于 Hough 变换的直线检测

Hough 变换是图像处理技术中从图像中识别几何形状的基本方法之一，Hough 变换的基本原理是利用点与线的对偶性，通过曲线表达形式把原图像空间的曲线变为参数空间的一个点，这样就把原空间中的图像检测问题转化为寻找参数空间中的点的峰值问题，即把检测整体特性转化为检测局部特性。

Hough 变换在两个不同空间中的点-线的对偶性，如图 7-15 所示：

从图 7-15 中可看出，x-y 空间和 k-b 空间有点-线的对偶性。x-y 坐标平面中的点 P_1、P_2 对应于 k-b 坐标平面中的线 L_1、L_2；而 k-b 坐标平面中的点 P_0 对应于 x-y 坐标平面中的线 L_0。

在实际应用中，$y=kx+b$ 形式的直线方程无法表示为 $x=c$ 形式的直线（此时直线斜率为无穷大），为了使变换域有意义，采用直线的极坐标方程来解决这一问题，直角坐标 x-y 中的一点(x,y)的极坐标方程为：

$$\rho = x\cos\theta + y\sin\theta \tag{7-23}$$

式中，ρ 是直线到坐标系原点的距离，θ 是直线法线与 x 轴的夹角。

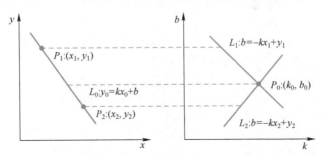

图 7-15　x-y 空间与 k-b 空间的点-线对偶关系

　　这样，原图像平面上点就对应到参数 ρ-θ 平面的一条曲线上；而极坐标 ρ-θ 上的点(ρ,θ)，对应于直角坐标 x-y 中的一条直线，而且它们是一一对应的。为了检测出直角坐标 x-y 中由点所构成的直线，可以将极坐标 ρ-θ 量化成若干等间隔的小格，这个直网格对应一个计数阵列。根据直角坐标中每个点的坐标(x,y)，按上面的原理在 ρ-θ 平面上画出它对应的曲线，凡是这条曲线所经过的小格，对应的计数阵列元素加 1，如图 7-16 所示。当直角坐标中全部的点都变换后，对小格进行检验，计数值最大的小格的(ρ,θ)值所对应于直角坐标中的直线即为所求直线。

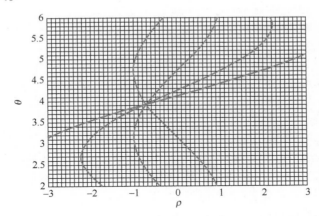

图 7-16　直线 $y=x+5$ 上的 4 个点对应在极坐标 ρ-θ 中的 4 条曲线

　　直线是图像的基本特征之一，一般物体平面图像的轮廓可近似为直线及弧的组合。因此，对物体轮廓的检测与识别可以转化为对这些基元的检测与提取。另外在运动图像分析和估计领域也可以采用直线对应法实现刚体旋转量和位移量的测量。所以对图像直线检测算法进行研究具有重要的意义。

　　利用 Hough 变换直线检测的 MATLAB 程序实现如下：

```
%%加载及显示图像
I = imread('hough.jpg');
figure, imshow(I);          %title('原图','fontsize',14)
```

```
hold on;
I1 = rgb2gray(I);                          %灰度化
%%边缘检测
%进行 canny 边缘检测,调整双阈值可以调整边缘处理强度
I1 = edge(I1,'canny',[0.15,0.3]);
figure,imshow(I1);                         %title('边缘检测结果','fontsize',14)
%%进行霍夫变换,将直角空间转换为极坐标空间
[H,T,R] = hough(I1,'RhoResolution',1.85,'Theta',-90:0.5:89.5);
figure,imshow(H,[],'XData',T,'YData',R,'InitialMagnification','fit');
%title('hough 变换后的图像','fontsize',14)
xlabel('\theta'),ylabel('\rho');           %x 轴为 θ,y 为 ρ
axis on, axis normal, hold on;             %关闭所有坐标轴线并随窗口大小自动调整坐标轴横纵比
%寻找前 5 个大于最大值 1/4 的峰值
P = houghpeaks(H,60,'threshold',ceil(0.25 * max(H(:))));
x = T(P(:,2));
y = R(P(:,1));
plot(x,y,'s','color','white');             %在 hough 曲线图中标出极值点
houghpeaks = getframe;                     %获得当前坐标区的内容
im = houghpeaks.cdata;                     %获得图像数据
%根据提取出的极值点在边缘检测图上提取直线
lines = houghlines(I1,T,R,P,'FillGap',8.24,'MinLength',44.95);
figure,imshow(I1),hold on;
%title('Hough 变换检测出的直线段','fontsize',14)
max_len = 0;
%%依次标出各条直线段及端点
for k = 1:length(lines)
    xy = [lines(k).point1;lines(k).point2];
%绘制直线段
    plot(xy(:,1),xy(:,2),'LineWidth',2,'Color','green');
%绘制线段端点
    plot(xy(1,1),xy(1,2),'x','LineWidth',2,'Color','yellow');
    plot(xy(2,1),xy(2,2),'x','LineWidth',2,'Color','red');
%突出显示最长的起点
len = norm(lines(k).point1-lines(k).point2);
    Len(k)=len;
    if (len > max_len)
        max_len = len;
        xy_long = xy;
    end
end
plot(xy_long(:,1),xy_long(:,2),'LineWidth',2,'Color','blue');        %突出显示最长的线段
xy_long = getframe;                        %获得当前坐标区的内容
im1 = xy_long.cdata;                       %获得图像数据
```

%%保存图像

imwrite(I,'原图 . jpg');

imwrite(I1,'边缘检测图像 . jpg');

imwrite(im,'Hough 矩阵和峰值点 . jpg');

imwrite(im1,'Hough 变换直线检测结果 . jpg');

运行结果如图 7-17 所示。

a) 原图　　　　　　　　　　　　b) 边缘检测图像

c) Hough矩阵和峰值点　　　　　　d) Hough变换直线检测结果

图 7-17　Hough 变换直线检测

7.3.3　基于 Hough 变换的曲线检测

Hough 变换也适用于方程已知的曲线检测。通过图像坐标中的一条已知的曲线方程也可以建立其相应的参数空间。由此，图像坐标空间中的一点，在参数空间中就可以映射为相应的轨迹曲线或者曲面。若参数空间中对应各个间断点的曲线或者曲面能够相交，就能够找到参数空间的极大值以及对应的参数；若参数空间中对应各个间断点的曲线或者曲面不能相交，则说明间断点不符合某已知曲线。

Hough 变换作曲线检测时，最重要的是写出图像坐标空间到参数空间的变换公式。例如，对于已知圆的方程，其直角坐标的一般方程为：

$$(x-a)^2+(y-b)^2=r^2 \tag{7-24}$$

其中，(a,b) 为圆心坐标，r 为圆的半径，它们为图像的参数。那么，参数空间可以表示为 (a,b,r)，图像坐标空间中的一个圆对应参数空间中的一点。

具体计算时，只是数组累加器为三维 $A(a,b,r)$。计算过程是让 a、b 在取值范围内增加，解出满足上式的 r 值，每计算出一个 (a,b,r) 值，就对数组元素 $A(a,b,r)$ 加 1。计算结束后，找到最大的 $A(a,b,r)$ 所对应的 a、b、r 就是所求的圆的参数。与直线检测相同，曲线检测也可以通过极坐标形式计算。

利用 Hough 变换对圆的检测 MATLAB 程序见附录 7-1，运行结果如图 7-18 所示。

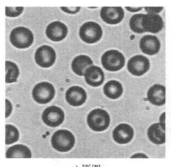 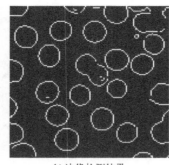 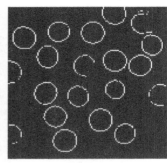

a) 原图   b) 边缘检测结果   c) Hough检测结果

图 7-18   Hough 变换对圆的检测

原始图像空间中的同一个圆、直线、抛物线、椭圆上的每一个点，在其参数空间中都对应了一个图形，图像空间中的这些点都满足某个给定的方程，因此这些点投影到参数空间中的图像都会经过参数空间中的点。也就是说，在参数空间中的投影图像会相交与一点。当参数空间中的这个交点的重叠次数越多时，原图像空间中满足这个参数（交点）的图形越饱满，也就越接近待检测的图形。Hough 变换能用于查找任意形状且已给出表达式的图形，在检测已知形状时具有受曲线间断影响小、不受图形旋转影响等优点，即使待检测的形状有轻微的缺损也可以被正确识别。

7.4   基于区域的图像分割

7.4.1   区域生长算法

数字图像分割算法一般是基于灰度值的两个基本特性之一：不连续性和相似性。前一种性质的应用途径是基于图像灰度的不连续变化分割图像，比如图像的边缘。第二种性质的主要应用途径是依据指定准则将图像分割为相似的区域。区域生长算法就是基于图像的第二种性质，即图像灰度值的相似性。

令 R 表示整幅图像区域，那么分割可以看成将区域 R 划分为 n 个子区域 $R_1, R_2, \cdots, R_n$ 的过程，并需要满足以下条件：

1）$\bigcup_i^n R_i = R$；

2）R_i 是一个连通区域，$i = 1,2,3,\cdots,n$；

3）$R_i \cap R_j =$ 空集，对于任何的 i、j，都有 $i \neq j$；

4）$P(R_i) =$ TRUE，对 $i = 1,2,3,\cdots,n$；

5）$P(R_i \cup R_j) =$ FALSE，$i \neq j$。

正如"区域生长"的名字所暗示的，区域生长是根据一种事先定义的准则将像素或者子区域聚合成更大区域的过程，并且要充分保证分割后的区域满足1）～5）的条件。

区域生长算法的设计主要有以下三点：生长种子点的确定；区域生长的条件；区域生长停止的条件。种子点的个数根据具体的问题可以选择一个或者多个，并且根据具体的问题不同可以采用完全自动确定或者人机交互确定。

区域生长的条件实际上就是根据像素灰度间的连续性而定义的一些相似性准则，而区域生长停止的条件定义了一个终止规则。基本上，在没有像素满足加入某个区域的条件的时候，区域生长就会停止。在算法里面，定义一个变量，最大像素灰度值距离 reg_maxdist。当待加入像素点的灰度值和已经分割好的区域所有像素点的平均灰度值的差的绝对值小于或等于 reg_maxdist 时，该像素点加入到已经分割到的区域。相反，则区域生长算法停止。

如图 7-19 所示，图 7-19a 表示像素点标号，图 7-19b 表示对应像素点的灰度值。在种子点 1 的 4 邻域连通像素中，即 2、3、4、5 点，像素点 5 的灰度值 11 与种子点的灰度值 10 最接近，所以像素点 5 被加入到分割区域中，并且像素点 5 会作为新的种子点执行后面的过程。在第二次循环过程中，由于待分析图像中，即 2、3、4、6、7、8 点，像素点 7 的灰度值 13 和已经分割的区域（由 1 和 5 组成）的灰度均值 10.5 最接近，所以像素点 7 被加入到分割区域中。则图 7-19c 示意了区域生长的方向（由浅入深）。

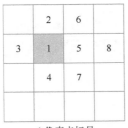
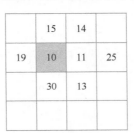
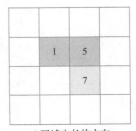

a) 像素点标号　　　　　　b) 对应像素点的灰度值　　　　　c) 区域生长的方向

图 7-19　区域生长算法示意

从上面的分析中，我们可以看出，在区域生长过程中，需要知道待分析像素点的编号（通过像素点的 x 和 y 坐标值来表示），同时还要知道这些待分析点的像素的灰度值。

区域生长的 MATLAB 程序实现如下：

```
function J = regionGrow(I)
%区域生长,需要以交互方式设定初始种子点,
%具体方法为鼠标单击图像中一点后,按下<Enter>键
if isinteger(I)
    I = im2double(I);
end
figure,imshow(I);              %title('原始图像','fontsize',14)
[M,N] = size(I);
[x,y] = getpts;                %获得区域生长起始点
x1 = round(y);                 %横坐标取整
```

```matlab
        y1 = round(x);                   %纵坐标取整
        seed = I(x1,y1);                 %将生长起始点灰度值存入 seed 中
        J = zeros(M,N);                  %作一个全零与原图像等大的图像矩阵 J,作为输出图像矩阵
        J(x1,y1) = 1;                    %将 J 中与所取点相对应位置的点设置为白
        sum = seed;                      %储存符合区域生长条件的点的灰度值的和
        suit = 1;                        %储存符合区域生长条件的点的个数
        count = 1;                       %记录每次判断一点周围八点符合条件的新点的数目
        threshold = 0.15;                %阈值,注意需要和 double 类型存储的图像相符合
        while count>0
          s = 0;                         %记录判断一点周围八点时,符合条件的新点的灰度值之和
          count = 0;
          for i = 1:M
            for j = 1:N
              if J(i,j) = =1
                %判断此点是否为图像边界上的点
                if (i-1)>0 & (i+1)<(M+1) & (j-1)>0 & (j+1)<(N+1)
                  for u = -1:1            %判断点周围八点是否符合阈值条件
                    for v = -1:1
                      if   J(i+u,j+v) = =0 & abs(I(i+u,j+v)-seed)<=threshold&...
1/(1+1/15 * abs(I(i+u,j+v)-seed))>0.8
                        J(i+u,j+v) = 1;  %判断是否尚未标记,并且为符合阈值条件的点
                        %符合以上两条件即将其在 J 中与之位置对应的点设置为白
                        count = count+1;
                        s = s+I(i+u,j+v);  %此点的灰度之加入 s 中
                      end
                    end
                  end
                end
              end
            end
          end
          suit = suit+count;             %将 n 加入符合点数计数器中
          sum = sum+s;                   %将 s 加入符合点的灰度值中
          seed = sum/suit;               %计算新的灰度平均值
        end
```

下面给出一个利用 regionGrow( )函数对 MATLAB 内置图像 rice. png 进行基于种子点的区域生长的调用示例。

```matlab
%%加载图像
I  = imread('lianpu. jpg');
figure,imshow(I);    %title('原图 ','fontsize',14)
I1 = rgb2gray(I);
%%调用区域生长函数
```

```
J = regionGrow(I1);
K = im2bw(J);
%%展示结果
figure,imshow(K);　%title('区域生长算法分割结果','fontsize',14)
%%保存图像
imwrite(I,'原图.jpg');
imwrite(I1,'灰度图.jpg');
imwrite(K,'区域生长算法分割结果.jpg');
```

运行程序，区域生长算法效果如图 7-20 所示。

a) 原图　　　　　　　　　b) 灰度图　　　　　　c) 区域生长算法分割结果

图 7-20　区域生长算法

在这里种子点的位置主要是由人机交互的形式确定，运行程序时，如图 7-20b 所示，在灰度图上用鼠标点击想要分割的区域，按下 <Enter> 键，即可获取区域生长算法的分割结果，如图 7-20c 所示。此算法可以较好地分割灰度值相同的连通区域。

7.4.2　区域分裂合并算法

区域分裂合并算法的基本思想是先确定一个分裂合并的准则，即区域特征一致性的测度，当图像中某个区域的特征不一致时就将该区域分裂成 4 个相等的子区域，当相邻的子区域满足一致性特征时则将它们合成一个大区域，直至所有区域不再满足分裂合并的条件为止。当分裂到不能再分的情况时，分裂结束。然后它将查找相邻区域有没有相似的特征，如果有就将相似区域进行合并，最后达到分割的作用。在一定程度上区域生长和区域分裂合并算法有异曲同工之妙，互相促进相辅相成，区域分裂到极致就是分割成单一像素点，然后按照一定的测量准则进行合并，在一定程度上可以认为是单一像素点的区域生长方法。

令 R 表示整幅图像区域，P 代表某种相似性准则。一种分裂方法是首先将 R 等分为 4 个区域，然后反复将分割得到的结果图像再分为 4 个区域，直到对任何区域 R_i，有 $P(R_i) =$ TRUE。这里是从整幅图像开始。如果 $P(R_i) =$ FALSE，就将图像分割为 4 个区域。对任何区域如果 P 的值是 FALSE，就将这 4 个区域的每个区域再次分别分为 4 个区域，如此不断继续下去，如图 7-21a 所示。这种特殊的分割技术用所谓的四叉树形式表示最为方便（就是说，每个非叶子节点正好有 4 个子树）。注意，树的根对应于整幅图像，每个节点对应于划分的子图部分。四叉树算法示意图如图 7-21b 所示，图中只有 R_4 进行了进一步的再细分。

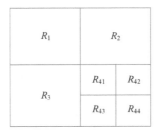

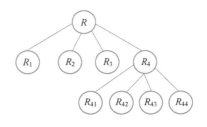

a) 图像区域分裂示意图　　　　　　　　b) 四叉树算法示意图

图 7-21　图像分割

如果只使用拆分，最后的分区可能会包含具有相同性质的相邻区域。这种缺陷可以通过进行拆分的同时也允许进行区域聚合来矫正。就是说，只有在 $P(R_j \cup R_k) = $ TRUE 时，两个相邻的区域 R_j 和 R_k 才能聚合。

前面的讨论可以总结为如下过程：

1) 对于任何区域 R_i，如果 $P(R_i) = $ FALSE，就将每个区域都拆分为 4 个相连的象限区域。

2) 将 $P(R_j \cup R_k) = $ TRUE 的任意两个相邻区域 R_j 和 R_k 进行聚合。

3) 当再无法进行聚合或拆分时操作停止。

前面讲述的基本思想可以进行一些变化。例如，一种可能的变化是开始时将图像拆分为一组图像块；然后对每个块进一步进行上述拆分，但聚合操作开始时受到只能将 4 个块并为一组的限制，这 4 个块是四叉树表示法中节点的后代且都满足某种相似性准则 P；当不能再进行此类聚合时，这个过程终止于满足步骤 2) 的最后的区域聚合。在这种情况下，聚合的区域的大小可能会不同。这种方法的主要优点是对于拆分和聚合都使用同样的四叉树，直到聚合的最后一步。

四叉树分解区域分裂合并算法的 MATLAB 程序实现如下：

```
%%加载图像
I = imread('lianpu. jpg');
I = rgb2gray(I);
I = imresize(I,[256,256]);
%%执行四叉树分解
S = qtdecomp(I,0.5);
blocks = repmat(uint8(0),size(S));
for dim = [512 256 128 64 32 16 8 4 2 1]
    numblocks = length(find(S = = dim));
    if(numblocks>0)
        values = repmat(uint8(1),[dim dim numblocks]);
        values(2:dim,2:dim,:) = 0;
        [blocks] = qtsetblk(blocks,S,dim,values);
    end
end
%%展示图像
```

```
figure;imshow(I);%title('原始图像','fontsize',14);
figure(2),imshow(blocks,[]);%title('区域分裂合并结果','fontsize',14);
%%保存图像
imwrite(I,'原图.jpg');
print(2,'-djpeg','区域分裂合并结果.jpg');
```

运行结果如图 7-22 所示。

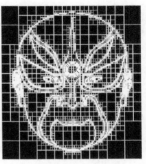

a) 原始图像　　　　　　　b) 灰度图　　　　　　　c) 区域分裂合并结果

图 7-22　区域分裂合并算法

从运行结果可以明显观察到：当图像的目标区域像素灰度值相近时，使用区域分裂合并分割算法进行分割的效果会比较准确，分割效果更接近所需结果。但对于目标区域像素的灰度值分布较离散、不具有相似性的图片时，利用该算法就无法将所需目标精确地分割出来，分割的效果就比较粗糙。

7.5　形态学分水岭分割

分水岭分割方法是一种基于拓扑理论的数学形态学的分割方法，其基本思想是把图像看作是测地学上的拓扑地貌，图像中每一点像素的灰度值表示该点的海拔高度，每一个局部极小值及其影响区域称为集水盆，而集水盆的边界则形成分水岭。分水岭的概念和形成可以通过模拟浸入过程来说明。在每一个局部极小值表面，刺穿一个小孔，然后把整个模型慢慢浸入水中，随着浸入的加深，每一个局部极小值的影响域慢慢向外扩展，在两个集水盆汇合处构筑大坝，即形成分水岭，而这个分水岭就是我们所要求的边界。

7.5.1　距离变换

分水岭算法对微弱边缘具有良好的响应，图像中的噪声、物体表面细微的灰度变化，都会导致分水岭算法产生过度分割的现象。但同时，分水岭算法对微弱边缘具有良好的响应，适用于分割具有粘连目标的图像，其分离边界曲线能够将图像用一组各自封闭的曲线分割成不同的区域。另外，分水岭算法所得到的封闭的集水盆，为分析图像的区域特征提供了可能。事实上，只要对其添加必要的前期处理步骤，就可以大大改善处理的效果。在这里我们主要介绍一种前期处理方法，那就是距离变换。

　　距离变换也称距离函数或者斜切算法。它是距离概念的一种应用，图像处理的一些算法以距离变换为基础，关于距离的概念及定义已经在第 3 章中进行过介绍。距离变换描述的是图像中像素点与某个区域块的距离，区域块中的像素点值为 0，临近区域块的像素点有较小的值，离它越远值越大。以二值图像为例，其中区域块内部的像素值为 1，其他像素值为 0。距离变换给出每个像素点到最近的区域块边界的距离，区域块内部的距离变换结果为 0。输入图像如图 7-23a 所示，D_4 距离的距离变换结果如图 7-23b 所示。

0	0	0	0	0	0	0	0
0	0	0	0	0	0	0	0
0	0	0	0	1	1	0	0
0	0	0	1	1	1	0	0
0	0	1	1	1	1	0	0
0	0	0	1	1	0	0	0
0	0	0	0	0	0	0	0
0	0	0	0	0	0	0	0

5	4	3	2	2	3	4	5
4	3	2	1	1	2	3	4
3	2	1	0	0	1	2	3
3	2	1	0	0	0	1	2
2	1	0	0	0	0	1	2
3	2	1	0	0	1	2	3
4	3	2	1	1	2	3	4
5	4	3	2	2	3	4	5

a) 输入图像　　　　　　　　　　　　　　b) D_4 距离下的距离变换结果

图 7-23　二值图像距离变换示意图

7.5.2　分水岭建坝

　　在分水岭算法有一个关键步骤——建坝。建坝很简单，就是对相邻但不连通且水位再上升就连通的两个水池，分别进行膨胀，在膨胀的边缘交界处建坝——分水岭。所以此时问题就转变为应该在算法中如何找出这种情况的两个水池或者多个水池。

　　图 7-24 说明了如何使用形态膨胀构造水坝的基本点。图 7-24a 显示了两个汇水盆地的部分区域在淹没步骤的第 $n-1$ 步时的图像。图 7-24b 显示了淹没的下一步（第 n 步）的结果。水已经从一个盆地溢出到另一个盆地，所以，必须建造水坝阻止这种情况的发生。为了与紧接着要介绍的符号相一致，令 $M1$ 和 $M2$ 表示在两个区域极小值中包含的点的坐标集合。然后，将处于汇水盆地中的点的坐标集合与这两个在溢出的第 $n-1$ 个阶段的最小值联系起来，并用 $C_{n-1}(M1)$ 和 $C_{n-1}(M2)$ 表示，这就是图 7-24a 中的两个黑色区域。

　　令这两个集合的联合用 $C[n-1]$ 表示。图 7-24a 中有两个连通分量；而图 7-24b 中只有一个连通分量，这个连通分量包含着前面的两个分量，用虚线表示。两个连通分量变成一个连通分量的事实说明两个汇水盆地中的水在淹没的第 n 步聚合了。用 q 表示此时的连通分量。注意，第 $n-1$ 步中的两个连通分量可以通过使用"与"操作（$q \cap C[n-1]$）从 q 中提取出来。我们也注意到，属于独立的汇水盆地的所有点构成了一个单一的连通分量。

　　假设图 7-24a 中的每个连通分量通过使用图 7-24c 中显示的结构元膨胀，在两个条件下：

　　1）膨胀受到 q 的约束（这意味着在膨胀的过程中结构化元素的中心只能定位于 q 中）；

　　2）不能在引起集合聚合的那些点上执行膨胀（成为单一的连通分量）。

图 7-24d 显示第一轮膨胀（浅灰色表示）使用了每个初始连通分量的边界。注意，在膨胀过程中，每个点都满足条件 1），条件 2）在膨胀处理中没有应用于任何的点，因此，每个区域的边界都进行了均匀的扩展。

在第二轮膨胀中（中等灰度表示），当几个不满足条件 1）的点符合条件 2）时，得到图中显示的断开周界。很明显，只有满足上述两个条件的属于 q 中的点描绘了图 7-24d 中交叉阴影线表示的一个像素宽度的连通路径。这条路径组成在淹没的第 n 个阶段我们希望得到的水坝。在这个淹没水平上，水坝的构造是由置所有刚好在这条路径上的点的值为比图像中灰度级的最大值还大的值完成的。所有水坝的高度通常设定为 1 加上图像中灰度级最大允许值。这样设定可以阻止在水位不断升高的情况下水越过部分水坝。特别注意的是，通过这一过程建立的水坝是连通分量，就是我们希望得到的分割边界。就是说，这种方法消除了分割线产生间断的问题。

尽管刚刚讨论的过程是用一个简单的例子说明的，但是处理更为复杂情况的方法也是完全相同的，包括图 7-24 c 中显示的 3×3 对称结构元素的使用也是相同的。

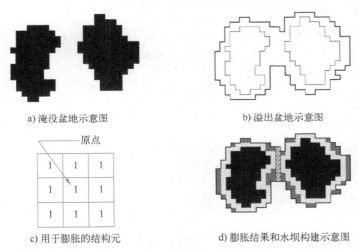

a) 淹没盆地示意图　　　　　　　　　　b) 溢出盆地示意图

c) 用于膨胀的结构元　　　　　　　　　d) 膨胀结果和水坝构建示意图

图 7-24　水坝构建示意图

7.5.3　分水岭分割算法

分水岭变换得到的是输入图像的集水盆图像，如图 7-25a 所示。集水盆之间的边界点即为分水岭，表示输入图像极大值点。为了得到图像边缘信息，梯度优化方法把梯度图像作为输入图像，对形态学开闭运算后的梯度图像进行阈值优化处理。这样图像既消除了非规则的细节扰动和明暗噪声，也进一步较小过分割的可能，再经分水岭分割时分割的区域数也相应地减少了，使得检测目标更有效。

实践证明，分水岭算法与图像的梯度的关联更大，而非图像本身。在梯度图像上进行分水岭算法分割，比在原始图像上分割得到的结果更加准确，所以梯度图像更适合作为分水岭算法的分割图像，因此把梯度图像作为输入图像。梯度图像的计算公式如下：

$$g(x,y)=\mathbf{grad}(f(x,y))=\{[f(x,y)-f(x-1,y)]^2+[f(x,y)-f(x,y-1)]^2\}^{1/2} \quad (7\text{-}25)$$

可以采用阈值处理，以消除灰度的微小变化产生的过度分割，即：

$$g(x,y) = \max(\mathbf{grad}(f(x,y)), g(\theta)) \tag{7-26}$$

在使用分水岭算法时，要进行三次分水岭分割处理。

第一次分割时，首先通过 Sobel 算子进行边缘检测，在图像分割之初就对图像进行一次简单的垂直方向滤波，有效地突出了图像的边缘。在大多数情况下，待检测的对象在边界处梯度较高，而在其内部梯度较低。因此，还需要对边缘检测后的图像进行梯度幅值的计算，并以此作为分割函数，进行分水岭分割。由于噪点或其他因素的干扰，导致梯度图像中含有大量的局部极小值点，每个点又会形成一个小区域，最终可能导致图像被过度分割。

第二次分割时，由于第一次分割产生了非常多的局部极小值点，转而求取最小值，并对最小值附近的区域进行标记，得到标记矩阵 L。为了让边界更加清晰，需对 L 进行距离变换。对于 L 中的每个像素，距离变换会指定一个数值，该数值表示该像素与 L 中最近的非零像素之间的距离。最后，对 L 的距离变换结果进行分水岭分割，可以大致划分出前景对象所在的区域，且较好地将粘连的物体分开。但还需要进一步调整分水岭划分的范围，使其可以更好地描述前景物体的边缘。

第三次分割时，将标记后的最小值附近区域 L 和第二次分水岭分割的结果作为掩膜，给二者的掩膜区域强行赋予最小值，最终融合为一张掩膜图 M。对 M 进行分水岭分割运算，最终得到贴合前景物体边缘的分水岭。

在 MATLAB 中，分水岭分割算法通过 watershed 函数实现，其常用的调用形式为：

```
J = watershed(I);
```

最小值附近区域标记通过 imextendedmin 函数实现，其常用的调用形式为：

```
J = imextendedmin(I,H);
```

其中，I 表示输入图像；H 为非负标量，表示阈值。默认情况下，imextendedmin 采用 8 连通区域进行最小值变换。

距离变换通过 bwdist 函数实现，bwdist 函数用于计算二值图像中的欧几里得距离变换，计算 I 中的每个像素与 I 中最近的非零像素之间的距离。其常用的调用形式为：

```
J = bwdist(I);
```

其中，I 为二值图像。

给图像所需位置赋予局部最小值通过 imimposemin 函数实现，其调用形式为：

```
J = imimposemin(G, BW);
```

其中，G 为梯度图像，BW 为带有区域标记的二值图像。

三次分水岭算法的 MATLAB 程序实现如下：

```
%%加载图像
filename = 'xibao.jpg';
I = imread(filename);
I1 = imfinfo(filename);
if I1.BitDepth>8              %若是彩色则转为灰度
```

```
    I=rgb2gray(I);
end
%%第一次分水岭分割
J=fspecial('sobel');                %用 Sobel 算子进行边缘检测
f=I;
J0 =imfilter(f,J);                  %Sobel 算子检测边缘
J1=double(I);                       %转换数据类型
%进行梯度计算
J2=sqrt(imfilter(J1,J,'replicate').^2+imfilter(J1,J,'replicate').^2);
J3=watershed(J2);                   %分水岭算法
f0=I;
f0(J3==0)=255;                      %在原图上用白色标记出分水岭
%%第二次分水岭分割
J4=J3==0;
J4=imextendedmin(I,25.4);           %得到最小值附近的区域
fim=I;
fim(J4)=0;                          %用黑色标记出最小值附近区域,便于观察
J7=watershed(bwdist(J4));           %分水岭算法
f1=I;
f1(J7==0)=255;                      %在原图上用白色标记出分水岭
%%第三次分水岭分割
K=J7==0;                            %在 J7 为 0 时,K 为 1,否则为 0
K1=imimposemin(J2,J4|K);            %使 J2 梯度图仅在掩膜位置具有区域最小值
K2=watershed(K1);                   %分水岭算法
f2=I;
f2(K2==0)=255;                      %在原图上用白色标记出分水岭
%%展示图像
figure,mesh(double(I));            %title('类集水盆地图像', 'fontsize',14);
mesh = getframe;                    %获得当前坐标区的内容
im1 = mesh. cdata;                  %获得图像数据
figure,imshow(I);                  %title('原图', 'fontsize',14);
figure,imshow(J0);                 %title('边缘检测结果', 'fontsize',14);
figure,imshow(f0);                 %title('第一次分水岭分割结果', 'fontsize',14);
figure,imshow(J4);                 %title('最小值附近区域', 'fontsize',14);
figure,imshow(fim);                %title('最小值点', 'fontsize',14);
figure,imshow(f1);                 %title('第二次分水岭分割结果', 'fontsize',14);
figure,imshow(K1);                 %title('集水盆地中心与分水岭', 'fontsize',14);
figure,imshow(f2);                 %title('第三次分水岭分割结果', 'fontsize',14);
%%保存图像
imwrite(im1,'类集水盆地图像 . jpg');
imwrite(I,'原图 . jpg');
imwrite(J0,'边缘检测结果 . jpg');
imwrite(J4,'最小值附近区域 . jpg');
```

imwrite(fim,'标记最小值点 . jpg');
imwrite(K1,'最小值附近区域与分水岭 . jpg');
imwrite(f0,'第一次分水岭分割结果 . jpg');
imwrite(f1,'第二次分水岭分割结果 . jpg');
imwrite(f2,'第三次分水岭分割结果 . jpg');

程序运行结果如图 7-25 所示。第一次分水岭分割结果如图 7-25g 所示，梯度图像中有非常多的局部极小值点，每个点又会形成一个小区域，图像被过度分割。第二次分水岭分割结果如图 7-25h 所示，得到的分水岭已经可以大致划分出前景对象所在的区域，并且能够很好地将粘连的物体分开。第三次分水岭分割结果如图 7-25i 所示，目标物体被更好地分割，分割边缘能够与物体边缘更好地贴合。

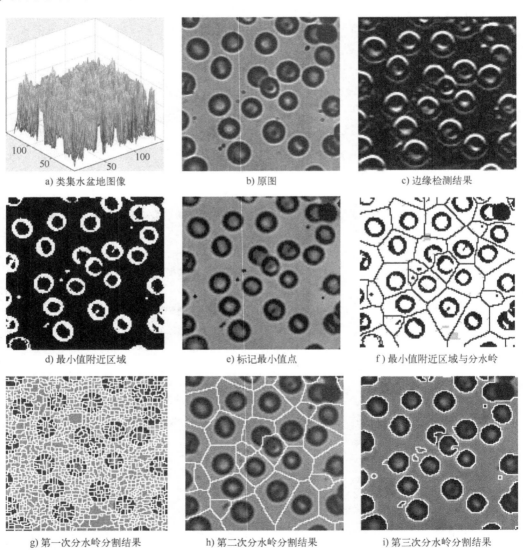

a) 类集水盆地图像　　　　　　b) 原图　　　　　　c) 边缘检测结果

d) 最小值附近区域　　　　　　e) 标记最小值点　　　　　　f) 最小值附近区域与分水岭

g) 第一次分水岭分割结果　　　　　　h) 第二次分水岭分割结果　　　　　　i) 第三次分水岭分割结果

图 7-25　分水岭分割

【本章小结】

本章主要介绍了图像分割技术的相关知识，包括阈值分割、边缘检测、Hough 变换、区域生长算法、区域分裂合并算法、形态学分水岭分割等方法，为后续章节工程应用提供基本算法基础。本章以脸谱、校园楼宇、细胞识别等图像为例展示相关图像算法的处理效果。中国京剧脸谱文化博大精深，图像分割技术凸显了脸谱艺术的魅力，弘扬文化自信。

【课后习题】

1. 分别简述利用双峰法、最大阈值类间方差法和迭代选择阈值法进行图像分割的原理。
2. 分析边缘阈值对边缘检测结果的影响。
3. 简述 Hough 变换的基本原理。
4. 简述区域生长法的基本思想。
5. 简述分水岭分割算法的基本步骤。
6. 编写一段程序，实现 Otsu 法对一幅灰度图像进行阈值分割。
7. 编写一段程序，实现 Canny 算法对一幅图像进行边缘检测。

第8章　图像特征提取与选择

数字图像分析是图像处理的高级阶段，它所研究的是使用机器分析和识别周围物体的视觉图像，从而得出结论性的判断。要使计算机系统认识图像内容，就必须寻找方法来分析图像的特征，将图像特征用数学的方式描述出来，并教会计算机懂得这些特征。这样，计算机就具有了认识或者识别图像的本领，称为图像识别。图像识别中，对获得的图像直接进行分类是不现实的。主要是由于图像数据占用很大的存储空间，直接进行识别费时费力，其计算量无法接受；其次图像中含有许多与识别目标无关的信息，如图像的背景等。因此，必须对图像进行特征的提取和选择，这样就能对被识别的图像数据进行高效压缩，有助于图像的识别。

特征提取是从模式的某种描述状态提取出所需要的、用另一种形式表示的特征（如在图像中抽取轮廓信息，在声音信号中提取不同频率的信息等）。

特征选择是对模式采用多维特征向量描述。图像特征对图像分类起的作用不同，在原特征空间中选取对分类有效的特征，并组成新的降维特征空间，以降低计算的复杂度，同时改善分类效果。

特征的提取和选择是模式识别中的一个关键问题。图像特征提取的优劣直接决定着图像识别的效果，但是在实际问题中往往不易找到待识别模式中最能表现本质的特征，或受条件限制不能对某种特征进行测量。所以如何从原始图像中提取具有较强表示能力的图像特征是智能图像处理中的一个研究重点。

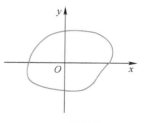

8.1　主成分分析

8.1　几何特征

图像的几何特征是指图像中物体的位置、方向、周长和面积等方面的特征。尽管几何特征比较直观和简单，但在图像分析中可以发挥重要的作用。提取图像几何特征之前一般要对图像进行分割和二值化处理。二值图像只有 0 和 1 两个灰度级，便于获取、分析和处理，虽然二值图像只能给出物体的轮廓信息，但在图像分析和计算机视觉中，二值图像及其几何特征十分重要，可用来完成分类、检验、定位、轨迹跟踪等任务。

8.1.1　位置

一般情况下，图像中的物体通常并不是一个点，因此，采用物体或区域面积的中心点作为物体的位置。如图 8-1 所示，面积中心就是单位面积质量恒定的相同形状图形的质心 O。由于二值图像质量分布是均匀的，故质心和形心重合。

若图像中的物体对应的像素位置坐标为 (x_i, y_i)，其中，$i = \{0, 1, \cdots, N-1\}$，$j = \{0, 1, \cdots, M-1\}$，质心位置坐标 $(\bar{x}, \bar{y})$ 的计

图 8-1　物体位置

算公式如式（8-1）所示。

$$
\begin{cases}
\bar{x} = \dfrac{1}{NM} \displaystyle\sum_{i=0}^{N-1} \sum_{j=1}^{M-1} x_i \\[3mm]
\bar{y} = \dfrac{1}{NM} \displaystyle\sum_{i=0}^{N-1} \sum_{j=0}^{M-1} y_i
\end{cases}
\tag{8-1}
$$

图像处理中，常求取图像质心来确定图像中心，以下将对比质心提取在各种形状提取中的效果。

图 8-2 中圆环的质心求取的 MATLAB 代码实现如下：

```
%以图 8-2 中圆环为例
I_gray = imread('ring. png');            %读入图像
level = graythresh(I_gray);              %求二值化的阈值
[height,width] = size(I_gray);
bw = im2bw(I_gray,level);                %二值化图像
figure,imshow(bw);                       %显示二值化图像
[L,num] = bwlabel(bw,8);                 %标注二进制图像中已连接的部分
plot_x = zeros(1,1);                     %用于记录质心位置的坐标
plot_y = zeros(1,1);

%%求质心
sum_x = 0;sum_y = 0;area = 0;
[height,width] = size(bw);
for i = 1:height
    for j = 1:width
        if L(i,j) = = 0
            sum_x = sum_x+i;
            sum_y = sum_y+j;
            area = area+1;
        end
    end
end
plot_x(1) = fix(sum_x/area);             %质心位置
plot_y(1) = fix(sum_y/area);

%%标记质心点
figure,imshow(bw);
hold on
plot(plot_y(1),plot_x(1),'wo','markerfacecolor',[0 0 0])
```

上述代码实验结果图 8-2 所示。

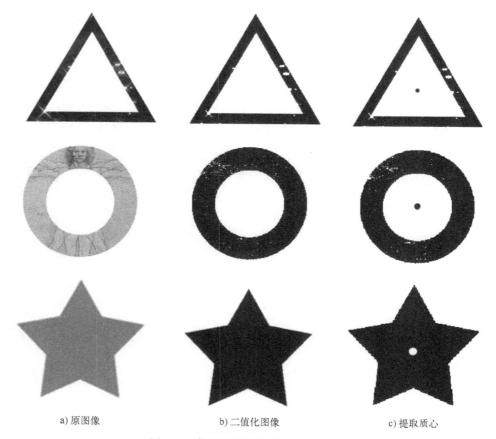

a) 原图像　　　　　　　　b) 二值化图像　　　　　　　c) 提取质心

图 8-2　各种形状图形质心提取效果

8.1.2　方向

图像分析不仅需要知道一幅图像中物体的具体位置，而且还要知道物体在图像中的方向。如果物体是细长的，则可以将较长方向的轴定义为物体的方向，如图 8-3 所示，该物体的方向则为 x 轴方向。

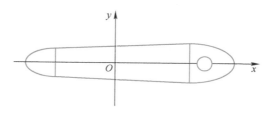

图 8-3　物体方向的最小惯量轴定义

通常采用最小二阶矩轴来定义较长物体的方向。也就是说，要找出一条直线，使物体具有最小惯量，即：

$$E = \iint r^2 f(x,y)\,\mathrm{d}x\mathrm{d}y \tag{8-2}$$

式中，r 是点 (x,y) 到直线（轴线）的垂直距离。通常情况下，确定一个物体的方向并不是一件容易的事情，需要进行一定的测量。

8.1.3　周长

图像内某一物体或区域的周长是指该物体或区域的边界长度。一个形状简单的物体用相对较短的周长来包围它所占有的像素，即周长是围绕所有这些像素的外边界的长度。通常，测量周长会包含物体内多个 90°的转弯，这些拐弯一定程度上扩大了物体的周长。物体或区域的周长在区别某些简单或复杂形状的物体时具有重要价值。周长的表示方法不同，因而计算周长的方法也有所不同，计算周长常用的三种方法分别如下。

1. 用隙码表示

若将图像中的像素视为单位面积小方块，则图像中的区域和背景均由小方块组成。区域的周长即为区域和背景缝隙的长度之和，此时边界用隙码表示，计算出隙码的长度就是物体的周长。图 8-4 所示的图形，边界用隙码表示时，周长为 24。

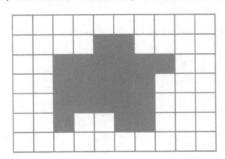

图 8-4　物体周长的计算

2. 用链码表示

若将像素视为一个个点，则周长用链码表示，计算周长可以通过计算链码的长度实现。当链码值为奇数时，其长度为 $\sqrt{2}$；当链码值为偶数时，其长度为 1。周长 p 可表示为

$$p = N_e + \sqrt{2} N_o \tag{8-3}$$

式中，N_e 和 N_o 分别是边界链码（8 方向）中数值为偶数和奇数的数目。周长也可以简单地从物体分块中通过计算边界上相邻像素的中心距离之和得出。

3. 用边界面积表示

周长用边界所占面积表示时，周长即物体边界点数之和，其中每个点为占面积为 1 的一个小方块。在图 8-4 中，当周长采用边界用面积表示时，物体周长为 15。

8.1.4　面积

面积是衡量物体所占范围的一种方便的客观度量。面积与其内部灰度级的变化无关，它完全由物体或区域的边界决定。同样面积条件下，一个形状简单的物体其周长相对较短。面积的常用计算方法如下。

1. 像素计数法

最简单的面积计算方法是统计边界及其内部的像素的总数。根据面积的像素计数法

定义就可以知道物体面积的计算非常简单，求出物体边界内像素点的总数即为面积，计算公式为

$$A = \sum_{x=1}^{N} \sum_{y=1}^{N} f(x,y) \tag{8-4}$$

对二值图像而言，若 1 表示物体的像素，用 0 表示背景像素，则面积就是统计 $f(x,y)=1$ 的像素数量。

2. 边界行程码计算法

面积的边界行程码计算法可分两种情况：

1）若已知区域的行程编码，则只需将值为 1 的行程长度相加，即为区域面积。

2）若给定封闭边界的某种表示，则相应连通区域的面积为区域外边界包围的面积与内边界包围的面积（孔的面积）之差。

采用边界行程码表示面积时，计算方法如下。

设屏幕左上角为坐标原点，区域起始点坐标为 (x_0,y_0)，则第 k 段码终端的纵坐标 y 为

$$y_k = y_0 + \sum_{i=1}^{k} \Delta y_i \tag{8-5}$$

式中

$$\Delta y_i = \begin{cases} -1, & \varepsilon_i = 1,2,3 \\ 0, & \varepsilon_i = 0,4 \\ 1, & \varepsilon_i = 5,6,7 \end{cases} \tag{8-6}$$

ε_i 是第 i 个码元，而

$$\Delta x_i = \begin{cases} -1, & \varepsilon_i = 0,1,7 \\ 0, & \varepsilon_i = 2,6 \\ 1, & \varepsilon_i = 3,4,5 \end{cases} \tag{8-7}$$

$$\alpha = \begin{cases} -\dfrac{1}{2}, & \varepsilon_i = 1,5 \\ 0, & \varepsilon_i = 0,2,6 \\ \dfrac{1}{2}, & \varepsilon_i = 3,7 \end{cases} \tag{8-8}$$

则相应边界所包围的面积为

$$A = \sum_{i=1}^{n} (y_{i-1} \Delta x_i + \alpha) \tag{8-9}$$

应用式（8-9）计算的面积，是以链码表示边界时，边界内所包含的单元方格总数。

3. 边界坐标计算法

面积的边界坐标计算法采用格林公式进行计算，在 x-y 平面上，一条封闭曲线所包围的面积为：

$$A = \frac{1}{2} \oint (x\mathrm{d}y - y\mathrm{d}x) \tag{8-10}$$

其中，积分沿着该闭合曲线进行。对于数字图像，可将上式离散化，因此可得：

$$A = \frac{1}{2}\sum_{i=1}^{N}\left[x_i(y_{i+1}-y_i)-y_i(x_{i+1}-x_i)\right]$$

$$= \frac{1}{2}\sum_{i=1}^{N}(x_iy_{i+1}-x_{i+1}y_i)$$

(8-11)

式中，N 为边界点数。

求取图 8-5 中有关区域的周长和面积，MATLAB 代码实现如下：

```
I = imread('cell.tif');
figure;hold on
subplot(321),imshow(I),title('原图');
imwrite(I,'原图.jpg');
%%边缘检测
[junk,  threshold] = edge(I,'sobel');
fudgeFactor = .5;
BWs = edge(I,'sobel',threshold * fudgeFactor);
subplot(322),imshow(BWs),title('边缘梯度二值掩膜');
imwrite(BWs,'边缘梯度二值掩膜.jpg');
%%目标填充
se90 = strel('line',3,90);
se0 = strel('line',3,0);
BWsdil = imdilate(BWs,[se90 se0]);
subplot(323);imshow(BWsdil),title('膨胀梯度掩膜');
imwrite(BWsdil,'膨胀梯度掩膜.jpg');
BWdfill = imfill(BWsdil,'holes');
subplot(324);imshow(BWdfill);title('填充空洞后的二值图像');
imwrite(BWdfill,'填充空洞后的二值图像.jpg');
%%图像去噪
se1 = strel('disk',6);%这里是创建一个半径为5的圆盘结构元素
BWdfill = imopen(BWdfill,se1);
subplot(325);imshow(BWdfill),title('去噪后的二值图像');
imwrite(BWdfill,'去噪后的二值图像.jpg');
%%为各区域贴标签
[B,L] = bwboundaries(BWdfill,'noholes');
subplot(326);imshow(label2rgb(L, @jet, [.5 .5 .5]))
hold on
for k = 1:length(B)
    boundary = B{k};
    text(boundary(1,2)+15,boundary(1,1)-10,num2str(k),'Color','k',...
        'FontSize',10,'FontWeight','bold')     %%设置图像中字符显示的属性
end
title('贴标签图像');
%%面积和周长计算
[labeled,numObjects] = bwlabel(BWdfill,4);
```

```
a = max( max( labeled ) ) ;
celldata = regionprops( labeled, 'all' ) ;
for i = 1:1:a
    celldata( i ). Area ;
    celldata( i ). Perimeter ;
    disp( [ '第', num2str( i ), '个目标的面积为:', num2str( celldata( i ). Area ), …
        ', 第', num2str( i ), '个目标的周长为:', num2str( celldata( i ). Perimeter ) ] )
end
allcellm = [ celldata. Area ] ;
allcellz = [ celldata. Perimeter ] ;
m = sum( allcellm ) ;
z = sum( allcellz ) ;
disp( [ '总面积 =', num2str( m ), ', 总周长 =', num2str( z ) ] )
```

上述代码实验处理过程中的相应效果图如图 8-5 所示。

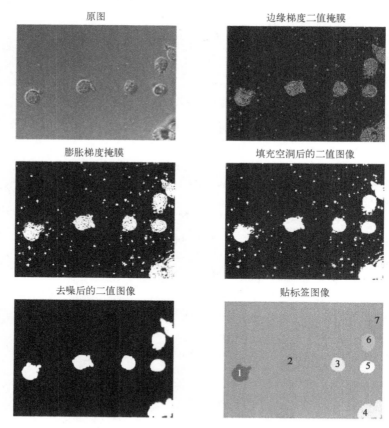

图 8-5　求取图片特定区域的周长和面积的过程图

实验结果如下:

　　第 1 个目标的面积为:3796, 第 1 个目标的周长为:270.692
　　第 2 个目标的面积为:3775, 第 2 个目标的周长为:252.820

第 3 个目标的面积为:2739，第 3 个目标的周长为:188.602
第 4 个目标的面积为:5409，第 4 个目标的周长为:326.911
第 5 个目标的面积为:2559，第 5 个目标的周长为:178.934
第 6 个目标的面积为:3250，第 6 个目标的周长为:222.402
第 7 个目标的面积为:2448，第 7 个目标的周长为:218.903
总面积=23976，总周长 = 1659.264

8.1.5　矩形度

物体的矩形度是指物体的面积与其最小外接矩形的面积的比值，物体的最小外接矩形如图 8-6 所示。矩形度体现一个物体对其外接矩形的充满程度，是反映物体与矩形相似程度的参数。

矩形度用公式（8-12）来计算。

$$R = \frac{A_0}{A_{MER}} \tag{8-12}$$

式中，A_0 为该物体面积，A_{MER} 为其最小外接矩形的面积。R 的取值在 0~1 之间，当物体为矩形时，R 取最大值 1；当物体纤细或弯曲时，矩形度较小。

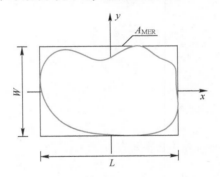

图 8-6　物体的最小外接矩形

8.1.6　长宽比

长宽比是指物体的宽度除以高度所得的比值。在图 8-6 中，长宽比 r 为物体的最小外接矩形的宽 W 与长 L 的比值，如公式（8-13）所示。长宽比可以用来区分纤细的物体与圆形、方形的物体。

$$r = \frac{W}{L} \tag{8-13}$$

8.1.7　圆形度

衡量目标物体圆形度的参数有很多，包括周长平方面积比、边界能量、圆形性、面积与平均距离平方的比值等。周长平方面积比可以用来衡量物体边界的复杂程度，其计算公式为

$$e = \frac{4\pi A}{p^2} \qquad (8-14)$$

式中，A 为面积，p 为周长。当 e 为 1 时，图形即为圆形；当 e 越小，图形越不规律，与圆形的差距越大。例如：圆的圆形度为 1，而正方形的圆形度为 $\pi/4$ 约为 0.79，正三角形的圆形度为 $\frac{\sqrt{3}}{9}\pi$ 约等于 0.60。

求取图 8-7 中各目标区域的几何特征的 MATLAB 代码实现如下：

```matlab
%%读入图片
RGB = imread('pillsetc.png');
figure(1);
subplot(221),imshow(RGB),title('原图');
%%图像二值化
I = rgb2gray(RGB);
threshold = graythresh(I);
bw = im2bw(I,threshold);
subplot(222),imshow(bw),title('二值化图像');
imwrite(bw,'二值化图像.jpg');
%图像去噪,消除所有小于30的对象,闭运算
bw = bwareaopen(bw,30);
se = strel('disk',2);
bw = imclose(bw,se);
%填充空洞,每个边界所围成的面积
bw = imfill(bw,'holes');
subplot(223),imshow(bw),title('去噪图像');
imwrite(bw,'去噪图像.jpg');
%%贴标签
[B,L] = bwboundaries(bw,'noholes');
for k = 1:length(B)
    boundary = B{k};
%        plot(boundary(:,2), boundary(:,1), 'g', 'LineWidth', 0.8)
    text(boundary(1,2)+15,boundary(1,1)+10,num2str(k),'Color','r',...
        'FontSize',10,'FontWeight','bold')     %%设置图像中字符显示的属性
end
title('贴标签图像');
ed=edge(bw);
subplot(224),imshow(ed),title('边缘图像');
imwrite(ed,'边缘图像.jpg');
%即将L1拉长为列向量,求其最大值即为物体个数
[L1,n] = bwlabel(ed,8);
[L2,n] = bwlabel(bw,8);
%M=zeros(5,n);
```

%M(1,∗)是面积,M(2,∗)是周长,M(3,∗)是圆形度,M(4,∗)是长宽比,M(5,∗)是矩形度

```
for i=1:n
    M(1,i)= sum(bw(L2= =i));              %区域 i 的面积
    M(2,i)= sum(ed(L1= =i));              %轮廓面积,即周长
    M(3,i) = 4 ∗ pi ∗ M(1,i)/M(2,i)^2;   %圆形度
    [y,x]=find(L1= =i);
    x0=min(x(:));
    x1=max(x(:));
    y0=min(y(:));
    y1=max(y(:));
    hold on
    rectangle('Position',[x0,y0,x1-x0,y1-y0],'edgeColor','g','LineWidth',1)     %画框
    text(x0+15,y0+15,num2str(i),'Color','r',…
        'FontSize',10,'FontWeight','bold')      %设置图像中字符显示的属性
    if x1-x0>=y1-y0
        M(4,i)= (x1-x0)/(y1-y0);         %长宽比
    else
        M(4,i)= (y1-y0)/(x1-x0);
    end
    M(5,i)= M(1,i)/((y1-y0) ∗ (x1-x0));      %矩形度
    disp(['目标',num2str(i),'的面积、周长、圆形度、长宽比、矩形度分别为:',…
        num2str(M(1,i)),'、',num2str(M(2,i)),'、',num2str(M(3,i)),'、',…
        num2str(M(4,i)),'、',num2str(M(5,i))])
end
```

上述程序运行过程中的图像如图 8-7 所示。

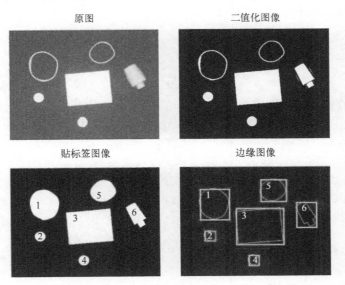

图 8-7　求取图片特定区域面积、周长、矩形度、长宽比、圆形度的过程图

运行结果如下:

目标 1 的面积、周长、圆形度、长宽比、矩形度分别为:8220、307、1.096、1.0707、0.7833

目标 2 的面积、周长、圆形度、长宽比、矩形度分别为:924、103、1.0945、1.0294、0.77647

目标 3 的面积、周长、圆形度、长宽比、矩形度分别为:17191、524、0.78677、1.2698、0.85273

目标 4 的面积、周长、圆形度、长宽比、矩形度分别为:930、104、1.0805、1.0294、0.78151

目标 5 的面积、周长、圆形度、长宽比、矩形度分别为:5020、232、1.172、1.1447、0.75923

目标 6 的面积、周长、圆形度、长宽比、矩形度分别为:3133、226、0.77082、1.2647、0.53574

8.1.8 偏心率

偏心率（Eccentricity）是用来描述圆锥曲线轨道形状的数学量，定义为曲线到定点（焦点）的距离与到定直线（准线）的距离之比，在一定程度上反映了一个区域的紧凑性，是区域形状的一种重要描述方法。对于椭圆，偏心率即为两焦点间的距离（焦距，$2c$）和长轴长度（$2a$）的比值，即

$$e = \frac{c}{a} \tag{8-15}$$

偏心率的另一种计算方法是计算惯性主轴比，它基于边界线上的点或整个区域来计算质量。特南鲍姆（Tenebaum）提出了计算任意区域的偏心度的近似公式，一般过程如下：

第一步，计算平均向量

$$\begin{cases} \overline{x} = \frac{1}{N} \sum_{i=1}^{N} x_i \\ \overline{y} = \frac{1}{N} \sum_{i=1}^{N} y_i \end{cases} \tag{8-16}$$

第二步，计算 $j+k$ 阶中心矩

$$M_{jk} = \sum_{i=1}^{N} \sum_{i=1}^{N} (x_i - \overline{x})^j (y_i - \overline{y})^k \tag{8-17}$$

第三步，计算方向角

$$\theta = \frac{1}{2} \arctan\left(\frac{2M_{11}}{M_{20} - M_{02}}\right) + \frac{\pi}{2} N \tag{8-18}$$

第四步，计算偏心近似值

$$E = \frac{(M_{20} - M_{02}) + 4M_{11}}{A} \tag{8-19}$$

求取图 8-8a 中图像目标的偏心率的 MATLAB 代码实现如下:

```
%%读入图像
I=imread('egg.jpeg');
figure,imshow(I),title('原始图像');
I_gray=rgb2gray(I);   %%将图像二值化
figure,imshow(I_gray),title('灰度图像');
imwrite(I_gray,'灰度图像.jpg');
[B,L]=bwlabel(I_gray);
```

s = regionprops(B,'eccentricity');

Ec = s(1). Eccentricity;

disp(['目标图像的偏心率为:',num2str(Ec)])

以上程序中用到的图像如图 8-8 所示。

a) 原始图像　　　　　　　　　　b) 灰度图像

图 8-8　偏心率计算过程图

程序运行结果为：

目标图像的偏心率为：0.74898

8.2　颜色特征

颜色特征是一种全局特征，描述了图像或图像区域所对应的景物的表面性质。一般的颜色特征是基于像素点的特征。由于颜色对图像或图像区域的方向、大小等变化不敏感，所以颜色特征不能很好地捕捉图像中对象的局部特征。颜色特征的优点是不受图像旋转和平移变化的影响，进一步借助归一化技术，还可不受图像尺度变化的影响；其缺点是没有表达出颜色空间分布的信息。

8.2.1　颜色模型

颜色模型指的是某个三维颜色空间中的一个可见光子集，它包含某个色彩域的所有色彩。一般而言，任何一个色彩域都只是可见光的子集，任何一个颜色模型都无法包含所有的可见光。在图像处理的过程中，为了能正确的使用颜色，提取相关颜色区域，我们首先要了解几种颜色模型，如：RGB（红、绿、蓝）模型、CMY（青、品红、黄）模型、HSI（色调、饱和度、亮度）模型。

1. RGB 模型

RGB 模型是我们接触最多的一种颜色模型，同时也是一种原色叠加模型（光混合），常用于光照、视频和显示器。在 RGB 模型中，每种颜色可以通过红、绿、蓝分量叠加来表示。

$$C = R + G + B \tag{8-20}$$

RGB 颜色模型是在几何形态上呈现立方体结构，与硬件实现关联紧密。RGB 模型的彩色空间如图 8-9 所示。

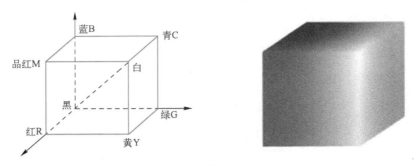

图 8-9　RGB 模型的彩色空间

2. CMY 模型

在 CMY 模型中，每种颜色可以通过青（Cyan）、品红（Magenta）、黄（Yellow）三种颜色颜料叠加得到，通常用于大多数在纸上沉积颜料的设备，如彩色打印机和复印机等。

CMY 模型是一种原色相减（颜料混合）模型。若所有 RGB 的颜色归一化到 $[0,1]$ 区间，则有

$$\begin{bmatrix} C \\ M \\ Y \end{bmatrix} = \begin{bmatrix} 1-R \\ 1-G \\ 1-B \end{bmatrix} \tag{8-21}$$

CMY 模型的彩色空间如图 8-9 所示。相加混色 RGB 和相减混色 CMY 之间成对出现互补色，见表 8-1。

表 8-1　相加混色 RGB 与相减混色 CMY

RGB	CMY	生成的颜色
000	111	黑色
001	110	蓝色
011	100	青色
100	011	红色
110	001	黄色
111	000	白色

3. CMYK 模型

CMY 模型中等量的颜色原料可以产生黑色，但是在实际使用中，这种黑色并不纯。而在我们打印中，黑色是起主要的作用的，因此引入第四种颜色——"黑色"，构成了 CMYK 模型。

4. HSI 模型

HSI 颜色模型用 H、S、I 三个参数描述颜色特性。其中，H 定义颜色的波长，称为色调；S 表示颜色的深浅程度，称为饱和度；I 表示灰度或亮度。

1）色调 H（Hue）：与光波的波长有关，表示人的感官对不同颜色的感受，如红色、绿色、蓝色等，它也可表示一定范围的颜色，如暖色、冷色等。

2）饱和度 S（Saturation）：表示颜色的纯度，纯光谱色是完全饱和的，加入白光会稀释饱和度。饱和度越大，颜色看起来就会越鲜艳，反之亦然。

3）亮度 I（Intensity）：表示颜色的明暗程度，对应成像亮度和图像灰度。

当人观察一个彩色物体时，用色调 H、饱和度 S、亮度 I 来描述物体的颜色。H 和 S 分量与人感受颜色的方式紧密相关。I 分量是一个主观的描述，与图像的彩色信息无关，实际上不可以测量，是描述彩色感觉的关键参数。

HSI 颜色模型可用图 8-10 所示的颜色模型来表示。亮度 I 是强度轴，模型中双圆锥的上顶点对应 I=1，即白色；下顶点对应 I=0，即黑色。色调 H 用角度表示，0°表示红色，互补色相差 180°，纯绿色的角度为 $\frac{2\pi}{3}$，纯蓝色的角度为 $\frac{4\pi}{3}$。饱和度 S 是颜色空间任意一点距 I 轴的距离，取值范围从 0 到 1，0 对应于垂直轴的中心线（也就是说这条线上没有色彩，只有灰度）。

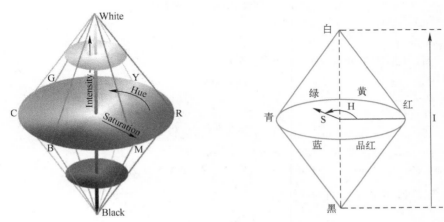

图 8-10　HSI 颜色模型的彩色空间

与 HSI 模型类似的，还有 HSV 模型和 HSL 模型。HSV 模型用色调（色相，Hue）、饱和度（Saturation）、亮度（Value）表示颜色。HSL 色彩模式是工业界的一种颜色标准，是用色相（Hue）、饱和度（Saturation）、明度（Lightness）表示颜色。一般情况下，HSI 和 HSL 使用相同的模型，没有区别，只是亮度这个词所用的术语不同。HSL 和 HSV 的区别如图 8-11 所示，在圆柱模型中，Value 表示光的亮度，可以是任意颜色，而 Lightness 表示白色的亮度。

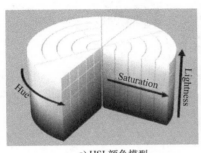

a) HSL颜色模型

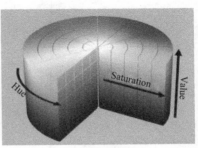

b) HSV颜色模型

图 8-11　HSL 颜色模型与 HSV 颜色模型的区别

5. 不同模型颜色分量的提取

提取图像 RGB 和 HSV 三通道图像，MATLAB 代码实现如下：

```
I=imread('ShueyRhonRhon. jpeg');
figure,hold on
subplot(2,2,1),imshow(I),title('原图','fontsize',14);
R=I(:,:,1);
G=I(:,:,2);
B=I(:,:,3);
subplot(2,2,2),imshow(R),title('R 分量','fontsize',14);
subplot(2,2,3),imshow(G),title('G 分量','fontsize',14);
subplot(2,2,4),imshow(B),title('B 分量','fontsize',14);
J=rgb2hsv(I);%%转化为 HSV 模型
figure,hold on
subplot(2,2,1),imshow(I),title('原图','fontsize',14);
H=J(:,:,1);
S=J(:,:,2);
V=J(:,:,3);
subplot(2,2,2),imshow(H),title('H 分量','fontsize',14);
subplot(2,2,3),imshow(S),title('S 分量','fontsize',14);
subplot(2,2,4),imshow(V),title('V 分量','fontsize',14);
```

上述代码的运行结果如图 8-12 所示。

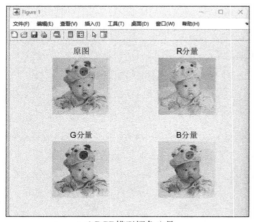
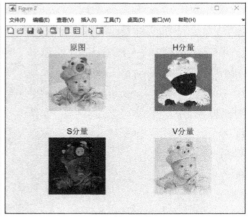

a) RGB模型颜色分量　　　　b) HSV模型颜色分量

图 8-12　RGB 和 HSV 三通道图像

8.2.2　颜色直方图

颜色直方图能简单描述一幅图像中颜色的全局分布，即不同色彩在整幅图像中所占的比例，特别适用于描述那些难以自动分割的图像和不需要考虑物体空间位置的图像。颜色直方图需选择合理的颜色空间，最常用的颜色空间有 RGB 颜色空间和 HSI 颜色空间等。颜色直方图特征匹配方法有直方图相交法、距离法、中心距法、参考颜色表法和累加颜色直方图法。下面将对其中几种比较常见的直方图进行介绍。

1. 一般特征直方图

一种特征直方图有两种定义方式，一种是利用各特征数量的占比来表示，另一种是用各个特征的数量统计值直接表示。

定义 1：设 $p(x_i)$ 为图像 P 中某一特征值 (x_i) 的像素个数，$N = \sum\limits_{j} s(x_j)$ 为 P 中的总像素数，对 $s(x_i)$ 做归一化处理，即

$$h(x_i) = \frac{s(x_i)}{N} = \frac{s(x_i)}{\sum\limits_{j} s(x_j)} \qquad (8-22)$$

图像 P 的一般特征值直方图为

$$H(P) = [h(x_1), h(x_2), \cdots, h(x_n)] \qquad (8-23)$$

式中，n 为图像特征的个数。

定义 2：设 $p(x_i)$ 为图像 P 中某一特征值 (x_i) 的像素个数，则图像 P 的一般特征值直方图为

$$H(P) = [p(x_1), p(x_2), \cdots, p(x_n)] \qquad (8-24)$$

式中，n 为图像特征的个数。

可见，直方图就是某一特征的概率分布。对于灰度图像，其直方图就是灰度的概率分布。对于彩色图像，可以分别计算某一颜色模型下不同分量的颜色直方图。

彩色图像颜色直方图的 MATLAB 代码实现如下：

```
I = imread('fabric. png');
figure, hold on
subplot(2,2,1), imshow(I), title('原图', 'fontsize', 14);
R = I(:,:,1);
G = I(:,:,2);
B = I(:,:,3);
subplot(2,2,2), imshow(R), title('R 分量', 'fontsize', 14);
subplot(2,2,3), imshow(G), title('G 分量', 'fontsize', 14);
subplot(2,2,4), imshow(B), title('B 分量', 'fontsize', 14);
figure, hold on
subplot(1,3,1), imhist(R),
%title('红色分量的直方图', 'fontsize', 14);
subplot(1,3,2), imhist(G),
%title('绿色分量的直方图', 'fontsize', 14);
subplot(1,3,3), imhist(B);
%title('蓝色分量的直方图', 'fontsize', 14);
```

运行上述程序，颜色分量图如图 8-13 所示，颜色分量的直方图如图 8-14 所示。

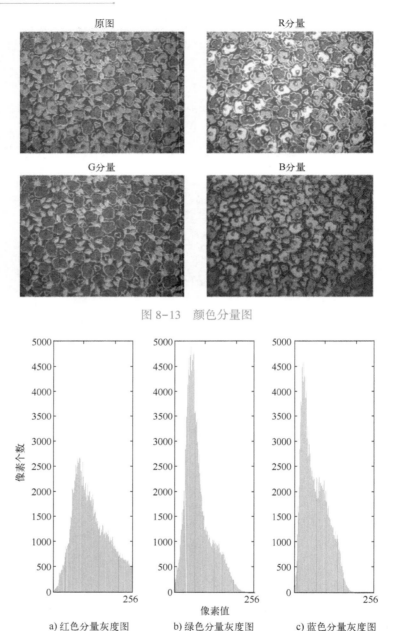

图 8-13　颜色分量图

a) 红色分量灰度图　　b) 绿色分量灰度图　　c) 蓝色分量灰度图

图 8-14　颜色分量的直方图

2. 累加特征直方图

设图像 P 某一特征的一般特征直方图为 $H(P) = [h(x_1), h(x_2), \cdots, h(x_n)]$，令

$$\lambda(x_i) = \sum_{j=1}^{i} h(x_j) \tag{8-25}$$

那么，图像 P 的特征累加直方图为

$$\lambda(P) = [\lambda(x_1), \lambda(x_2), \cdots, \lambda(x_n)] \tag{8-26}$$

彩色图像累加特征直方图的 MATLAB 代码实现如下：

```
I = imread('fabric. png');
R = I(:,:,1);
G = I(:,:,2);
B = I(:,:,3);
[row,column] = size(R);
%由于R、G、B矩阵大小相同,row,column 在后续计算继续使用
hR = zeros(1,256);
for i = 1:row
    for j = 1:column
        k = R(i,j);
        hR(k+1) = hR(k+1)+1;
    end
end
HR = zeros(1,256);
for i = 1:256
    for j = 1:i
        HR(i) = HR(i)+hR(j);      %累计直方图
    end
end
figure,hold on
subplot(1,3,1);bar(HR);
%title('Red');
hG = zeros(1,256);
for i = 1:row
    for j = 1:column
        k = G(i,j);
        hG(k+1) = hG(k+1)+1;
    end
end
HG = zeros(1,256);
for i = 1:256
    for j = 1:i
        HG(i) = HG(i)+hG(j);      %累计直方图
    end
end
subplot(1,3,2);bar(HG);
%title('Green');
hB = zeros(1,256);
for i = 1:row
    for j = 1:column
        k = B(i,j);
        hB(k+1) = hB(k+1)+1;
    end
end
```

```
    end
HB = zeros(1,256);
for i = 1:256
    for j = 1:i
        HB(i) = HB(i)+hB(j);    %累计直方图
    end
end
subplot(1,3,3);bar(HB);
%title('Blue');
```

对图 8-13 进行累加特征直方图计算，结果如图 8-15 所示。

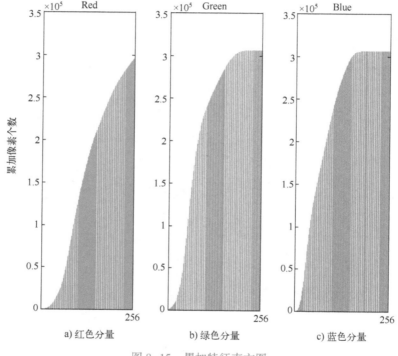

a) 红色分量　　　　　　　　　b) 绿色分量　　　　　　　　　c) 蓝色分量

图 8-15　累加特征直方图

3. 二维直方图

令图像 $P = \{p_{mn}\}$ 大小为 $M \times N$，图像 P 经 3×3 或 5×5 点阵平滑得到的图像设为 $Q = \{q_{mn}\}$，并且它的大小为 $M \times N$。由 P 和 Q 构成一个二元组，将二元组 $(P,Q) = \{(p_{mn}, q_{mn})\}_{M \times N}$ 称为图像 P 的广义图像。那么，广义图像的直方图就是二维直方图。

由于二维直方图中含有原图像颜色的空间分布信息，对于两幅颜色组成接近而空间分布不同的图像，其在二维直方图空间的距离相对传统直方图空间就会被拉大，因此能够更好地区别开来。

图像二维直方图的 MATLAB 代码实现如下：

```
I = imread('fabric.png');
f = rgb2gray(I);
```

```
[m,n,d] = size(f)
A = f;
for i = 1:1:256
    for j = 1:1:256
        twodim2(i,j) = 0;
    end
end
H = fspecial('average');
k = imfilter(A,H);    %图像经 3×3 点阵均值滤波
for j = 1:1:n;
    for i = 1:1:m;
        m1 = A(i,j);
        m2 = k(i,j);
        twodim2(m1+1,m2+1) = twodim2(m1+1,m2+1)+1;
    end
end
i = 1:1:256;
j = 1:1:256;
figure;
mesh(i,j,twodim2(i,j)/(m * n));
xlabel('Graylevel(X 轴)');ylabel('Graylevel(Y 轴)');zlabel('Number(Z 轴)');
```

对图 8-13 计算其二维直方图，计算结果如图 8-16 所示。

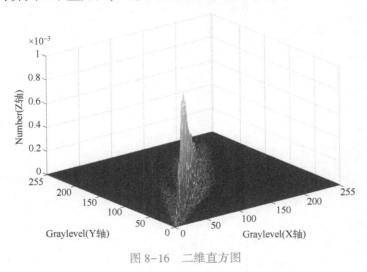

图 8-16　二维直方图

8.2.3　颜色矩

图像中任何的颜色分布均可以用它的矩来表示。由于颜色分布信息主要集中在低阶矩中，因此，仅采用颜色的一阶矩、二阶矩和三阶矩就足以表达图像的颜色分布。以计算 HSI 空间的 H 分量为例，如果记 $H(p_i)$ 为图像 P 的第 i 个像素的 H 值，那么其前三阶颜色矩（一

阶矩 M_1、二阶矩 M_2 和三阶矩 M_3）可利用式（8-27）、式（8-28）和式（8-29）计算。

$$M_1 = \frac{1}{N} \sum_{i=1}^{N} H(p_i) \tag{8-27}$$

$$M_2 = \left[\frac{1}{N} \sum_{i=1}^{N} (H(p_i) - M_1)^2 \right]^{1/2} \tag{8-28}$$

$$M_3 = \left[\frac{1}{N} \sum_{i=1}^{N} (H(p_i) - M_1)^3 \right]^{1/3} \tag{8-29}$$

式中，N 为像素的个数。

类似地，可以计算另外 2 个分量的颜色矩。

下面将利用 MATLAB 中 mean 函数和 std 函数对图 8-13 中的图像进行一阶颜色矩、二阶颜色矩和三阶颜色矩的计算。

颜色矩的 MATLAB 代码实现如下：

```
J=imread('panda.jpeg');
K=imadjust(J,[70/255 160/255],[]);
%将图像的灰度处于[70,160]之间的像素扩展到[0,255]之间
figure;
subplot(121);imshow(J);title('原图像');
subplot(122);imshow(K);title('对比度增强后的图像');
[m,n]=size(J(:,:,1));           %求原图像的大小
J=double(J);                    %将图像数据变为 double 型
[p,q]=size(K(:,:,1));
K=double(K);
%RGB 分量一阶矩
Jg=mean(mean(J));
Kg=mean(mean(K));
%RGB 分量二阶矩
Jd=std(std(J));
Kd=std(std(K));
%RGB 分量三阶矩
colorsum=[0,0,0];               %将灰度值之和赋值为零
for i=1:m
    for j=1:n
        colorsum(1)=colorsum(1)+(J(i,j,1)-Jg(:,:,1))^3;
        colorsum(2)=colorsum(2)+(J(i,j,2)-Jg(:,:,2))^3;
        colorsum(3)=colorsum(3)+(J(i,j,3)-Jg(:,:,3))^3;
        %J 是灰度图 colorsum=colorsum+(J(i,j)-Jg)^3;彩色图需分别计算其颜色分量
    end
end
Je=(colorsum/(m*n)).^(1/3);

colorsum=[0,0,0];               %将灰度值之和赋值为零
```

```
for i = 1 : p                          %循环求解灰度值总和
    for j = 1 : q
        colorsum(1) = colorsum(1) + (K(i,j,1) - Kg(:,:,1))^3;
        colorsum(2) = colorsum(2) + (K(i,j,2) - Kg(:,:,2))^3;
        colorsum(3) = colorsum(3) + (K(i,j,3) - Kg(:,:,3))^3;
    end
end
Ke = (colorsum/(p * q)).^(1/3);
%结果显示
disp(['原图像 RGB 一阶矩：',num2str(Jg(:,:,1)),', ',num2str(Jg(:,:,2)),', '...
    ,num2str(Jg(:,:,3)),';'])
disp(['原图像 RGB 二阶矩：',num2str(Jd(:,:,1)),', ',num2str(Jd(:,:,2)),', '...
    ,num2str(Jd(:,:,3)),';'])
disp(['原图像 RGB 三阶矩：',num2str(Je(1)),', ',num2str(Je(2)),', '...
    ,num2str(Je(3)),';'])
disp(['增强后图像 RGB 一阶矩：',num2str(Kg(:,:,1)),', ',num2str(Kg(:,:,2)),', '...
    ,num2str(Kg(:,:,3)),';'])
disp(['增强后图像 RGB 二阶矩：',num2str(Kd(:,:,1)),', ',num2str(Kd(:,:,2)),', '...
    ,num2str(Kd(:,:,3)),';'])
disp(['增强后图像 RGB 三阶矩：',num2str(Ke(1)),', ',num2str(Ke(2)),', '...
    ,num2str(Ke(3)),';'])
```

程序执行过程中采用的原图像和增强后的效果如图 8-17 所示。

原图像　　　　　　　　　　　　对比度增强后的图像

图 8-17　计算颜色矩所用图像

程序运行结果如下：

原图像 RGB 一阶矩：140.9374, 150.7305, 121.9943;

原图像 RGB 二阶矩：18.1428, 16.9514, 14.0462;

原图像 RGB 三阶矩：25.0928+43.4621i, 29.5009+51.0970i, 15.3434+26.5756i;

增强后图像 RGB 一阶矩：171.6609, 186.3422, 142.3925;

增强后图像 RGB 二阶矩：23.5195，31.8062，17.6439；

增强后图像 RGB 三阶矩：45.6636+79.0918i，49.7645+86.1946i，32.7823+56.7807i；

由于所采用的图像是彩色，图 8-17 中两幅图像的 RGB 颜色矩见表 8-2。

表 8-2　图像 RGB 颜色矩

	一阶矩	二阶矩	三阶矩
原图像	140.9374 150.7305 121.9943	18.1428 16.9514 14.0462	25.0928 +43.4621i 29.5009 +51.0970i 15.3434 +26.5756i
增强后图像	171.6609 186.3422 142.3925	23.5195 31.8062 17.6439	45.6636 +79.0918i 49.7645 +86.1946i 32.7823 +56.7807i

8.2.4　颜色聚合向量

图像的颜色聚合向量（Color Coherence Vector）是颜色直方图的一种演变，其核心思想是将属于颜色直方图每一个颜色区间（bin）的像素分成两个部分，如果该 bin 内的某些像素所占据的连续区域的面积大于给定的阈值，则令该区域内的像素为聚合像素，否则为非聚合像素。假设 α_i 与 β_i 分别代表直方图的第 i 个 bin 中聚合像素和非聚合像素的数量，图像的颜色聚合向量可以表达为 $[(\alpha_1,\beta_1),(\alpha_2,\beta_2),\cdots,(\alpha_n,\beta_n)]$，那么 $[\alpha_1+\beta_1,\alpha_2+\beta_2,\cdots,\alpha_n+\beta_n]$ 为该图像的颜色直方图。由于包含了颜色分布的空间信息，颜色聚合向量相比颜色直方图可以达到更好的检索效果。

颜色聚合向量算法可以通过以下几个步骤来完成对图像特征的提取。

1）量化：聚合向量算法首先进行量化，将图像划分成 n 个颜色区间，即 n 个 bin。

2）划分连通区域：基于量化后的像素值矩阵，根据像素间的连通性将图像划分成若干个连通区域。对于某连通区域 C，其内部任意两个的像素点之间都存在一条通路。

3）判断聚合性：图像划分成多个连通区域后，统计每一个连通区域 C 中的像素，并设定阈值 T 判断区域中 C 的像素是聚合还是非聚合的，判断依据为：

如果区域 C 中的像素值大于阈值 T，则该区域聚合；

如果区域 C 中的像素值小于阈值 T，则该区域非聚合。

求取颜色聚合向量的 MATLAB 代码见附录 8-1，利用上述程序对图像 8-18 求取聚合向量。

图 8-18　利用颜色聚合向量处理的原图像

具体结果如下：

$(5958,3795)$，$(0,0)$，$(0,0)$，$(8090,2892)$，$(0,0)$，$(0,0)$，$(0,21)$，$(0,0)$，$(0,0)$，$(0,2757)$，$(0,0)$，$(0,0)$，$(59869,3171)$，$(0,2393)$，$(0,0)$，$(1722,4288)$，$(0,540)$，$(0,0)$，$(0,1)$，$(0,0)$，$(0,0)$，$(18207,5663)$，$(0,2709)$，$(0,0)$，$(11332,4712)$，$(5908,2522)$，$(0,46)$，$(0,0)$，$(0,0)$，$(0,0)$，$(0,0)$，$(0,0)$，$(0,0)$，$(0,0)$，$(0,0)$，$(0,0)$，$(0,0)$，$(0,0)$，$(0,0)$，$(0,0)$，$(0,0)$，$(0,0)$，$(0,0)$，$(0,0)$，$(0,0)$，$(0,0)$

利用颜色聚合向量可以求取图 8-19 中两幅图像的距离，MATLAB 实现代码见附录 8-2，利用上述程序，计算图 8-19 中两幅图像的距离。

a) 图像一   b) 图像二

图 8-19 利用颜色聚合向量求图像距离的原图像

计算结果如下：

两幅图像的距离为：$D = 247432$。

8.2.5 颜色相关图

在彩色图像中，颜色直方图是最常见的颜色表征方法。但是，从颜色直方图的定义可知，颜色直方图仅仅统计了不同颜色在图像中出现的次数，没有考虑颜色之间的空间分布关系。为了建立颜色空间的相关性，将具有一定关系的颜色分量建立起合理的表达关系，定义了颜色相关图，具体表达如下。

对于图像 I 中的任意两个像素点 P_a 和 P_b，(x_a, y_a)，(x_b, y_b) 分别是像素点 P_a 和 P_b 的坐标值，定义它们之间的距离为：$|P_a - P_b| = \max\{|x_a - x_b|, |y_a - y_b|\}$，$[n]$ 表示像素的距离集合，则对于固定距离 $d \in [n]$，图像 I 的颜色相关图定义为：

$$r_{c_i, c_j}^{(k)}(I) = \sum_{P_a \in I_{c_a}, P_b \in I} [P_b \in c_j \mid |P_a - P_b| = k] \quad i, j \in [m] \tag{8-30}$$

式中，$r_{c_i, c_j}^{(k)}(I)$ 表示图像 I 与像素点 P_a 距离为 k 且颜色值为 c_i 的像素点的个数，k 表示像素间的距离。

图像 64 色颜色相关图的 MATLAB 程序代码见附录 8-3，针对图 8-20 进行颜色相关实验，像素点距离为 7 时的颜色相关矩阵见表 8-3，颜色级像素分布如图 8-21 所示。

表 8-3 颜色相关矩阵

颜色级	1	2	3	4	5	6	7	8	9	10	11	12	13	14	15	16
像素个数	26	15	15	12	0	5	16	7	0	0	5	14	0	0	0	2

（续）

颜色级	17	18	19	20	21	22	23	24	25	26	27	28	29	30	31	32
像素个数	0	0	0	0	0	1	5	1	0	0	36	35	0	0	0	2
颜色级	33	34	35	36	37	38	39	40	41	42	43	44	45	46	47	48
像素个数	0	0	0	0	0	0	0	0	0	0	3	49	0	0	0	49
颜色级	49	50	51	52	53	54	55	56	57	58	59	60	61	62	63	64
像素个数	0	0	0	0	0	0	0	0	0	0	0	0	0	0	0	12

图 8-20　颜色相关实验图像（祝融号）

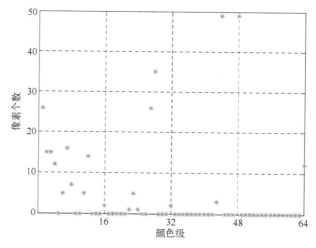

图 8-21　颜色级像素分布（像素距离为 7）

8.3　纹理特征

纹理是图像中一个重要但又非常难于描述的特征，至今没有公认的定义。有些图像会在局部区域内呈现不规则性，而在整体上又表现出某种规律性。通常我们将这种局部不规则而在宏观上有规律的特征称为纹理特征。

8.3.1　基于灰度共生矩阵的纹理特征构建

1. 灰度共生矩阵的定义

灰度共生矩阵分析方法（GLCM）是建立在图像的二阶组合条件概率密度估计的基础上的。通过计算图像中某一距离和某一方向上的两点之间灰度的相关性，来反映图像在方向、间隔、变化快慢及幅度上的综合信息，从而准确描述纹理的不同特性。

灰度共生矩阵是一个联合概率矩阵，它描述了图像中满足一定方向和一定距离的两点灰度出现的概率，具体定义为：灰度值分别为 i 和 j 的一对像素点，位置方向为 θ，像素距离为 d，二者同时出现时的概率记作 $p(i,j,d,\theta)$。通常，对 $\theta=0°$，$45°$，$90°$，$135°$，$d=1$ 的数字图像而言，其灰度共生矩阵计算公式为：

$$p(i,j,d,\theta)=\{[(x,y),(x+\Delta x,y+\Delta y)]\,|f(x,y)=i,$$
$$f(x+\Delta x,y+\Delta y)=j;\ x=1,2,\cdots,M;\ j=1,2,\cdots,N\} \tag{8-31}$$

式中，$i,j=\{0,1,\cdots,L-1\}$，(x,y) 为灰度值为 i 的像素坐标，$(x+\Delta x,y+\Delta y)$ 为灰度值为 j 的像素坐标。L 是灰度等级，取 $L=256$。由于 d 和 θ 选取的不同，灰度共生矩阵中向量的意义和范围也不同，因此有必要对 $p(i,j,d,\theta)$ 进行归一化处理。

$$P(i,j,d,\theta)=p(i,j,d,\theta)/\mathrm{Num} \tag{8-32}$$

式中，Num 为归一化常数，这里取相邻像素对的个数。

2. 基于灰度共生矩阵的纹理特征

为了简便起见，后文中忽略了对 d 和 θ 的讨论，将归一化后的图像灰度共生矩阵简化为 P_{ij}。作为图像纹理分析的特征量，灰度共生矩阵不能直接用于图像特征的分析，而是需要在灰度共生矩阵的基础上，计算图像的二阶统计特征参数。Haralick 提出了多种基于灰度共生矩阵的统计参数，本节主要介绍的统计参数有以下 7 种。

（1）反差（主对角线的惯性矩）

$$f_1=-\sum_{i=0}^{L-1}\sum_{j=0}^{L-1}|i-j|^2 P_{ij} \tag{8-33}$$

惯性矩度量灰度共生矩阵值的分布情况和图像中局部变化的大小有关，它反映了图像效果的清晰度和纹理的粗细。粗纹理时，P_{ij} 的数值较集中于主对角线附近，$(i-j)$ 较小，所以反差较小，效果模糊；与之相反，细纹理时，反差较大，效果清晰。

（2）熵

$$f_2=-\sum_{i=0}^{L-1}\sum_{j=0}^{L-1}P_{ij}\log_2 P_{ij} \tag{8-34}$$

熵度量图像纹理的不规则性，反映了图像中纹理的复杂程度。当图像中像素灰度分布非常杂乱、随机时，灰度矩阵中的像素值很小，熵值很大；反之，图像中像素分布井然有序时，熵值很小。

（3）逆差矩

$$f_3=-\sum_{i=0}^{L-1}\sum_{j=0}^{L-1}\frac{P_{ij}}{1+|i-j|^k},\ k>1 \tag{8-35}$$

逆差矩度量图像纹理局部变化的大小。当图像纹理的不同区域间缺少变化时，其局部灰度非常均匀，图像像素对的灰度差值较小，其逆差矩较大。

（4）灰度相关

$$f_4 = \frac{1}{\sigma_x \sigma_y} \sum_{i=0}^{L-1} \sum_{j=0}^{L-1} (i - \mu_x)(j - \mu_y) \boldsymbol{P}_{ij} \tag{8-36}$$

其中，μ 为均值，σ 为标准差，并且

$$\mu_y = \sum_{j=0}^{L-1} j \sum_{i=0}^{L-1} \boldsymbol{P}_{ij}, \ \sigma_x^2 = \sum_{i=0}^{L-1} (i - \mu_x)^2 \sum_{j=0}^{L-1} \boldsymbol{P}_{ij}, \ \sigma_y^2 = \sum_{j=0}^{L-1} (j - \mu_y)^2 \sum_{i=0}^{L-1} \boldsymbol{P}_{ij}。$$

灰度相关用来描述矩阵中行或列元素之间的灰度的相似度。相关值大，表明矩阵中元素均匀相等；反之，相关性小，表明矩阵中元素的值相差大。当图像中相似的纹理区域有某种方向性时，相关性较大。

（5）能量（角二阶矩）

$$f_5 = \sum_{i=0}^{L-1} \sum_{j=0}^{L-1} \boldsymbol{P}_{ij}^2 \tag{8-37}$$

能量反映图形灰度分布的均匀性和纹理粗细度。当 $\boldsymbol{P}_{ij}$ 数值分布较集中时，能量较大；当 $\boldsymbol{P}_{ij}$ 中所有值均相等时，能量较小。能量值大，则表明图像灰度分布均匀，图像纹理规则。当一幅图像的灰度值均相等，其灰度共生矩阵 $\boldsymbol{P}_{ij}$ 只有一个值（等于图像的像素总数），那么其能量值最大。

（6）集群荫

$$f_6 = \sum_{i=0}^{L-1} \sum_{j=0}^{L-1} \left[(i - \mu_x) + (j - \mu_y) \right]^3 \boldsymbol{P}_{ij} \tag{8-38}$$

（7）集群突出

$$f_7 = \sum_{i=0}^{L-1} \sum_{j=0}^{L-1} \left[(i - \mu_x) + (j - \mu_y) \right]^4 \boldsymbol{P}_{ij} \tag{8-39}$$

求取基于灰度共生矩阵的特征参数，MATLAB 代码见附录 8-4，利用此程序计算图 8-22 纹理特征。

图 8-22　求取灰度共生矩阵所用图像

程序运行结果如下：

图像的纹理特征分别为：

$f_1 = 21.6689$，$f_2 = 14.2996$，$f_3 = 11.3504$，$f_4 = 7.2286$，$f_5 = 11.1364$，$f_6 = -311.2051$，$f_7 = 4037.9619$。其中，$f_1 \sim f_7$ 分别对应反差、熵、逆差矩、灰度相关、能量、集群荫、集群突出 7 个纹理特征。

8.3.2　基于灰度-梯度共生矩阵的纹理特征构建

灰度-梯度共生矩阵是将灰度级直方图和边缘梯度直方图结合起来，它考虑的是像素级灰度和边缘梯度大小的联合统计分布。灰度直方图是一幅图像的灰度值在图像中分布的最基本统计信息，而图像的梯度信息加进灰度信息矩阵里，则使得共生矩阵更能包含图像的基本排列信息，相对于传统的一维灰度共生矩阵纹理分析有着明显的优势。

灰度-梯度共生矩阵模型集中反映了图像中两种最基本的要素，即像点的灰度和梯度（或边缘）的相互关系。设原灰度图像为 $f(m,n)$，分辨率为 $N_x \times N_y$，对灰度图像进行归一化处理，灰度归一化变化的规划灰度 $F(m,n)$ 为：

$$F(m,n) = \mathrm{INT}[f(m,n) \times N_g / f_{\max}] + 1 \tag{8-40}$$

式中，$\mathrm{INT}[\cdot]$ 表示取整数，$f_{\max}$ 为原图像的最高灰度，N_g 为规一化后的最高灰度级，文中取 $N_g = 16$。

采用 3×3 窗口的 Sobel 算子，对原图像各像素进行梯度计算，获得梯度矩阵 $\boldsymbol{g}(m,n)$，其大小为 $N_x \times N_y$。并对其进行归一化处理，规划梯度 $G(m,n)$ 为：

$$G(m,n) = \mathrm{INT}[\boldsymbol{g}(m,n) \times N_s / \boldsymbol{g}_{\max}] + 1 \tag{8-41}$$

式中，$\boldsymbol{g}_{\max}$ 和 N_s 分别为梯度矩阵和归一化后矩阵的最大值。这里取 $N_s = 16$。于是，梯度-灰度共生矩阵定义为

$$\{\boldsymbol{H}_{ij}, \quad i = 1,2,\cdots,N_g; j = 1,2,\cdots,N_s\} \tag{8-42}$$

其中，$\boldsymbol{H}_{ij}$ 定义为集合 $\{(m,n) | F(m,n) = i, G(m,n) = j\}$ 中的元素的数目。对 $\boldsymbol{H}_{ij}$ 进行归一化处理，得

$$\hat{\boldsymbol{H}}_{ij} = \boldsymbol{H}_{ij} / (N_g \times N_s) \quad i = 1,2,\cdots,N_g; j = 1,2,\cdots,N_s \tag{8-43}$$

则有

$$\boldsymbol{H} = \sum_{i=1}^{N_g} \sum_{j=1}^{N_s} \boldsymbol{H}_{ij} \tag{8-44}$$

灰度-梯度空间很清晰的描绘了图像内各个像点灰度与梯度的分布规律，同时也给出了各像素点与其邻域像素点的空间关系，能很好地描绘图像的纹理，对于具有方向性的纹理可从梯度方向上反映出来。Haralick 等人由灰度-梯度共生矩阵构建了多种纹理特征，常用的统计量（纹理特征）的计算公式有：

（1）小梯度优势

$$t_1 = \left[\sum_{i=1}^{N_g} \sum_{j=1}^{N_s} \frac{\boldsymbol{H}_{ij}}{j^2} \right] / \boldsymbol{H} \tag{8-45}$$

（2）大梯度优势

$$t_2 = \left[\sum_{i=1}^{N_g} \sum_{j=1}^{N_s} j^2 \boldsymbol{H}_{ij} \right] / \boldsymbol{H} \tag{8-46}$$

（3）灰度分布不均匀性

$$t_3 = \sum_{i=1}^{N_g} \left[\sum_{j=1}^{N_s} \boldsymbol{H}_{ij} \right]^2 / \boldsymbol{H} \tag{8-47}$$

（4）梯度分布不均匀性

$$t_4 = \sum_{j=1}^{N_s} \left[\sum_{i=1}^{N_g} \boldsymbol{H}_{ij} \right]^2 / \boldsymbol{H} \tag{8-48}$$

（5）能量

$$t_5 = \sum_{i=1}^{N_g} \sum_{j=1}^{N_s} \hat{\boldsymbol{H}}_{ij}^2 \tag{8-49}$$

（6）灰度平均

$$t_6 = \sum_{i=1}^{N_g} i \left[\sum_{j=1}^{N_s} \hat{\boldsymbol{H}}_{ij} \right] \tag{8-50}$$

（7）梯度平均

$$t_7 = \sum_{j=1}^{N_s} j \left[\sum_{i=1}^{N_g} \hat{\boldsymbol{H}}_{ij} \right] \tag{8-51}$$

（8）灰度标准差

$$t_8 = \left\{ \sum_{i=1}^{N_g} (i - t_6)^2 \left[\sum_{j=0}^{N_s} \hat{\boldsymbol{H}}_{ij} \right] \right\}^{\frac{1}{2}} \tag{8-52}$$

（9）梯度标准差

$$t_9 = \left\{ \sum_{j=1}^{N_s} (i - t_7)^2 \left[\sum_{i=1}^{N_g} \hat{\boldsymbol{H}}_{ij} \right] \right\}^{\frac{1}{2}} \tag{8-53}$$

（10）相关性

$$t_{10} = \sum_{i=1}^{N_g} \sum_{j=1}^{N_s} (i - t_6)(j - t_7) \hat{\boldsymbol{H}}_{ij} \tag{8-54}$$

（11）灰度熵

$$t_{11} = - \sum_{i=1}^{N_g} \left[\sum_{j=1}^{N_s} \hat{\boldsymbol{H}}_{ij} \right] \log_2 \left[\sum_{j=1}^{N_s} \hat{\boldsymbol{H}}_{ij} \right] \tag{8-55}$$

（12）梯度熵

$$t_{12} = - \sum_{j=1}^{N_s} \left[\sum_{i=1}^{N_g} \hat{\boldsymbol{H}}_{ij} \right] \log_2 \left[\sum_{i=1}^{N_g} \hat{\boldsymbol{H}}_{ij} \right] \tag{8-56}$$

（13）混合熵

$$t_{13} = - \sum_{i=1}^{N_g} \sum_{j=1}^{N_s} \hat{\boldsymbol{H}}_{ij} \log_2 \hat{\boldsymbol{H}}_{ij} \tag{8-57}$$

（14）惯性矩

$$t_{14} = \sum_{i=1}^{N_g} \sum_{j=1}^{N_s} (i - j)^2 \hat{\boldsymbol{H}}_{ij} \tag{8-58}$$

（15）逆差矩

$$t_{15} = \sum_{i=1}^{N_g} \sum_{j=1}^{N_s} \frac{1}{1 + (i - j)^2} \hat{\boldsymbol{H}}_{ij} \tag{8-59}$$

对图 8-22 求取基于灰度-梯度共生矩阵的纹理特征，MATLAB 代码见附录 8-5。利用附录中代码计算图 8-23 的基于灰度-梯度共生矩阵的纹理特征。

图 8-23　求取灰度-梯度共生矩阵的纹理特征所用实验图像

程序运行结果如下：

基于灰度-梯度共生矩阵的图像纹理特征如下：

$t_1 = 0.76694$，$t_2 = 5.4584$，$t_3 = 41359.024$，$t_4 = 78941.9605$，$t_5 = 0.25605$

$t_6 = 5.3307$，$t_7 = 1.6875$，$t_8 = 5.0642$，$t_9 = 1.6158$，$t_{10} = 0.17239$

$t_{11} = 2.7475$，$t_{12} = 1.5091$，$t_{13} = 3.8832$，$t_{14} = 38.7083$，$t_{15} = 0.53827$

$t_1 \sim t_{15}$ 的值分别对应上文中的 15 个纹理特征。

8.4　基于主成分分析的特征选择

8.4.1　KL 变换

图像识别中的特征变量很多，识别过程中往往需要从复杂的特征变量中提取出更加精练和重要的数据，或者将高维数据分析问题变为较低维的数据分析问题。主成分分析（PCA）是图像识别中常用的降维技术。主成分分析又被称为 Hotelling 算法，或者 Karhunen and Leove（KL）变换。KL 变换是最小均方误差意义上的最优变换，其基本步骤如下：

1）首先，计算 N 维样本数据的均值：

$$\boldsymbol{m}_x = E\{X\} \boldsymbol{m}_x \approx \frac{1}{M} \sum_{i=1}^{M} X_i \tag{8-60}$$

取样本的协方差矩阵

$$\boldsymbol{\Sigma}_X E\{(\boldsymbol{X} - \boldsymbol{m}_x)(\boldsymbol{X} - \boldsymbol{m}_x)^{\mathrm{T}}\} \tag{8-61}$$

其中，

$$\boldsymbol{\Sigma}_X \approx \frac{1}{M} \sum_{i=1}^{M} (\boldsymbol{X} - \boldsymbol{m}_x)(\boldsymbol{X} - \boldsymbol{m}_x)^{\mathrm{T}} \approx \frac{1}{M} \Big[\sum_{i=1}^{M} X_i X_i^{\mathrm{T}} \Big] = \boldsymbol{m}_x \boldsymbol{m}_x^{\mathrm{T}} \tag{8-62}$$

2）然后，计算协方差矩阵 $\boldsymbol{\Sigma}_X$ 对应的特征值 $\{\lambda_i\}$ 及特征向量 $\{\boldsymbol{\phi}_i\}$，由 $\det(\lambda \boldsymbol{I} - \boldsymbol{\Sigma}_X) = 0$ 得

$$\Sigma_X \phi = \lambda \phi \tag{8-63}$$

3）将 $\{\lambda_i\}$ 按从大到小排列，$\lambda_1 > \lambda_2 > \cdots > \lambda_{n^2}$，取其前面 m 个 λ_i 对应的 $\{\phi_i\}$ 重构正交矩阵 K，用该矩阵与样本向量相乘就能实现样本向量的降维。其中：

$$K = \begin{bmatrix} \phi_1^T \\ \phi_2^T \\ \vdots \\ \phi_{n^2}^T \end{bmatrix} \tag{8-64}$$

KL 变换具有去相关性好的特点，它的主要思路就是使得转换基是一组标准正交基。在这个前提下，就可以运用线性代数的相关理论进行快速有效的处理，对得到的新的基向量所对应的"主元"进行排序，利用这个主元重要性的排序可以方便地对数据进行简化或压缩处理。

8.4.2 PCA 的基本原理

PCA 方法的主要目的就是寻找到一组正交基，它们是标准正交基的线性组合，因而能够最好地表示原数据集。这种方法能对原有的高维数据进行简化，有效地找出数据中最"主要"的元素和结构，去除噪声和冗余、将原有的复杂数据降维，将复杂数据背后的简单结构提取出来。

如用 X 表示原数据集，是一个 $m \times n$ 的矩阵，它的每一个列向量都表示一个时间采样点上的数据，Y 表示转换以后的新的数据集，P 是它们之间的线性转换，则有：

$$PX = Y \tag{8-65}$$

用 P_i 表示 P 的行向量，x_i 表示 X 的列向量 y_i 表示 Y 的列向量。公式（8-65）表示不同基之间的转换，在线性代数中，P 是从 X 到 Y 的转换矩阵，P 通过对 X 进行旋转和拉伸而得到 Y。P 的行向量 $(P_1, P_2, \cdots, P_m)$ 是一组新的基，而 Y 是原数据 X 在这组新的基表示下得到的重新表示，可通过下式表示。

$$PX = \begin{bmatrix} p_1 \\ \vdots \\ p_m \end{bmatrix} [x_1, x_2, \cdots, x_n] \tag{8-66}$$

$$Y = \begin{bmatrix} p_1 x_1 & \cdots & p_1 x_n \\ \vdots & & \vdots \\ p_m x_1 & \cdots & p_m x_n \end{bmatrix} \tag{8-67}$$

Y 的列向量已转变为：

$$y_i \begin{bmatrix} p_1 x_i \\ \vdots \\ p_m x_i \end{bmatrix}$$

可见，y_i 表示的是 x_i 与 P 中对应列的点积，也就是相当于 x_i 在对应向量 P_i 上的投影。所以，P 的行向量就是一组新的基，它对原数据 X 进行重新表示。P 的行向量就是 PCA 中的主元，通过这些主元的排序就可反映出主元各元素对原数据 X 进行重新表达的重要程度。

　　下面从数据分布的角度来认识 PCA 方法。我们知道，噪声对数据的影响是巨大的，如果不能对噪声进行区分，就不可能抽取数据中有用的信息。噪声的衡量标准有多种方式，最常见的定义是信噪比 SNR，即采用信号和噪声的方差比 σ^2 来定量分析：

$$SNR = \frac{\sigma^2_{signal}}{\sigma^2_{noise}} \tag{8-68}$$

　　比较大的信噪比表示数据的准确度高，而信噪比低则说明数据中的噪声成分比较多。信号和噪声的区别在一定程度上取决于信息的变化程度，变化较大的信息被认为是信号，变化较小的被认为则是噪声。依据这个标准进行去噪，等价于使用一个低通的滤波器去噪，信息变化的大小可由方差 σ^2 来描述，即：

$$\sigma^2 = \frac{\sum\limits_{i=1}^{n}(x_i - \bar{x})^2}{n-1} \tag{8-69}$$

式中，σ^2 表示采样点在平均值两侧的分布，对应于图 8-24 就是采样点云的分布宽窄。

　　由此可知，方差较大的部分就是较宽的分布区域，表示采样点的主信号或主要分量；而方差较小的部分就是较窄分布区域，被认为是采样点的噪声或次要分量。

　　图 8-24 中黑色垂直直线表示一组正交基的方向。σ^2_{signal} 是采样点云在长线方向上分布的方差，而 σ^2_{noise} 是数据点在短线方向上分布的方差。图 8-25 是 P 的基向量在各角度的 SNR 分布。

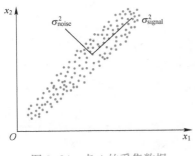

图 8-24　点 A 的采集数据

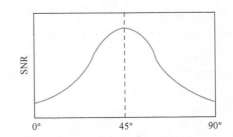

图 8-25　P 的基向量在各角度的 SNR 分布

　　在图 8-24 中，小黑点代表采样点，因为理论上采样点是只存在于一条直线上，所以偏离直线的分布都属于噪声。此时 SNR 描述的就是采样点云在某对垂直方向上的概率分布的比值。那么，最大限度地揭示原数据的结构和关系，找出某条潜在的、最优的 X 轴，事实上等价于寻找一对空间内的垂直直线，使得信噪比尽可能大。直观的方法是对基向量进行旋转。随着这对直线的转动，使 SNR 取得最大值的一组基 p^*，就是所求最优的"主元"方向。

　　有时在模式分类中，由于引入了一些不必要的变量名，而这些变量对分类结果没有影响，有时有些变量可以用其他变量表示而造成数据冗余。数据的主元方向和数据冗余可借助于主成分分析的几何解释。假设有 n 个样品，每个样品有 2 个变量，即在二维空间中讨论主成分的几何意义。设 n 个样品在二维空间中的分布大致为图 8-26 所示的一个椭圆。

如图 8-26 所示，将坐标系进行正交旋转一个角度 θ，使其在椭圆长轴方向取坐标 y_1，在椭圆短轴方向取坐标 y_2，旋转公式为：

$$\begin{cases} y_{1j} = x_{1j}\cos\theta + x_{2j}\sin\theta \\ y_{2j} = x_{1j}(-\sin\theta) + x_{2j}\cos\theta \end{cases} \quad j = 1, 2, 3, \cdots, n \quad (8\text{-}70)$$

其矩阵形式可表示为：

$$Y = \begin{bmatrix} y_{11} & y_{12} & \cdots & y_{1n} \\ y_{21} & y_{22} & \cdots & y_{2n} \end{bmatrix} = \begin{bmatrix} \cos\theta & \sin\theta \\ -\sin\theta & \cos\theta \end{bmatrix} \begin{bmatrix} x_{11} & x_{12} & \cdots & x_{1n} \\ x_{21} & x_{22} & \cdots & x_{2n} \end{bmatrix} = UX \quad (8\text{-}71)$$

其中，U 为坐标旋转变换矩阵，它是正交矩阵，即有 $UU^T = I$，变量经过旋转变换后得到在新坐标体系下的主成分几何解释图如图 8-27 所示。

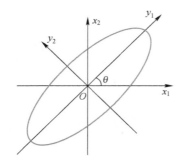 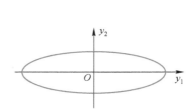

图 8-26　旧坐标系下主成分几何解释图　　　　图 8-27　新坐标下主成分几何解释图

1）n 个点的坐标 y_1 和 y_2 的相关几乎为零。

2）二维平面上的 n 个点的方差大部分都归结为 y_1 轴上，而 y_2 轴上的方差较小。

y_1 和 y_2 均称为原始变量的综合变量。由于 n 个点在 y_1 轴上的方差最大，因而将二维空间的点用在 y_1 轴上的一维综合变量来代替，所损失的信息量最小，由此称 y_1 轴为第一主成分；y_2 轴与 y_1 轴正交，有较小的方差，称它为第二主成分。

图 8-28 中的 r_1 和 r_2 分别是两个不同的观测变量，最佳拟合线 $r_2 = kr_1$ 虚线表示。它揭示了两个观测变量之间的关系。图 8-28a 所示的情况是低冗余的，从统计学上说，这两个观测变量是相互独立的，它们之间的信息没有冗余。而相反的极端情况如图 8-28c 所示，r_1 和 r_2 高度相关，r_2 完全可以用 r_1 表示。这个变量的观测数据就是完全冗余的，只需用一个变量就可以表示这两个变量，这也就是 PCA 中"降维"思想的本源。

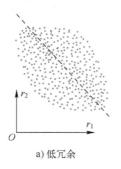 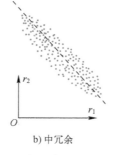

　　　　a) 低冗余　　　　　　　　　　b) 中冗余　　　　　　　　　　c) 高冗余

图 8-28　可能冗余的数据频谱图

对于上面的简单情况，可以通过简单的线性拟合方法来判断各观测变量之间是否出现冗余。而对于复杂的情况，需要借助协方差来进行衡量和判断：

$$\sigma^2_{AB} = \frac{\sum_{i=1}^{n}(a_i - \overline{a})(b_i - \overline{b})}{n-1} \tag{8-72}$$

令 A 和 B 分别表示不同的观测变量所记录的一组值，由协方差的性质可以得到：

① 当且仅当观测变量 A、B 相互独立时，$\sigma^2_{AB} \geq 0$。

② 当 $A = B$，$\sigma^2_{AB} = \sigma^2_A$。

等价地，如果将 A、B 写成行向量的形式：$\boldsymbol{A} = [a_1, a_2, \cdots, a_n]$、$\boldsymbol{B} = [b_1, b_2, \cdots, b_n]$，那么，协方差可以表示为：

$$\sigma^2_{AB} \equiv \frac{1}{n-1}\boldsymbol{A}\boldsymbol{B}^{\mathrm{T}} \tag{8-73}$$

因此，对于一组具有 m 个观测变量、n 个采样时间点的采样数据 X，将每个观测变量的值写为行向量，可以得到一个矩阵：

$$\boldsymbol{X} = \begin{bmatrix} x_1 \\ \vdots \\ x_m \end{bmatrix} \tag{8-74}$$

由此定义协方差矩阵如下：

$$\boldsymbol{C}_X \equiv \frac{1}{n-1}\boldsymbol{X}\boldsymbol{X}^{\mathrm{T}} \tag{8-75}$$

$\boldsymbol{C}_X$ 是一个 $m \times m$ 的平方对称矩阵。$\boldsymbol{C}_X$ 对角线上的元素是对应的观测变量的方差，非对角线上的元素是对应的观测变量之间的协方差。

协方差矩阵 $\boldsymbol{C}_X$ 包含了所有观测变量之间的相关性度量。这些相关性度量反映了数据的噪声和冗余的程度。在对角线上的元素越大，表明信号越强，变量的重要性越高；元素越小则表明可能是存在噪声或是次要变量；在非对角线上的元素大小对应于相关观测变量对之间冗余程度的大小。

主成分分析以及协方差矩阵优化的原则是：首先，要最小化变量冗余，对应于协方差矩阵的非对角元素要尽量小；同时，还要最大化信号，即要使协方差矩阵的对角线上的元素尽可能的大。因为协方差矩阵的每一项都是正值，则最小值为 0，所以优化的目标矩阵 $\boldsymbol{C}_Y$ 的非对角元素应该都是 0，对应于冗余最小，即只有对角线上的元素可能是非零值。同时，PCA 假设 P 所对应的一组变换基 $\{p_1, p_2, \cdots, p_m\}$ 必须是标准正交的，而优化矩阵 $\boldsymbol{C}_Y$ 对角线上的元素越大，就说明信号所占的成分越大。

对协方差矩阵进行对角化的方法很多。根据上面的分析，最简单最直接的算法就是在多维空间内进行搜索。如同图 8-24 的例子中旋转 P 的方法一样，在 m 维空间中进行遍历，找到一个方差最大的向量为 p_1。在与 p_1 垂直的向量空间中进行遍历，找出次大的方差对应的向量为 p_2。对以上过程进行循环直到找出全部 m 的向量，由此生成的向量顺序也就是"主元"的排序。

实际应用中，还要考虑 PCA 的假设和局限性，PCA 的模型中存在许多的假设条件，这些条件决定了它存在一定的限制，不满足这些条件的场合会使 PCA 效果不好或者失效。

PCA 内部模型的假设条件为数据间是线性的，这也就决定了它的主成分之间的关系也是线性的。PCA 方法还隐含了这样的假设，即认为数据本身具有较高的信噪比，具有最高方差的那一维向量就可以被看作是向量的主元，而方差较小的变化则被认为是噪声部分，这也是低通滤波器的选择原则。

PCA 求解的结果是获得新空间下的特征向量和特征根，通过雅可比方法可以进行特征分解，从而得到特征向量以及所对应的特征根，但这种方法比较慢，一般通过奇异值分解的方法可快速得到特征向量以及所对应的特征根。PCA 方法和线性代数中的奇异值分解（SVD）方法有内在的联系，一定意义上来说，PCA 的解法是 SVD 的一种变形和弱化。对于 $m \times n$ 的矩阵 $\boldsymbol{X}$，通过奇异值分解可以直接得到如下形式：

$$\boldsymbol{X} = \boldsymbol{U} \sum \boldsymbol{V}^{\mathrm{T}} \tag{8-76}$$

其中，$\boldsymbol{U}$ 是一个 $m \times m$ 的矩阵，$\boldsymbol{V}$ 是一个 $n \times n$ 的矩阵，而 $\boldsymbol{\Sigma}$ 是 $m \times n$ 的对角阵，$\boldsymbol{\Sigma}$ 的形式如下：

$$\boldsymbol{\Sigma} = \begin{bmatrix} \sigma_1 & & & \\ & \ddots & & 0 \\ & & \sigma_r & \\ 0 & & 0 & \\ & & & \ddots \\ & & & & 0 \end{bmatrix} \tag{8-77}$$

其中，$\sigma_1 \geqslant \sigma_2 \geqslant \cdots \geqslant \sigma_r$，是原始矩阵的奇异值。

由简单推导可知，如果对奇异值分解加以约束：$\boldsymbol{U}$ 的向量必须正交，则矩阵 $\boldsymbol{U}$ 即为 PCA 的特征值分解中的 $\boldsymbol{E}$，这说明 PCA 并不一定需要求取 $\boldsymbol{XX}^{\mathrm{T}}$，直接对原数据矩阵 $\boldsymbol{X}$ 进行 SVD 奇异值分解即可得到特征向量矩阵，也就是主元向量。

对新求出的"主元"向量的重要性还要进行排序，维数排在越前面的是越重要的"主元"。根据需要取排在前面最重要的维数，而将后面的维数消去，以达到降维，从而起到简化模型的效果，同时这也最大限度地保持原有数据的信息完整性。

PCA 分析方法使用中值和方差进行充分统计，但其模型只限于指数型概率分布模型（例如高斯分布）。然而，有时数据并不满足高斯分布，这种情况下，PCA 方法得出的主元可能并不是最优的，因此在这种情况下寻找主元，不能将方差作为衡量重要性的唯一标准，而要根据数据的分布情况选择合适的描述完全分布的变量，然后根据概率分布式来计算两个向量上数据分布的相关性。当数据分布并不满足高斯分布，而是呈明显的十字星状时，在这种情况下，方差最大的方向并不是最优的主元方向，PCA 将会失效。此时，可以使用 kernel-PCA 方法及非线性的权值对原有 PCA 技术进行拓展和修正。

kernel-PCA 的示意图如图 8-29 所示，图中的黑色点表示采样数据，排列成转盘的形状，该数据的主元是 (P_1, P_2) 或是 θ 旋转。如图 8-25 中，PCA 找出的主元将是 (P_1, P_2)，但是它显然不是最优和最简化的主元。(P_1, P_2) 之间存在着非线性的关系。根据先验的知识可知在旋转角为 0°时才是最优的主元。这样如果通过加如先验的知识，对数据进行某种划归，就可以将数据转化到以 θ 为线性的空间中。这类根据先验知识对数据预先进行非线性转换的方法就称为 kernel-PCA，这种方法扩展了 PCA 能够处理的问题的范围，同时结合了一些先验知识的约束。

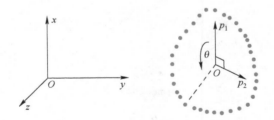

图 8-29　kernel-PCA 的示意图

8.4.3　PCA 代码实现

为了便于理解，下面通过一个分类问题来阐述 PCA 算法各个步骤的实现程序。

以下是一组鸢尾花图片的样本特征数据（大小为 25×4）：

5.1	3.5	1.4	0.2
4.9	3.0	1.4	0.2
4.7	3.2	1.3	0.2
4.6	3.1	1.5	0.2
5.0	3.6	1.4	0.2
5.4	3.9	1.7	0.4
4.6	3.4	1.4	0.3
5.0	3.4	1.5	0.2
4.4	2.9	1.4	0.2
4.9	3.1	1.5	0.1
5.4	3.7	1.5	0.2
4.8	3.4	1.6	0.2
4.8	3.0	1.4	0.1
4.3	3.0	1.1	0.1
5.8	4.0	1.2	0.2
5.7	4.4	1.5	0.4
5.4	3.9	1.3	0.4
5.1	3.5	1.4	0.3
5.7	3.8	1.7	0.3
5.1	3.8	1.5	0.3
5.4	3.4	1.7	0.2
5.1	3.7	1.5	0.4
4.6	3.6	1.0	0.2
5.1	3.3	1.7	0.5
4.8	3.4	1.9	0.2

该样本中包含鸢尾花图片的四个样本特征，利用 PCA 法对其进行主成分分析具体过程如下：

1）特征值中心化，即每一维的数据都减去该维的均值。目的是使得变换之后的每一维的均值都为 0。其 MATLAB 代码实现如下：

```
for i = 1:4
mean = sum(source(:,i))/25;        %source 是特征矩阵
temp(:,i) = source(:,i)-mean;
end
result = temp;
```

其 result 结果如下：

0.0720	0.0200	− 0.0600	− 0.0480
− 0.1280	− 0.4800	− 0.0600	− 0.0480
− 0.3280	− 0.2800	− 0.1600	− 0.0480
− 0.4280	− 0.3800	0.0400	− 0.0480
− 0.0280	0.1200	− 0.0600	− 0.0480
0.3720	0.4200	0.2400	0.1520
− 0.4280	− 0.0800	− 0.0600	0.0520
− 0.0280	− 0.0800	0.0400	− 0.0480
− 0.6280	− 0.5800	− 0.0600	− 0.0480
− 0.1280	− 0.3800	0.0400	− 0.1480
0.3720	0.2200	0.0400	− 0.0480
− 0.2280	− 0.0800	0.1400	− 0.0480
− 0.2280	− 0.4800	− 0.0600	− 0.1480
− 0.7280	− 0.4800	− 0.3600	− 0.1480
0.7720	0.5200	− 0.2600	− 0.0480
0.6720	0.9200	0.0400	0.1520
0.3720	0.4200	− 0.1600	0.1520
0.0720	0.0200	− 0.0600	0.0520
0.6720	0.3200	0.2400	0.0520
0.0720	0.3200	0.0400	0.0520
0.3720	− 0.0800	0.2400	− 0.0480
0.0720	0.2200	0.0400	0.1520
− 0.4280	0.1200	− 0.4600	− 0.0480
0.0720	− 0.1800	0.2400	0.2520
− 0.2280	− 0.0800	0.4400	− 0.0480

2）计算协方差矩阵：

```
result = cov(temp);
```

result 结果如下：

0.1604	0.1181	0.0241	0.0194

0.1181	0.1358	0.0062	0.0223
0.0241	0.0062	0.0392	0.0066
0.0194	0.0223	0.0066	0.0109

3）计算协方差矩阵的特征向量和特征值：

```
[v,D] = eig(result);
display(v);
display(D);
```

运行结果如下：

特征向量

```
v =
    0.0975    0.5847    0.3260    0.7365
  - 0.2397  - 0.5197  - 0.4870    0.6598
  - 0.2115  - 0.5384    0.8099    0.0969
    0.9425  - 0.3135    0.0242    0.1133
```

特征值

```
D =
    0.0058         0         0         0
         0    0.0229         0         0
         0         0    0.0453         0
         0         0         0    0.2724
```

4）将特征向量按照降序排列：

```
[dummy, order] = sort(diag(-D));
v = v(:,order);          %将特征向量按照特征值大小进行降序排列
d = diag(D);             %将特征值取出,构成一个列向量
newd = d(order);         %将特征值构成的列向量按降序排列
```

5）取前 n 个特征向量，构成变换矩阵：

```
sumd = sum(newd);                    %特征值之和
for j = 1:length(newd)
    i = sum(newd(1:j,1))/sumd;       %计算贡献率,即前 n 个特征值之和/总特征值之和
    if i>0.90                        %当贡献率大于 90% 时循环结束,并记下取多少个特征值
        cols = j;
        break;
    end
end
T = v(:,1:cols);                     %取前 cols 个特征向量,构成变换矩阵 T
newFeature = source * T;             %用变换矩阵 T 对 source 进行降维
```

结果如下：

6. 2238	1. 0967
5. 7466	1. 2750
5. 7216	1. 0314
5. 6013	1. 2095
6. 2161	1. 0154
6. 7604	1. 2475
5. 8009	0. 9848
6. 0939	1. 1938
5. 3124	1. 1607
5. 8109	1. 3048
6. 5864	1. 1780
5. 9563	1. 2096
5. 6616	1. 2400
5. 2643	0. 8340
7. 0498	0. 9194
7. 2919	0. 9398
6. 7216	0. 9235
6. 2351	1. 0991
6. 9040	1. 3915
6. 4428	1. 0340
6. 4078	1. 4861
6. 3881	1. 0851
5. 8828	0. 5610
6. 1549	1. 4443
5. 9853	1. 4526

整个过程将原有的 25×4 的数组降为了 25×2 的数组，实现了主成分的提取。在图像处理中可先将图片信息转化为矩阵，然后通过上述过程来进行主成分分析，并且对比不同特征值下的主成分提取效果。

在利用 PCA 进行主成分计算时，也可以直接调用下面的函数：

```
%%主成分分析函数
function [newX,T,meanValue] = pca_row(source,CRate)
%X 为原始特征矩阵,CRate 为贡献度
%%计算中心化样本矩阵
X = source;
meanValue = ones(size(X,1),1) * mean(X);
X = X-meanValue;          %每个维度减去该维度的均值
C = X' * X/(size(X,1)-1); %计算协方差矩阵
%%计算特征向量,特征值
[V,D] = eig(C);
%%将特征向量按降序排序
[dummy,order] = sort(diag(-D));
```

```
V = V( : ,order);              %将特征向量按照特征值大小进行降序排列
d = diag(D);                   %将特征值取出,构成一个列向量
newd = d(order);               %将特征值构成的列向量按降序排列
%%取前 n 个特征向量,构成变换矩阵
sumd = sum(newd);             %特征值之和
for j = 1:length(newd)
    %计算贡献率,贡献率=前 n 个特征值之和/总特征值之和
    i = sum(newd(1:j,1))/sumd;
    if i>CRate                 %当贡献率大于 0.95 时循环结束,并记下取多少个特征值
        cols = j;
        break;
    end
end
T = V( : ,1:cols);             %取前 cols 个特征向量,构成变换矩阵 T
newX = source * T;            %用变换矩阵 T 对 X 进行降维
```

在命令窗口利用下述命令,调用上述子函数即可实现主成分分析。

```
CRate = 0.9;
[newFeature,T,meanValue] = pca_row(source,CRate);  %source 是原始特征矩阵
```

8.5　基于分离判据的特征选择

在进行样本分类时,我们往往希望获得一个或者一组具有较好分类能力的特征。对于这些用于分类的特征或特征矢量,同类样本之间的距离越小越好,不同类样本之间的距离越大越好。分离判据正是基于这一思想,用来判定某个特征及特征组合的分类能力。

设 N 个模式 $\{T_k\}$ 分属 c 类,则有, $w_i = \{T_{ki}, k=1,2,\cdots,N_i\}$, $i=1,2,\cdots,c$, 则 w_i 的样本频率为:

$$P_i = \frac{N_i}{N} \tag{8-78}$$

w_i 的样本均值为:

$$m_i = \frac{1}{N_i}\sum_{k=1}^{N_i} T_{ki} \tag{8-79}$$

总的样本均值为:

$$m = \frac{1}{N}\sum_{k=1}^{N} T_k \tag{8-80}$$

w_i 类内离散矩阵为:

$$s_{wi} = \frac{1}{N_i}\sum_{k=1}^{N_i} (T_{ki} - m_i)(T_{ki} - m_i)^{\mathrm{T}} \tag{8-81}$$

总的类内散布矩阵为:

$$s_w = \sum_{i=1}^{c} P_i s_{wi} = \sum_{i=1}^{c} P_i \sum_{k=1}^{N_i} (T_{ki} - m_i)(T_{ki} - m_i)^{\mathrm{T}} \tag{8-82}$$

总的类间散布矩阵为：

$$s_b = \sum_{i=1}^{c} P_i(m_i - m)(m_i - m)^{\mathrm{T}} \tag{8-83}$$

在特征空间中，利用 s_w 和 s_b 的行列式或迹，构造可分离性判据：

$$J = \frac{\mathrm{tr}s_b}{\mathrm{tr}s_w} \tag{8-84}$$

可见，J 判据的值越大，说明类间距大而类内距小，此时的特征组合的分类能力越好。在使用分离判据时，可对所有的特征向量进行任意组合，利用类内间距和类间间距求出每一种组合所对应的 J，寻找 J 值最大的特征组合作为分类特征。

为了便于理解，下面通过一个分类问题来阐述基于分离判据的特征选择实现程序。本节所选用的鸢尾花图片的样本特征数据（大小为 25×4）同上 8.4.3 节中的鸢尾花特征数据，特征按列分为 4 类，同时每一类分成两组，前 15 个元素为一组，后 10 个元素为一组。基于分离判据的特征选择的 MATLAB 程序实现如下：

```
filename = 'feature. xlsx';
data1 = xlsread( filename) ;
data = data1';
length_num = 2;             %每一类分成组数
s = 25;                     %每类的长度
N = [ 15,10];
%将特征值进行高斯归一化
[ m,n] = size( data) ;
I_ex = mean( data,2);       %均值
I_s = std( data,0,2);       %样本标准差
T = [ ];                    %存储 T( ki) 矩阵的结果

%wi 的样本频率,文档公式 P(i) = N(i)/N,6-15,N 为数据的总和
for i = 1:length_num
    P(i) = N(i)/s; %
end

for i = 1:4                 %构建 T( ki) 矩阵,当类发生变化时需更改 i 的范围
    TT1 = ( ( data(i,1:n)-I_ex(i) )/( 3 * I_s(i)+eps)+1)/2;
    T = [ T;TT1];           %累加 TT1 运算得到的每行数据,得到 T( ki) 矩阵
end

Mi = [ ];                   %存储 wi 的样本均值,m(i) = 1/N(i) * sum( T)
sum_N = 0;
sum_N1 = N(1);

%计算 wi 的样本均值
for i = 1:length_num
```

```
    if i == 1
        Mi(:,i) = 1/N(i) * sum(T(:,1:N(1)),2);
        a = T(:,1:N(1));
    end
    if i >1
        sum_N = sum_N+N(i-1);
        sum_N1 = sum_N1+N(i);
        Mi(:,i) = 1/N(i) * sum(T(:,(sum_N+1):sum_N1),2);
    end

end
M = 1/s * sum(T,2);          %sum(T,2)是对 T 按行求和的结果,并将结果置于一列


star = 1;
J5 = zeros();
for j = star:4               %类发生变化时需更改范围
    mi(1,:) = Mi(j,:);       %mi 第一行的全部元素 = Mi 第 j 行的全部元素
    xk(1,:) = T(j,:);        %xk 第一行的全部元素 = T 第 j 行的全部元素
    mo(1,:) = M(j,:);        %m 第一行的全部元素 = M 第 j 行的全部元素
    for z = (star):4         %类发生变化时需更改范围
        sw = zeros();        %构造空矩阵
        sb = zeros();
        if z~=j                   %逻辑非,z 不等于 j,避免同类组合
            mi(2,:) = Mi(z,:);    %mi 第二行的全部元素 = Mi 第 z 行的全部元素
            xk(2,:) = T(z,:);     %xk 第二行的全部元素 = xk 第 z 行的全部元素
            mo(2,:) = M(z,:);     %mo 第二行的全部元素 = M 第 z 行的全部元素

            for i = 1:2
                tsw = zeros();
                for k = 1:N(i)
                    tsw1(:,k) = xk(:,k)-mi(:,i);       %列运算,组合计算
                    tsw = tsw+(xk(:,k)-mi(:,i)) * (xk(:,k)-mi(:,i))';
                end
                sw = sw+P(i) * (1/N(i)) * tsw;
                sb = sb+P(i) * ((mi(:,i)-mo) * (mi(:,i)-mo)');
            end
            %可分离性判据,J=trSb/trSw,det:返回方阵的行列式
            J5(j,z) = det(sb)/det(sw);
        end
    end
end
J = max(J5);                            %取矩阵每一列的最大值
```

程序计算结果为：

J =

1.0e−17 *

0.8793   2.9598   2.7906   3.0182

根据程序运行结果可知，这四类特征中，第一类特征的分类能力最弱，第四类特征的分类能力最强。

【本章小结】

本章主要介绍了图像的几何特征、颜色特征、纹理特征、基于主成分分析的特征选择、基于分离判据的特征选择。本章以大熊猫、自然风光、"祝融号"火星任务车等图像为例展示相关算法的图像处理效果，科技与文化相融合，空天与地面相呼应，展现自然之美、动物之美、环境之美和科技之美。

【课后习题】

1. 特征提取与特征选择的区别是什么？
2. 图像特征主要分为哪几类？各类中都包含哪些特征？
3. 灰度共生矩阵和灰度-梯度共生矩阵的定义？
4. 基于灰度共生矩阵和灰度-梯度共生矩阵的图像纹理特征有哪些？
5. PCA 方法基本步骤有哪些？PCA 的主要目的是什么？
6. 利用分离判据进行特征提取，解释为什么要使判据最大？
7. 利用 MATLAB 分别进行基于 PCA 和基于分离判据的特征选择的编程练习。
8. 基于视觉检测技术对下图中的工件进行分类检测，
1）为了准确识别工件，需要提取工件的哪些特征参数？
2）若要进行特征参数降维处理，可采用何种方法？写出该方法的处理步骤。

银色   银色   银色   金色   银灰色

第9章 图像匹配

图像匹配技术是数字图像信息处理和计算机视觉领域中的一个热点问题，在气象预报、医疗诊断、文字读取、空间飞行器自动导航、武器投射制导系统、雷达图像目标跟踪、地球资源分析与检测以及景物分析等许多领域中得到广泛应用。

在数字图像处理领域，常常需要把不同的传感器或同一传感器在不同时间、不同成像系统条件下，对同一景物获取的两幅或者多幅图像进行比较，找到该组图像中的共有景物，或是根据已知模式，到另一幅图中寻找相应的模式，此过程称为图像匹配。实际上，图像匹配就是一幅图像到另一幅图像对应点的最佳变换。

9.1 模板匹配的概念

一般情况下，在不同光线照射下，通过不同图像采集设备，在不同的位置对图像进行采集，将采集到的图像进行对比，即使是同一目标物体的图像也不尽是相同的。之所以会产生这种情况，是因为在采集图像的过程中，目标物体受到诸多因素的干扰，使图像在原有的基础上发生了改变，如光照的变化、位置的变化都会使目标物体发生转变，模板匹配就是略过这些干扰因素，寻找模板图像与搜索图像相同的那些点。模板匹配算法的基本思想是：在一幅大图中查找是否存在已知的模板图像，通过相关搜索策略在大图中找到与模板图像相似的子图像，并确定其位置。如图 9-1 所示，图 9-1a 为被搜索图像，图 9-1b 为模板图像，模板通过搜索算法在被搜索图像中寻找是否有三角形特征的图像。

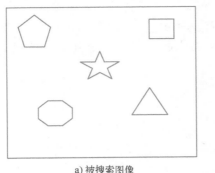

a) 被搜索图像

b) 模板图像

图 9-1　搜索算法在被搜索图像中找到与模板图像相似的子图像

模板匹配过程大致可分为以下几步。

1）图像的取样与量化：通过采样设备获取图像，经过图像处理装置将计算机中的图像数据以数组的方式存储。

2）图像分割：分割图像是按照颜色、亮度或纹理来进行判断。

3）图像分析：分析被分割的图像是否可修改或合并。

4）形状描述：提取图像的特征。

5）图像匹配：计算模板图像与被搜索图像区域的相似度。

模板匹配的分类方法很多，通常可分为三种：基于灰度相关的模板匹配方法、基于变换域的模板匹配方法和基于特征相关的模板匹配方法。

9.2 基于灰度相关的模板匹配

基于灰度值相关的模板匹配方法可以直接对原图像和模板图像进行操作，通过区域（矩形、圆形或其他变形模板）属性（灰度信息）的比较来反映它们之间的相似性。基于灰度的模板匹配算法主要特点是匹配图像与模板图像之间点的像素值具有一定的关系，模板图像与匹配图像像素值能否成功匹配的关键在于匹配图像是否受到外界的影响（如：光照、旋转），如果未受到干扰，那么就能够匹配成功，否则会造成匹配失败。可见，基于灰度的模板匹配算法对外部的一些影响因素有较差的适应性。一般情况下，基于灰度的模板匹配算法只适用于具有相同外界条件下的模板图像与被搜索图像之间的匹配。

基于灰度相关的模板匹配算法是基于模板与被搜索图像中的灰度值来进行匹配的，是模板匹配中最基本的匹配思想。在灰度相关匹配过程中，基于模板图像和被搜索图像的灰度值信息，建立模板图像与被搜索图像中子图像的相似性度量，再查找能够使两幅图像相似性度量值最大或最小的子图像，即可找到匹配图像。常用的相似性度量算法有：平均绝对差算法（MAD）、绝对误差和算法（SAD）、误差平方和算法（SSD）、平均误差平方和算法（MSD）、归一化积相关算法（NCC）、序贯相似性检测算法（SSDA）和绝对转换差之和变换算法（SATD）。

9.2.1 MAD 算法

平均绝对差算法（Mean Absolute Differences，MAD），是 Leese 在 1971 年提出的一种匹配算法，是模式识别中常用方法之一。如图 9-2 所示，图像匹配的目标是：在被搜索图像 9-2a 中找到与模板图像 9-2b 匹配的区域。匹配图像区域如图 9-2a 中方框区域所示。

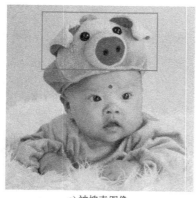

a) 被搜索图像

b) 模板图像

图 9-2　被搜索图像与模板图像

设 $S(x,y)$ 是大小为 $m×n$ 的被搜索图像，$T(x,y)$ 是 $M×N$ 的模板图像。模板匹配的基本思路是：在搜索图 $S(x,y)$ 中，以 (i,j) 为左上角，取 $M×N$ 大小的子图，计算其与模板的相似度；遍历整个搜索图，在所有能够取到的子图中，找到与模板图最相似的子图作为最终匹配结果。

MAD 算法利用平均绝对差作为相似性测度，平均绝对差的计算公式如下：

$$D(i,j) = \frac{1}{M \times N}\sum_{w=1}^{M}\sum_{h=1}^{N} |S(i+w-1,j+h-1) - T(w,h)| \tag{9-1}$$

其中，$1 \leqslant i \leqslant m-M+1$，$1 \leqslant j \leqslant n-N+1$。

平均绝对差 $D(i,j)$ 越小，表明两个图像越相似。故只需找到最小的 $D(i,j)$，即可确定匹配的子图位置。MAD 算法思路简单，容易理解，运算过程简单，匹配精度高。但是，运算量偏大，对噪声非常敏感。

9.2.2　SAD 算法

绝对误差和算法（Sum of Absolute Differences，SAD）与 MAD 算法思想几乎是完全一致，只是其相似度测量公式有所不同。SAD 算法的相似性测度计算的是子图与模板图的 L1 距离，如公式（9-2）所示。

$$D(i,j) = \sum_{w=1}^{M}\sum_{h=1}^{N} |S(i+w-1,j+h-1) - T(w,h)| \tag{9-2}$$

由于 SAD 算法与 MAD、SSD、NCC 算法类似，所以仅列出 SAD 算法的代码，其余算法的实现类似。并且本章的图像匹配算法均以灰度图像为例来进行介绍，若要对彩色图像进行图像匹配，则需要对图像的 R、G、B 三个通道分别进行匹配来获得最佳匹配结果。

SAD 算法图像匹配的 MATLAB 程序代码实现如下：

```
%% 读取模板图像
mask = imread('mask. jpg');
[M, N, d0] = size(mask);
if d0 = = 3
mask_gray = rgb2gray(mask);
else
    mask_gray = mask;
end
figure, imshow(mask_gray);
% title('模板图像')

%% 读取查询图像
src = imread('baby. jpg');
[m, n, d] = size(src);
if d = = 3                          %若图像是彩色图像则转化为灰度图
src_gray = rgb2gray(src);
else
    src_gray = src;
end
```

```
%% 计算相似性测度
dst = zeros(m-M, n-N);
for i = 1:m-M                          %子图选取,每次滑动一个像素
    for j = 1:n-N
        temp = src_gray(i:i+M-1,j:j+N-1);   %当前子图
        dst(i,j) = dst(i,j) +sum(sum(abs(temp-mask_gray)));
    end
end
abs_min = min(min(dst));
[x,y] = find(dst == abs_min);    %找最小相似性测度对应的被搜索图像位置

%% 匹配结果展示
figure, imshow(src_gray);
hold on;
rectangle('position', [y, x, N-1, M-1], 'edgecolor', 'b');
hold off;
% title('SAD 匹配结果')
```

程序的运行结果如图 9-3 所示。

a) 模板图像

b) SAD匹配结果

图 9-3   基于 SAD 算法的图像匹配结果

9.2.3   SSD 算法

误差平方和算法（Sum of Squared Differences，SSD），也叫差方和算法。SSD 算法与 SAD 算法如出一辙，只是其相似度测量公式有一点改动，计算的是子图与模板图的 L2 距离。相似性测度误差平方和的计算公式如下：

$$D(i,j) = \sum_{w=1}^{M} \sum_{h=1}^{N} \left[S(i + w - 1, j + h - 1) - T(w,h) \right]^2 \tag{9-3}$$

9.2.4   NCC 算法

归一化积相关算法（Normalized Cross Correlation，NCC）是通过归一化的相关性度量公式来计算二者之间的匹配程度。归一化积互相关系数的计算公式如下：

$$R(i,j) = \frac{\displaystyle\sum_{w=1}^{M}\sum_{h=1}^{N} |S^{i,j}(w,h) - E(S^{i,j})| \cdot |T(w,h) - E(T)|}{\sqrt{\displaystyle\sum_{w=1}^{M}\sum_{h=1}^{N}[S^{i,j}(w,h) - E(S^{i,j})]^2} \cdot \sqrt{\displaystyle\sum_{w=1}^{M}\sum_{h=1}^{N}[T(w,h) - E(T)]^2}} \qquad (9-4)$$

其中，$E(S^{i,j})$、$E(T)$ 分别表示 (i,j) 处子图、模板的平均灰度值。

9.2.5　SSDA 算法

序贯相似性检测算法（Sequential Similiarity Detection Algorithm，SSDA），是由 Barnea 和 Sliverman 于 1972 年，在文章 *A class of algorithms for fast digital image registration* 中提出的一种匹配算法，是对传统模板匹配算法的改进，比 MAD 算法快几十到几百倍。

设 $S(x,y)$ 是 $m \times n$ 的搜索图，$T(x,y)$ 是 $M \times N$ 的模板图，$S(i,j)$ 是搜索图中的一个子图（左上角起始位置为 (i,j)）。显然：$1 \le i \le m-M+1$，$1 \le j \le n-N+1$。

SSDA 算法描述如下：

1）定义绝对误差：

$$\varepsilon(i,j,w,h) = |S_{i,j}(w,h) - \overline{S_{i,j}} - T(w,h) + \overline{T}| \qquad (9-5)$$

其中，带有上画线的分别表示子图、模板的均值为：

$$\overline{S_{i,j}} = E(S_{i,j}) = \frac{1}{M \times N}\sum_{w=1}^{M}\sum_{h=1}^{N} S_{i,j}(w,h) \qquad (9-6)$$

$$\overline{T} = E(T) = \frac{1}{M \times N}\sum_{w=1}^{M}\sum_{h=1}^{N} T(w,h) \qquad (9-7)$$

可见，绝对误差就是子图与模板图各自去掉其均值后，对应位置之差的绝对值。

2）设定阈值 Th；

3）在模板图中随机选取不重复的像素点，计算与当前子图的绝对误差，将误差累加。当误差累加值超过了 Th 时，则记下累加次数 $Count$，并放弃当前子图转而对下一个子图进行计算；

4）遍历完所有子图后，所有子图的累加次数 $Count$ 用一个表 $R(i,j)$ 来表示，有

$$R(i,j) = \left\{ Count \,\Big|\, \min_{1 \le C \le M \times N}\left[\sum_{h=1}^{Count}\varepsilon(i,j,w,h) \ge Th\right] \right\} \qquad (9-8)$$

图 9-4 给出了 A、B、C 三种误差累计增长曲线。其中，A、B 种情况下误差增长得快，达到误差阈值 Th 所用累加次数少，说明被搜索图像区域偏离模板较为严重；C 情况下增长缓慢，达到误差阈值 Th 所用累加次数多，说明被搜索图像区域与模板偏离较小，很可能是匹配点。

因此，可选取 R 中最大值所对应的 (i,j) 子图作为匹配图像。若 R 存在多个最大值（一般不存在），则取其中累加误差最小的作为匹配图像。

由于随机点累加值超过阈值 Th 后便结束当前子图的计算，所以不需要计算子图所有像素，大

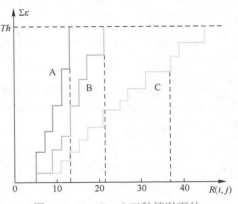

图 9-4　A、B、C 三种情况下的误差累计增长曲线

大提高了算法速度。若要进一步提高匹配速度，可以先进行粗配准，即：隔行、隔列选取子图，用上述算法进行粗糙的定位，然后再对定位到的子图，用同样的方法求其 8 个邻域子图的最大 R 值作为最终配准图像。这样可以有效减少子图个数，减少计算量，提高计算速度。

利用 SSDA 算法进行图像匹配的 MATLAB 程序代码见附录 9-1，程序运行结果如图 9-5 所示。

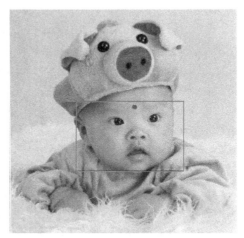

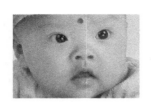

a) 模板图像   b) SSDA 匹配结果

图 9-5　基于 SSDA 算法的图像匹配结果

9.2.6　SATD 算法

绝对转换差之和（Hadamard）变换算法（Sum of Absolute Transformed Difference，SATD），是先经 Hadamard 变换，再对绝对值求和算法。Hadamard 变换等价于把原图像 Q 矩阵左右分别乘以一个 Hadamard 变换矩阵 H。其中，Hadamard 变换矩阵 H 的元素都是 1 或 -1，是一个正交矩阵，可以由 MATLAB 中的 Hadamard(n) 函数生成，n 代表 n 阶方阵。

SATD 算法图像匹配就是将模板与子图做差后得到矩阵 Q，再对矩阵 Q 求其 Hadamard 变换（左右同时乘以 H，即 HQH），对变换所得矩阵求其元素的绝对值之和，即 SATD 值，并将其作为相似度的判别依据。对所有子图都进行如上的变换后，找到 SATD 值最小的子图，便是最佳匹配。

SATD 算法图像匹配的 MATLAB 程序代码实现如下：

```
%读取图像
src = double( rgb2gray( imread( 'baby_mak. png ' ) ) );
mask = double( rgb2gray( imread( '模板图像_bdd. jpg' ) ) );      %模板图像长宽相等
[M,K] = size( src );              %搜索图大小
N = size( mask,1 );               %模板大小
%%hadamard 变换矩阵
hdm_matrix = hadamard( N );
hdm = zeros( M-N+1,K-N+1 ); %保存 SATD 值
for i = 1:M-N+1
```

```
    for j=1:K−N+1
        temp=(src(i:i+N−1,j:j+N−1)−mask)/256;
        sw=(hdm_matrix * temp * hdm_matrix)/256;
        hdm(i,j)=sum(sum(abs(sw)));
    end
end
%%寻找最小值及其窗口位置
min_hdm=min(min(hdm));
[x,y]=find(hdm==min_hdm);
%展示匹配结果
figure,imshow(uint8(mask));
title('模板图像');
imwrite(uint8(mask),'模板图像_bdd_gray.jpg');
figure,imshow(uint8(src));
hold on;
rectangle('position',[y,x,N−1,N−1],'edgecolor','r');
title('SATD 匹配结果');
hold off;
```

程序运行结果如图 9-6 所示。

a) 模板图像

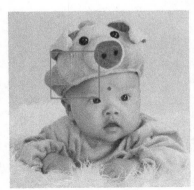

b) SATD匹配结果

图 9-6　基于 SATD 算法的图像匹配结果

9.3　基于变换域的模板匹配

　　图像的空间域与其他域之间的变换，如傅里叶变换、小波变换、轮廓波变换、剪切波变换等，实际上是图像在其他坐标领域中的表现。在空间域中，图像的信息是像素值和坐标位置；在其他域中，如傅里叶变换，图像的信息就是频率和幅度。简单地讲就是从不同的角度看图像而已。在其他域中对图像进行模板匹配处理，称为基于变换域的模板匹配。

　　基于傅里叶变换的图像匹配是典型的基于变换域的模板匹配方法，图像的旋转、平移、比例变换等均能在傅里叶变换的频域中反映出来。基于快速傅里叶互相关的模板匹配算法流程如图 9-7 所示。图 9-7 中，I_1 为模板图像，通过设置合适的步长在搜索图选取不同的查询

窗口 I_2。在基于快速傅里叶变换的模板匹配过程中，通常先对模板图像和查询窗口图像进行快速傅里叶变换；然后对傅里叶变换结果进行互相关计算，得到频域空间的互相关系数；再利用傅里叶反变换，将互相关系数反变换到原空间中；最后，通过寻找最大互相关系数所对应的查询窗口来得到匹配图像，并确定匹配图像的位置。该方法的优势是能抵抗一定的噪声，同时提高匹配的速度。

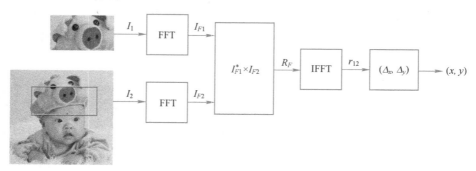

图 9-7　基于快速傅里叶互相关的模板匹配算法流程

傅里叶变换的算法本质上利用其频率特性，将互相关函数转化到频域空间进行计算，然后再将计算结果转回到时域空间。利用公式（9-9）对图像 A 和 B 的查询窗口分别进行快速傅里叶变换。

$$\begin{cases} I_{F1}(u,v) = \iint I_1(x,y)\,\mathrm{e}^{-\mathrm{j}(ux+vy)}\,\mathrm{d}x\mathrm{d}y \\ I_{F2}(u,v) = \iint I_2(x,y)\,\mathrm{e}^{-\mathrm{j}(ux+vy)}\,\mathrm{d}x\mathrm{d}y \end{cases} \tag{9-9}$$

同理，互相关函数 $r_{12}(\tau_x,\tau_y)$ 的傅里叶变换 $R_F(u,v)$ 为：

$$R_F(u,v) = \iint r_{12}(\tau_x,\tau_y)\,\mathrm{e}^{-\mathrm{j}(ux+vy)}\,\mathrm{d}x\mathrm{d}y \tag{9-10}$$

则，根据维纳-辛钦定理可得：

$$R_F(u,v) = I_{F1}^*(u,v) \times I_{F2}(u,v) \tag{9-11}$$

式中，$*$ 代表共轭复数。

对式（9-11）进行快速傅里叶逆变换可得：

$$r_{12}(\tau_x,\tau_y) = \mathrm{IFFT}\{I_{F1}^*(u,v) \times I_{F2}(u,v)\} \tag{9-12}$$

通过快速傅里叶变换得到模板图和搜索图之间的相对位移后，然后便可得到实验结果在搜索图中的位置。

基于傅里叶变换的模板匹配算法的 MATLAB 程序代码实现如下：

```
%%读取背景和模板图像,并将其转化为灰度图
template = rgb2gray(imread('xuerongrong2.jpg'));
background = rgb2gray(imread('xuerongrong.jpg'));
%%获取图像的尺寸
[by,bx] = size(background);
[ty,tx] = size(template); %used forbbox placement
%%进行傅里叶变换,计算频谱数据
```

```
Ga = fft2(background);
Gb = fft2(template, by, bx);
c = real(ifft2((Ga. * conj(Gb))./abs(Ga. * conj(Gb))));
%%画出互相关矩阵图像
figure;
surf(c),
shading flat; %plot correlation
%%获取互相关函数的峰值位置
[max_c, imax]    = max(abs(c(:)));
[ypeak, xpeak] = find(c == max(c(:)));
%%计算背景图像中的匹配区域的位置
position = [xpeak(1),ypeak(1), tx, ty];
%%画出方框图
hFig = figure;
hAx  = axes;
imshow(background, 'Parent', hAx);
rectangle('Position',position,'LineWidth',0.8,'EdgeColor','r');
```

程序运行结果如图 9-8 所示。

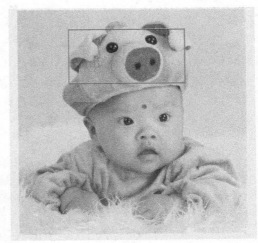

a) 模板图像　　　　　　　　　　　　　　b) 匹配结果

图 9-8　基于快速傅里叶互相关的图像匹配结果

9.4　基于特征相关的模板匹配

　　基于特征的算法利用图像的显著特征，具有计算量小、速度快等特点，对于图像的畸变、噪声、遮挡等也具有一定的鲁棒性，但该类算法的匹配性能在很大程度上取决于特征提取的质量。

9.4.1　基于 SIFT 算法的图像匹配

　　尺度不变特征转换（Scale-Invariant Feature Transform，SIFT）是 1999 年 David Lowe 提出

的，并于 2004 年加以完善。SIFT 算法是一种用来侦测与描述影像中的局部性特征的算法，它在空间尺度中寻找极值点，提取位置、尺度、旋转不变量，生成特征描述子。

SIFT 算法的实质是在不同的尺度空间上查找关键点（特征点），并计算出关键点的方向。SIFT 所查找到的关键点是一些十分突出，不会因光照、仿射变换和噪音等因素而变化的点，如角点、边缘点、暗区的亮点及亮区的暗点等。

SIFT 算法主要分以下步骤。

（1）尺度空间极值点检测

搜索所有尺度上的图像位置，通过高斯微分函数来识别潜在的对于尺度和旋转不变的兴趣点。

SIFT 的尺度空间通过唯一线性变换核——高斯卷积核实现，高斯函数如公式（9-13）所示，

$$G(x_i,y_i,\sigma)=\frac{1}{2\pi\sigma^2}\exp\left(-\frac{(x-x_i)^2+(y-y_i)^2}{2\sigma^2}\right) \tag{9-13}$$

其中，σ 是尺度空间因子，图像像素点的坐标是 (x,y)，图像的中心位置是 (x_i,y_i)。

一个图像的尺度空间 $L(x,y,\sigma)$ 计算公式如公式（9-14）所示：

$$L(x,y,\sigma)=G(x,y,\sigma)*I(x,y) \tag{9-14}$$

其中，$I(x,y)$ 是原图像，$*$ 表示卷积运算。

搭建高斯金字塔获取不同的尺度空间，如图 9-9 所示。原图像做第一层，假设已具有尺度 σ_0（Lowe 推荐 $\sigma_0=1.6$，需要将原始图像做一定的调整，一般采用的方案是首先对初始图像做双线性差值以扩大一倍），之后的每一幅图像均由前一幅图像滤波得到且对应不同的参数 σ_i（Octave），每组图像的初始图像（底层图像）是前一组图像倒数第三张隔点采样得到的，以便保持连续性，不同组相同层的滤波图像生成 σ_i，最终生成的 o 组 $S+3$ 层滤波图像集合被统称为高斯金字塔。

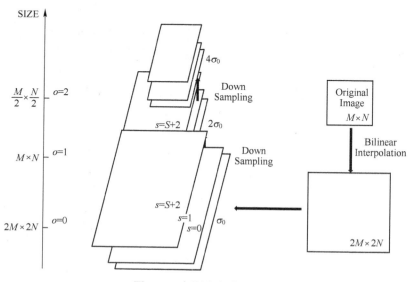

图 9-9　高斯金字塔示意图

在高斯金字塔中，定义各层尺度 $\sigma(s)$ 如公式（9-15）所示：

$$\sigma(s) = \sigma_0 \cdot 2^{\frac{s}{S}} \tag{9-15}$$

式中，σ 是尺度空间坐标，σ_0 称为初始尺度，s 是组内层的索引，S 表示每组的层数（一般为 3~5 层）。

同一组相邻两层尺度关系和相邻两组同一层尺度关系如公式（9-16）和公式（9-17）所示：

$$\sigma_{s+1} = \sigma_s \cdot 2^{\frac{1}{S}} \tag{9-16}$$

$$\sigma_{0+1}(s) = \sigma_0 \cdot 2^{\frac{s+S}{S}} = 2\sigma_0 \cdot 2^{\frac{s}{S}} \tag{9-17}$$

根据连续性，归纳各组各层尺度为 $2^o(\sigma, k\sigma, k^2\sigma, \cdots, k^{n-1}\sigma)$。其中，$k = 2^{1/S}$，$n = S+3$。

金字塔组数取值如公式（9-18）所示：

$$O = [\log_2(\min(m, n))] - 3 \tag{9-18}$$

其中，m，n 分别为原始图像的行高和列宽。

原始图像和塔顶图像的大小共同决定金字塔层数，如公式（9-19）所示：

$$S = \log_2\{\min(m, n)\} - t, t \in [0, \log_2\{\min(m, n)\}] \tag{9-19}$$

其中，t 为塔顶图像的最小维数的对数值，S 为组内有效检测层数。高斯金字塔层数为 $S+3$，通常，高斯金字塔层数取值在 4~6 之间。

搭建好高斯金字塔之后，需要按照一定的方式提取图像的特征点。1980 年，David Courtnay Marr 和 Ellen Hildreth 提出了用于提取图像特征点的 LoG（Laplacian of Gaussian）算法。2002 年，Mikolajczyk 指出尺度归一化的数 LoG 所得出的极大值和极小值可以确保图像特征的稳定性，但计算复杂，运行效率不高。早在 1994 年，Lindeberg 发现与 LoG 非常相似的高斯差分函数 DoG（Difference of Gaussian），LoG 与 DoG 的关系如公式（9-20）和式（9-21）所示：

$$\text{LoG}(x, y, \sigma) = \sigma^2 \nabla^2 G \approx \frac{G(x, y, k\sigma) - G(x, y, \sigma)}{\sigma^2(k-1)} \tag{9-20}$$

$$\text{DoG}(x, y, \sigma) = G(x, y, k\sigma) - G(x, y, \sigma) \approx (k-1)\sigma^2 \nabla^2 G \tag{9-21}$$

由式（9-20）、式（9-21）可知，LoG 与 DoG 只差一个系数，因此 DoG 算子也能确保图像特征点的稳定性。

$$D(x, y, \sigma) = [G(x, y, k\sigma) - G(x, y, \sigma)] * I(x, y) = L(x, y, k\sigma) - L(x, y, \sigma) \tag{9-22}$$

用公式（9-22）得高斯差分图像，$L(x, y, k\sigma)$ 和 $L(x, y, \sigma)$ 分别代表相邻两层图像的高斯变换结果，相减即可得到高斯金字塔，形成过程如图 9-10 所示。

关键点即 DoG 空间中稳定的极值点。为了寻找 DoG 函数的极值点，每一个像素点要和所有相邻点进行对比，看是否比其尺度域的相邻点大或者小，如图 9-11 比较采样点与其相邻点，其中，蓝色的叉号为采样点，红色的点为相邻点，共 26 个（同尺度有 8 个、上下相邻尺度各有 9 个点），查找关键点就是寻找极值点的过程。

（2）筛选出稳定的关键点

在每个候选的位置上，通过一个拟合精细的模型来确定位置和尺度。关键点的选择依据于它们的稳定程度。

图像匹配好坏的一个重要因素是关键点的稳定性，而 DoG 尺度空间存在某些极值点的对比度低和边缘响应点的稳定性差，SIFT 算法需去除这些点，保留相对稳定的特征点，以获得更好的图像匹配效果。

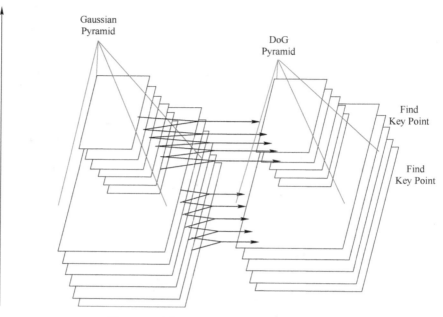

图 9-10　高斯差分金字塔形成过程示意图

第一步进行曲线拟合去除低对比度极值点，用到的是尺度空间 DoG 函数，在尺度空间 $D(x,y,\sigma)$ 上极值点 A 的泰勒展开式如公式（9-23）所示：

$$D(X) = D + \frac{\partial D^{\mathrm{T}}}{\partial X}X + \frac{1}{2}X^{\mathrm{T}}\frac{\partial^2 D}{\partial X^2}X \qquad (9\text{-}23)$$

其中，$X = (x, y, \sigma)^{\mathrm{T}}$ 是极值点。

用公式（9-23）求 X 的偏导，得出极值点的偏移量 $\hat{X}$，令偏导数等于 0，$\hat{X}$ 如公式（9-24）所示：

$$\hat{X} = -\frac{\partial^2 D^{-1}}{\partial X^2}\frac{\partial D}{\partial X} \qquad (9\text{-}24)$$

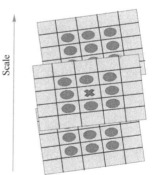

图 9-11　DoG 空间极值点检测

只要任一维度上的 $\hat{X} > 0.5$，改变点的位置修正 $\hat{X}$ 代入公式（9-23）可得公式（9-25）：

$$D(\hat{X}) = D + \frac{1}{2}\frac{\partial D^{\mathrm{T}}}{\partial X}\hat{X} \qquad (9\text{-}25)$$

$D(\hat{X})$ 绝对值过小的点容易受干扰而不稳定，因此，设对比度阈值 T，将满足 $|D(\hat{X})| \geqslant T$ 的极值点保留，而 $D(\hat{X}) < T$ 的极值点删除。同时，在此过程中获取特征点的精确位置（原位置加上拟合的偏移量）以及尺度。

由于 DoG 算子会产生较强的边缘响应，产生的不稳定边缘响应点需要被剔除。考虑到高斯差分算子的极值在横跨边缘的地方有较大主曲率，而在垂直边缘的方向有较小的主曲率，因此可以通过极值点主曲率的大小来评估其稳定性。主曲率通过一个 2×2 的 Hessian 矩阵 H 求出，Hessian 矩阵的计算公式如公式（9-26）所示：

$$H = \begin{bmatrix} D_{xx} & D_{xy} \\ D_{xy} & D_{yy} \end{bmatrix} \tag{9-26}$$

其中，H 为极值点的位置尺度上的一个 Hessian 矩阵，D_{xx}、D_{xy}、D_{yy} 是极值点邻域对应位置差分所得，极值点所在尺度求两次 x 的偏导为 D_{xx}。

D 的主曲率与 H 对应的特征值函数成正比关系，矩阵 H 的迹 tr 和行列式 Det 如公式（9-27）和公式（9-28）所示：

$$\mathrm{tr}(H) = D_{xx} + D_{yy} = \alpha + \beta \tag{9-27}$$

$$\mathrm{Det}(H) = D_{xx}D_{yy} - (D_{xy})^2 = \alpha\beta \tag{9-28}$$

其中，α 和 β 分别是 H 的最大、最小特征值。

此时设 $r = \alpha/\beta$，则：

$$\frac{\mathrm{tr}(H)^2}{\mathrm{Det}(H)} = \frac{(\alpha+\beta)^2}{\alpha\beta} = \frac{(r\beta+\beta)^2}{r\beta^2} = \frac{(r+1)^2}{r} \tag{9-29}$$

公式 $(r+1)^2/r$ 的值在 $\alpha=\beta$ 时最小，值越大说明两个特征值的比值越大，即在某一个方向的梯度值越大，而在另一个方向的梯度值越小，而边缘点恰恰就是这种情况。所以为了剔除边缘响应点，需要让该比值小于一定的阈值。因此，满足公式 $\frac{\mathrm{tr}(H)^2}{\mathrm{Det}(H)} < \frac{(r+1)^2}{r}$ 的点保留，否则剔除。

（3）确定关键点方向

基于图像局部的梯度方向，分配给每个关键点位置一个或多个方向。所有后面的对图像数据的操作都相对于关键点的方向、尺度和位置进行变换，从而提供对于这些变换的不变性。

为使生成的描述子具有旋转不变性，Lowe 提出用每个关键点所在邻域内所有像素点的梯度方向分布特性来确定关键点主方向的相应参数，梯度模值和方向分布如公式（9-30）和公式（9-31）所示：

$$m(x,y) = \sqrt{[L(x+1,y)-L(x-1,y)]^2 + [L(x,y+1)-L(x,y-1)]^2} \tag{9-30}$$

$$\theta(x,y) = \arctan^{-1}\{[L(x,y+1)-L(x,y-1)]/[L(x+1,y)-L(x-1,y)]\} \tag{9-31}$$

其中，L 是关键点所在尺度空间值。

选取一个邻域，关键点为中心，邻域内所有像素点的梯度用直方图统计，方向用箭头表示。平面角度范围 $0\sim360°$，以 $10°$ 为一个方向单位平均分为 36 个方向。如图 9-12 所示，直方图的峰值方向代表了关键点的主方向，方向直方图的峰值则代表了该特征点处邻域梯度的方向，以直方图中最大值作为该关键点的主方向，为了简化，图中仅展示了表示 8 个方向的直方图。

图 9-12 中，直方图表示梯度幅值大小，箭头表示梯度方向，梯度幅值最大所对应的方向表示关键点的主方向。另外，为使算法具有更好的鲁棒性，直方图梯度幅值大于主方向峰值 80% 的方向代表辅方向。因此，在相同位置和尺度下，将会有多个关键点被创建但各关键点的方向不同。

（4）生成特征点描述子

在每个关键点周围的邻域内，在选定的尺度上测量图像局部的梯度。这些梯度被变换成一种表示，这种表示允许比较大的局部形状的变形和光照变化。

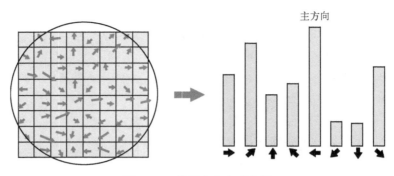

图 9-12 关键点方向直方图

之前的操作步骤确保每个特征点有了尺度、位置和方向信息。特征描述子就是通过这三个信息建立的。如图 9-13 所示，在特征点周围取一 4×4 大小的邻域，以 1×1 分割邻域为 16 个方块，每个方块 8 个方向，每个方向 1 个数值，因此特征点描述子为 4×4×8＝128 维。

（5）特征点匹配

特征点匹配依据是特征描述子间的相似性度，SIFT 采用的是欧氏距离，两个特征点分别是 x_i 和 y_j，其描述子间的欧氏距离如公式（9-32）所示：

$$d(x_i, y_j) = \sqrt{\sum_{k=1}^{128} (x_{ik} - y_{jk})^2} \qquad (9-32)$$

先设定比值 Threshold，计算任意一幅图像的某特征点与另一幅图像的所有特征点的欧氏距离。将这些距离从小到大排序，取最小值 d_1 与次小值 d_2 的比值，若小于 Threshold，则匹配，反之不匹配，其公式如公式（9-33）所示：

$$\frac{d_1}{d_2} < \text{Threshold} \qquad (9-33)$$

图 9-13 梯度直方图形成过程

其中，Threshold 为阈值，一般取为 0.8。

SIFT 算法具有旋转、尺度、亮度、仿射不变性，视角、噪声稳定性好，易于与其他算法结合等优点，但实时性差、对边缘光滑的特征点提取能力低。

SIFT 算法的 MATLAB 程序代码实现如下：

```
%%该函数读取图像并返回其 SIFT"关键点"
function [image, descriptors, locs] = sift(imageFile)
image = imread(imageFile);                %读图
[rows, cols] = size(image);
%转换为 PGM 格式,便于"关键点"可执行文件的读取
f = fopen('tmp. pgm', 'w');
if f == -1
    error('Could not create file tmp. pgm. ');
end
```

```
fprintf(f, 'P5\n%d\n%d\n255\n', cols, rows);
fwrite(f, image', 'uint8');
fclose(f);
%调用"关键点"可执行文件
if isunix
    command = '! . /sift ';
else
    command = '! siftWin32 ';
end
command = [command ' <tmp. pgm >tmp. key'];
eval(command);
g = fopen('tmp. key', 'r');
if g = = -1
    error('Could not open file tmp. key. ');
end
[header, count] = fscanf(g, '%d %d', [1 2]);
if count ~ = 2
    error('Invalid keypoint file beginning. ');
end
num = header(1);
len = header(2);
if len ~ = 128
    error('Keypoint descriptor length invalid (should be 128). ');
end
%创建两个输出矩阵(使用已知大小以提高效率)
locs = double(zeros(num, 4));
descriptors = double(zeros(num, 128));

for i = 1:num
    [vector, count] = fscanf(g, '%f %f %f %f', [1 4]);
    if count ~ = 4
        error('Invalid keypoint file format');
    end
    locs(i, :) = vector(1, :);

    [descrip, count] = fscanf(g, '%d', [1 len]);
    if (count ~ = 128)
        error('Invalid keypoint file value. ');
    end
    %将每个输入向量标准化为单位长度
    descrip = descrip / sqrt(sum(descrip. ^2));
    descriptors(i, :) = descrip(1, :);
end
fclose(g);
```

```
%%该函数显示叠加了 SIFT"关键点"的图像
function showkeys(image, locs)
disp('Drawing SIFT keypoints …');
figure('Position', [50 50 size(image,2) size(image,1)]);    %利用"关键点"画图
colormap('gray');
imagesc(image);
hold on;
imsize = size(image);
for i = 1:size(locs,1)
    TransformLine(imsize, locs(i,:), 0.0, 0.0, 1.0, 0.0);
    TransformLine(imsize, locs(i,:), 0.85, 0.1, 1.0, 0.0);
    TransformLine(imsize, locs(i,:), 0.85, -0.1, 1.0, 0.0);
end
hold off;
%x1, y1;起始点
%x2, y2;终止点
function TransformLine(imsize, keypoint, x1, y1, x2, y2)
len = 6 * keypoint(3);
s = sin(keypoint(4));
c = cos(keypoint(4));
%变换
r1 = keypoint(1) - len * (c * y1 + s * x1);
c1 = keypoint(2) + len * (-s * y1 + c * x1);
r2 = keypoint(1) - len * (c * y2 + s * x2);
c2 = keypoint(2) + len * (-s * y2 + c * x2);
line([c1 c2], [r1 r2], 'Color', 'c');
%%该函数读取两张图像,并找到它们的 SIFT 特征
function num = match(image1, image2)
[im1, des1, loc1] = sift(image1);              %找出每张图的 SIFT 关键点
[im2, des2, loc2] = sift(image2);
distRatio = 0.6;
des2t = des2';                                 %预计算矩阵转置
for i = 1:size(des1,1)
    dotprods = des1(i,:) * des2t;              %点积向量
    [vals,indx] = sort(acos(dotprods));        %取反余弦并对结果进行排序
    %检查最近邻的角度是否小于 2 * distRatio.
    if (vals(1) < distRatio * vals(2))
        match(i) = indx(1);
    else
        match(i) = 0;
    end
end
%显示匹配点连接的图像
```

```
newImg = cat(2,im1,im2);                        %将两张图像放在一张图中
figure; imshow(newImg)
hold on
plot(loc1(:,2),loc1(:,1), 'ro','MarkerSize',5,'LineWidth',0.7)
plot(loc2(:,2)+size(im1,1),loc2(:,1), 'm * ','MarkerSize',5,'LineWidth',0.7)
cols1 = size(im1,2);
for i = 1:size(des1,1)
  if (match(i) > 0)
    line([loc1(i,2) loc2(match(i),2)+cols1], ...
        [loc1(i,1) loc2(match(i),1)], 'Color', 'c');
  end
end
hold off;
num = sum(match > 0);
fprintf('Found %d matches. \n', num);
%保存结果
frame = getframe(gcf);
im = frame2im(frame);
imwrite(im,'S 图像匹配结果.jpg');
%% 主程序
img1 = imread('baby1.JPG');
img2 = imread('baby2.JPG');
img1_gray = rgb2gray(img1);
img2_gray = rgb2gray(img2);
match('img1_gray.jpg',' img2_gray.jpg ');
```

程序运行结果如图 9-14 所示。

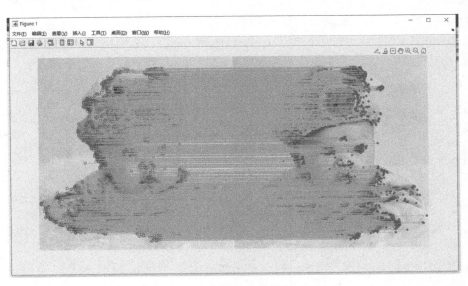

图 9-14　基于 SIFT 算法的图像匹配结果

9.4.2 基于 SURF 算法的图像匹配

2006 年 Herbert Bay 提出了 SURF 算法，该算法是对 SIFT 算法的改进，不仅继承了 SIFT 算法的优点，而且比 SIFT 算法速度快。下面对 SURF 算法作一下简单的阐述。

（1）建立积分图像

积分图像示意图如图 9-15 所示。任意点 (x,y) 的积分值 $I_\Sigma(x,y)$ 为这一点 (x,y) 到原图左上角相应对角矩形区域所有灰度值的总和，如公式（9-34）所示：

$$I_\Sigma(x,y) = \sum_{i=0}^{i \le x} \sum_{j=0}^{j \le y} I(i,j) \tag{9-34}$$

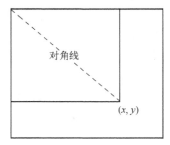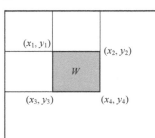

图 9-15　积分图像示意图

由计算点的积分到计算图像区域的积分，只需要计算图像区域四个角在积分图像的值，如公式（9-35）所示：

$$\sum_w = I(x_4,y_4) - I(x_2,y_2) - I(x_3,y_3) + I(x_1,y_1) \tag{9-35}$$

（2）构建尺度空间

SURF 算法构建尺度空间的关键是 Hessian 矩阵。Hessian 矩阵是一个多元函数的二阶偏导数构成的方阵，由德国数学家 Ludwin Otto Hessian 于 19 世纪提出。SURF 构造的金字塔图像与 SIFT 算法不同，SIFT 采用的是 DoG 图像，而 SURF 采用的是 Hessian 矩阵行列式近似值图像。在 SURF 算法中，图像像素 $I(x,y)$ 即为函数值 $f(x,y)$。Hessian 矩阵 $\boldsymbol{H}$ 由像素点函数 $f(x,y)$ 及其偏导数构成，如公式（9-36）所示：

$$\boldsymbol{H}(f(x,y)) = \begin{bmatrix} \dfrac{\partial^2 f}{\partial^2 x} & \dfrac{\partial^2 f}{\partial x \partial y} \\[3mm] \dfrac{\partial^2 f}{\partial x \partial y} & \dfrac{\partial^2 f}{\partial^2 y} \end{bmatrix} \tag{9-36}$$

$\boldsymbol{H}$ 矩阵判别式如公式（9-37）所示：

$$\text{Det}(\boldsymbol{H}) = \frac{\partial^2 f}{\partial^2 x} \cdot \frac{\partial^2 f}{\partial^2 y} - \left(\frac{\partial^2 f}{\partial x \partial y}\right)^2 \tag{9-37}$$

由于特征点需具备尺度无关性，所以在 Hessian 矩阵构造前，需要对其进行高斯滤波。通过高斯差分得到近似估计的 Hessian 矩阵如公式（9-21）所示。

调整权值大小跟踪尺度间的变换以减少近似值和特征值间的误差，其行列式如公式（9-38）所示：

$$\text{Det}(\boldsymbol{H}) = D_{xx}D_{yy} - (0.9D_{xy})^2 \tag{9-38}$$

由公式（9-38）计算 Hessian 矩阵特征值，由特征值的正负判定局部极值点，正数为极值点，可以获取代表 Hessian 行列式近似值的图像。

与 SIFT 算法使用高斯滤波器对图像进行降采样计算不同，SURF 算法是在滤波过程中完成尺度变换，它使用盒子滤波器（Boxfilter）直接改变滤波器的尺寸生成图像金字塔，即尺度空间。

高斯滤波模板与盒子滤波器如图 9-16 所示。

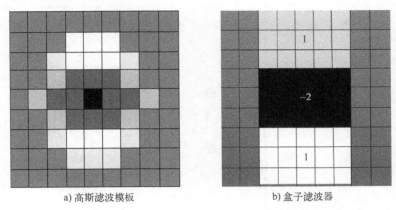

a) 高斯滤波模板　　　　　　　　　b) 盒子滤波器

图 9-16　高斯滤波模板与盒子滤波器

两个不同尺寸的框状高斯差分滤波器的示意图如图 9-17 所示。

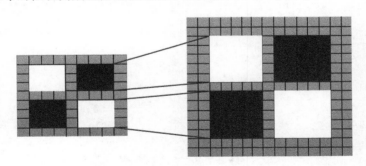

图 9-17　不同尺寸高斯差分滤波器示意图

盒子滤波器尺寸初始值 9×9，之后滤波器尺寸扩展如公式（9-39）所示：

$$\text{FilterSize} = 3 \times (2^{\text{octave}} \times \text{interval} + 1) \tag{9-39}$$

其中，octave、interval 从 1 开始计数，当 octave = 1，interval = 1 时，是第 0 组第 0 层。

初始尺寸的获取是 $\sigma = 1.2$ 时高斯二阶微分函数经过离散和裁剪得到的。滤波模板尺寸与 σ 之间关系为 $\sigma = 1.2 \times L/9$。SURF 算法尺度空间分四组，每组四层，为保证连续性，相邻组中有重叠部分，盒子滤波器尺寸如图 9-18 所示。

SURF 算法与 SIFT 算法尺度空间的相同点都是 O 组 L 层，由章节 3.2.1 可知，不同点在于 SURF 的尺度空间中，不同组滤波器模板尺寸逐渐增加，而图像尺寸一致，相当于一个上采样的过程。同组使用同尺寸滤波器，但滤波器的模糊系数逐渐增大。SURF 算法得到的图像金字塔如图 9-19b 所示。

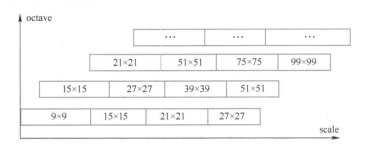

图 9-18　尺度空间中盒子滤波器尺寸分布

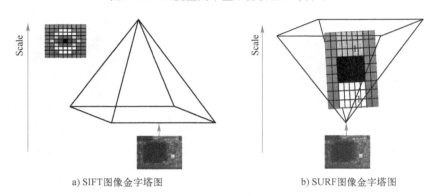

a) SIFT图像金字塔图　　　　　　b) SURF图像金字塔图

图 9-19　图像金字塔模型

　　如图 9-20 所示，SURF 尺度空间中，每组任意一层有三种盒子滤波器 D_{xx}、D_{yy}、D_{xy}。输入图像滤波后，由公式（9-33）计算 Hessian 行列式值，Hessian 行列式图像由所有 Hessian 行列式值构成。

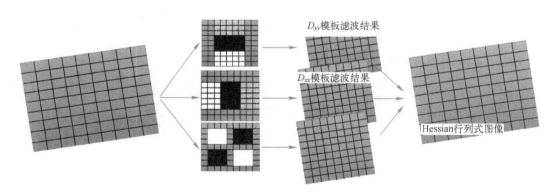

图 9-20　一幅 Hessian 行列式图像的产生过程

　　盒式滤波器将图像滤波转化成计算加减运算问题，只需简单查找积分图就可，这样可以并行化计算，提高了运算速度。

　　（3）筛选特征点

　　经过滤波矩阵对图像处理，可以得到该尺度空间下的局部极值点。SURF 检测特征点恰恰与 SIFT 相反，先进行 Hessian 矩阵检测，再进行非极大抑制。虽顺序相反，但方法保持一致，因此不再赘述。

（4）计算特征点主方向

SURF 用统计特征点圆形邻域内的 Haar 小波特性的方法统计特征点方向。设立一个圆形邻域，圆心是特征点，半径是 6S（S：特征点对应尺度），4S 尺寸的 Haar 小波模板进行图像处理，统计 60° 扇形区域内所有的点水平、垂直 Haar 小波特性总和，同样方法处理整个区域，最后将最大值所属扇形区域的方向作该特征点的主方向，且只有一个，如图 9-21 所示。

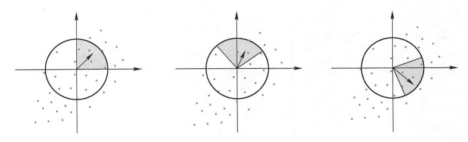

图 9-21　主方向计算示意图

（5）特征描述子生成

特征点主方向的确定为描述子的生成奠定了基础。特征描述子的形成过程如图 9-22 所示，将 20×20s（s 代表算法搜索到该关键点所在空间的层级）的正方形平均分割成 16 个小方格，每个小方格为一个子区域，每个子区域内找 5×5 个采样点，做相对主方向的垂直方向与水平方向的小波 Haar 响应，得到 $\sum \mathrm{d}x$，$\sum \mathrm{d}y$，$\sum |\mathrm{d}x|$，$\sum |\mathrm{d}y|$，一共 4×4×4 = 64 维。

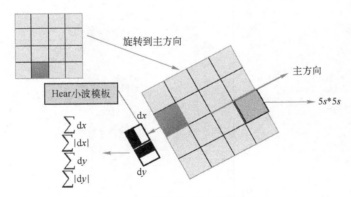

图 9-22　特征描述子形成过程

SURF 算法运用"盒子滤波器"改进特征提取方式，降低特征描述子维数改进描述方式，这样，相较于 SIFT 算法时间更短，但实时性仍旧差。

SURF 算法的 MATLAB 程序代码实现如下：

```
%%读取图像
I1 = imread('baby1.JPG');
I1 = imresize(I1,0.6);
I1 = rgb2gray(I1);
```

```
I2 = imread('baby2. JPG');;
I2 = imresize(I2,0.6);
I2 = rgb2gray(I2);
%%寻找特征点
points1 = detectSURFFeatures(I1);
points2 = detectSURFFeatures(I2);
%%计算描述向量
[f1, vpts1] = extractFeatures(I1, points1);
[f2, vpts2] = extractFeatures(I2, points2);
%%进行匹配
indexPairs = matchFeatures(f1, f2, 'Prenormalized', true);
matched_pts1 = vpts1(indexPairs(:, 1));
matched_pts2 = vpts2(indexPairs(:, 2));
%%显示
figure;
showMatchedFeatures(I1,I2,matched_pts1,matched_pts2,'montage');
legend('matched points 1','matched points 2');          %图例
```

输出结果如图 9-23 所示。

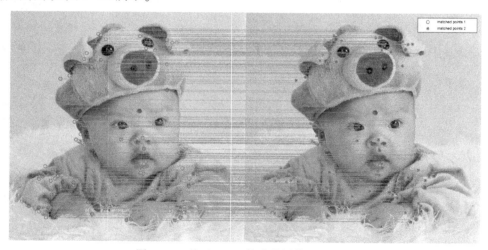

图 9-23 基于 SURF 算法的图像匹配结果

9.4.3 基于 ORB 算法的图像匹配

2011 年 Rublee 等人提出了 ORB 算法，即带有方向信息的 FAST 特征检测 oFAST 和带有旋转角度的 rBRIEF 描述子组合的 ORB 算法。

1. oFAST 特征检测

（1）基于 FAST 算法进行特征点的提取

2006 年 Rosten 和 Drummond 提出一种使用决策树学习方法加速的角点检测算法，即 FAST 算法，该算法认为若某点像素值与其周围某邻域内一定数量的点的像素值相差较大，则该像素可能是角点。算法的流程图如图 9-24 所示，具体步骤如下。

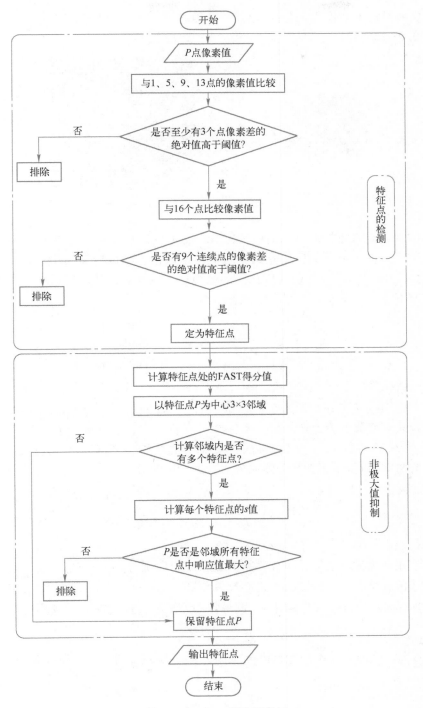

图 9-24　FAST 算法流程图

① 极亮暗点判断

如图 9-25 所示，在以像素 P 为中心，其像素值为 I_P，在以 3 为半径的圆上，取 16 个像素点（16 个点选择是每一格为一个像素点，圆与网格相交记为一个像素点，依次记为 P_1，

$P_2, \cdots, P_{16}$），各点的像素值为 $I_{xi}(i=1,2,3\cdots,16)$，阈值为 T（原图像是灰度图时，I_P、I_{xi}、T 取值范围在 $0\sim255$）。

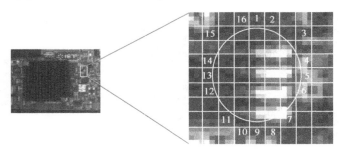

图 9-25　角点检测示意图

要判断像素 P 是否为特征点，则首先利用公式（9-35）计算 P_1、P_5、P_9、P_{13} 与中心 P 的像素差，若至少有 3 个点的像素差的绝对值高出阈值，则进行下一步，否则舍弃。第二步，利用公式（9-40）计算其余点与 P 点的像素差，在像素差的绝对值至少有连续 9 个超过阈值的情况下，定为角点，否则不是角点。

$$S_{p\to x} = \begin{cases} d, & I_x < I_p - T & (\text{darkness}) \\ s, & I_p - T < I_x < I_p + T & (\text{similar}) \\ l, & I_p + T < I_x & (\text{lightness}) \end{cases} \tag{9-40}$$

② 非极大值抑制

先划定一个邻域（中心是特征点 P，大小是 3×3 或 5×5），通过极亮暗点判断计算邻域内所有点，若只有特征点 P，则保留；若存在多个特征点，需计算所有特征点的 s 值（即 score 值，是图 9-23 中的 16 个点与中心差值的绝对值总和），只有在 P 响应值最大的情况下保留，其他情况下抑制。s 值计算公式如公式（9-41）所示：

$$s = \max \begin{cases} \sum (I_{xi} - I_p) & \text{if}(I_{xi} - I_p) > T \\ \sum (I_p - I_{xi}) & \text{if}(I_p - I_{xi}) > T \end{cases} \tag{9-41}$$

（2）特征点附加方向

ORB 算法用灰度质心法（Intensity Centroid，IC）附加方向。其定义为：角点视为物体，物体质心（即角点质心）与角点灰度之间有偏移量存在，这个偏移量可以确定角点方向。

首先计算 Image moment（图像矩），图像块的力矩如公式（9-42）所示：

$$m_{pq} = \sum_{x,y} x^p y^q I(x,y) \tag{9-42}$$

其中，$I(x,y)$ 为灰度值。那么，质心位置 C 如公式（9-43）所示：

$$C = \left(\frac{m_{10}}{m_{00}}, \frac{m_{01}}{m_{00}} \right) \tag{9-43}$$

其中，当 $p=0$，$q=0$ 时，力矩为 m_{00}；当 $p=1$，$q=0$ 时，力矩为 m_{10}；当 $p=0$，$q=1$ 时，力矩为 m_{01}。

特征点中心与质心连线的向量即为 oFAST 特征点的方向。其角度如公式（9-44）所示：

$$\theta = \text{atan2}(m_{01}, m_{10}) \tag{9-44}$$

2. rBRIEF 特征描述

（1）rBRIEF 描述子

rBRIEF 描述子由 Michael Calonder 等人提出。以特征点为中心，用 $\sigma=2$ 的高斯核对 $S \times S$（31×31）邻域内 5×5 的随机子窗口做卷积。然后以一定采样方式（x，y 均服从 $Gauss(0, S^2/25)$ 各向同性采样）选取 N（256）个点对，按照公式（9-45）进行二进制赋值：

$$\tau(p; x, y) = \begin{cases} 1, & p(x) < p(y) \\ 0, & \text{otherwise} \end{cases} \tag{9-45}$$

其中，$p(x)$，$p(y)$ 分别是随机点 $x=(u_1, v_1)$，$y=(u_2, v_2)$ 的像素值。那么，N 个点对的二进制字符串如公式（9-46）所示：

$$f_{n_d}(p) = \sum_{1 \leqslant i \leqslant n_d} 2^{i-1} \tau(p; x_i, y_i) \tag{9-46}$$

（2）rBRIEF 附加旋转

在特征点 $S \times S$（一般 S 取 31）邻域内选取 n 对二进制特征点的集合 $\{(x_1, y_1), \cdots, (x_i, y_i)\}$，将其转换为一个 2×$n$ 的矩阵，如公式（9-47）所示：

$$S = \begin{pmatrix} x_1 & x_2 & x_3 & \cdots & x_n \\ y_1 & y_2 & y_3 & \cdots & y_n \end{pmatrix} \tag{9-47}$$

用 oFAST 特征点的方向 θ，计算描述子旋转矩阵 R_θ，之后 S 矩阵更改为 $S_\theta = R_\theta S$，其中 $R_\theta = \begin{bmatrix} \cos\theta & \sin\theta \\ -\sin\theta & \cos\theta \end{bmatrix}$，这样就给描述子加上了方向信息。那么，Steered BRIEF 特征描述符如公式（9-48）所示：

$$g_{n_d}(p, \theta) := f_{n_d}(p) \mid (x_i, y_i) \in S_\theta \tag{9-48}$$

（3）特征匹配

描述子间的 Hamming 距离是判断匹配的依据。一般情况下，当 Hamming 距离大于 128 时，特征点不匹配。Hamming 距离的计算公式如公式（9-49）所示：

$$d(x, y) = \sum_{i=1}^{n} (x_i, y_i) \tag{9-49}$$

oFAST 检测大大提升了特征点的检测速度，rBRIEF 描述子也缩短了生成描述子的时间，所以 ORB 算法在速度上比 SIFT 和 SURF 算法有很大的提升，实时性高。但是 ORB 算法的缺点就是它并不具备尺度不变性，匹配精度有待提高。

ORB 算法的 MATLAB 主程序代码实现如下：

```
%%主程序
%读取图像
im1 = imread('baby1.JPG');
im2 = imread('baby2.JPG');
scale = [1, 0.75, 0.5, 0.25];
im1_grey = rgb2gray(im1);
im2_grey = rgb2gray(im2);
%FAST 算法进行特征点的提取及得分计算
[corner1, fscore1] = fast9(im1_grey, 20, 1);
[corner2, fscore2] = fast9(im2_grey, 20, 1);
```

```matlab
%非极大值抑制
[corner1,fscore1] = FAST_filter(im1_grey,corner1,fscore1);
[corner2,fscore2] = FAST_filter(im2_grey,corner2,fscore2);
%提取 Harris 特征点及得分
H1 = harris(im1_grey);
H2 = harris(im2_grey);
harris1 = H1(sub2ind(size(H1),corner1(:,2),corner1(:,1)));
harris2 = H2(sub2ind(size(H1),corner2(:,2),corner2(:,1)));
%利用 Harris 得分优化 FAST 特征点
[~,idx1] = sort(harris1);
[~,idx2] = sort(harris2);
cnr1 = corner1(idx1(1:400),:);
cnr2 = corner2(idx2(1:400),:);
%特征点附加方向提取
angle1 = orientation(im1_grey,[cnr1(:,2),cnr1(:,1)]);
angle2 = orientation(im2_grey,[cnr2(:,2),cnr2(:,1)]);
%计算 BRIEF 附加旋转
run('sampling_param. m')
br1 = rBRIEF(im1_grey,cnr1,sample,angle1);
br2 = rBRIEF(im2_grey,cnr2,sample,angle2);
%寻找匹配点
matches = findmatches(br1,br2, cnr1, cnr2);
%匹配点(注意,存在大量异常值)
feature1 = matches(:,1:2);
feature2 = matches(:,3:4);
%随机样本一致性(RANdom SAmple Consensus,RANSAC)
%去除异常值是必要的一步
[H,inlr] = computeHomography(feature1,feature2,3,1000);
%转置、画图;
Hp = H';
tform = projective2d(Hp);
I = imwarp(im1,tform,'OutputView', imref2d(size(im2)));
I = uint8((double(I) + double(im2))./2);
%%匹配结果显示
newImg = cat(2,im2_grey,im1_grey);%两张图像并排显示
figure;imshow(newImg)
%imwrite(newImg,'match2. jpg');
hold on
plot(feature2(:,1),feature2(:,2), 'ro','MarkerSize',5,'LineWidth',0. 7)
plot(feature1(:,1)+size(im2,2),feature1(:,2), 'm * ','MarkerSize',5,'LineWidth',0. 7)
for i = 1:size(matches,1)
    plot([matches(i,3) matches(i,1)+size(im2,2)],[matches(i,4) matches(i,2)],'c')
end
```

```
%title('ORB 图像匹配结果')
frame = getframe( gcf );
im = frame2im( frame );
imwrite( im,'ORB 图像匹配结果 . jpg');
```

输出结果如图 9-26 所示。

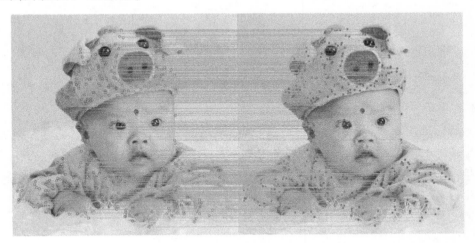

图 9-26　基于 ORB 算法的图像匹配结果

考虑基于 ORB 算法的图像匹配代码中的子函数代码较多，本章中并未全部割出，如有需要请下载相关电子资源。

【本章小结】

本章主要介绍了图像匹配技术的相关知识，包括基于灰度相关的模板匹配、基于变换域的模板匹配和基于特征相关的模板匹配。图像匹配技术广泛应用于工业检测、计算机视觉、运动目标检测、导航地形匹配等诸多领域，本章以九寨沟美景和萌宝为例展的相关算法处理效果，展现自然之美、和谐之美，凸显科技与文化相结合的魅力。

【课后习题】

1. 什么是模板匹配，并叙述其实现过程。
2. 基于灰度相关的匹配算法有几种，并叙述其原理。
3. 叙述基于变换域模板匹配的概念及其实现的过程。
4. 叙述 SIFT、SURF、ORB 算法的实现原理。
5. 如何提高图像匹配的计算速度和匹配精度？谈谈你的想法。

第10章 图像智能识别方法

10.1 聚类识别

10.1.1 聚类算法主要思想

聚类分析是在没有给定划分类别的情况下，根据数据相似度进行样本分组的一种方法。与分类模型需要使用有类标记样本构成的训练数据不同，聚类模型可以建立在无类标记的数据上，是一种非监督的学习算法。聚类的输入是一组未被标记的样本，聚类根据数据自身的距离或相似度将数据划分为若干组（类），划分的原则是组内（类内）样本距离最小化而组间（类间）距离最大化，如图10-1所示。常用的聚类方法见表10-1。

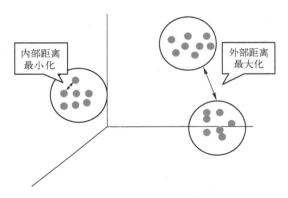

图 10-1 聚类分析示意图

表 10-1 常用的聚类方法

类 型	包括的主要算法
划分（分裂）方法	K-Means 算法（K-均值）、K-MEDOIDS 算法（K-中心点）、CLARANS 算法（基于随机选择的算法）
层次分析方法	BIRCH 算法（平衡迭代规约和聚类）、CURE 算法（代表聚类）、CHAMELEON 算法（动态模型）
基于密度的方法	DBSCAN 算法（基于高度连接区域）、DENCLUE 算法（密度分布函数）、OPTICS 算法（对象排序识别）
基于网格的方法	STING 算法（统计信息网络）、CLIQUE 算法（聚类高维空间）、WAVE-CLUSTER 算法（小波变换）
基于模型的方法	统计学方法、神经网络方法

10.1.2　K-Means 聚类算法理论基础

K-Means 聚类算法也叫 K-均值聚类，是典型的基于距离的非层次聚类算法，它是在最小化误差函数的基础上将数据划分为预定的类数 K，采用距离作为相似性的评价指标，即认为两个对象的距离越近，其相似度越大。由聚类所生成的一组样本的集合成为聚类簇。同一簇内样本彼此相似，与其他簇中的样本相异。该算法原理简单并便于处理大量的数据，且对于孤立点的敏感性好。

（1）目标函数

使用误差平方和（Sum of the Squared Errors，SSE）作为度量聚类质量的目标函数，对于两种不同的聚类结果，可选择误差平方和较小的分类结果。

SSE 计算公式为：

$$SSE = \sum_{i=1}^{K} \sum_{x \in E_i} \text{dist}(e_i, x)^2 \tag{10-1}$$

式中，簇 E_i 的聚类中心 e_i 的计算公式为：

$$e_i = \frac{1}{n_i} \sum_{x \in E_i} x \tag{10-2}$$

式中，K 表示聚类簇的个数，E_i 是第 i 个簇，x 是对象（样本），e_i 是簇 E_i 的聚类中心，n 是数据集中样本的个数，n_i 是第 i 个簇中样本的个数。

（2）相似性的度量

对于连续属性，要先对各属性值进行零–均值规范，再进行距离的计算。K-Means 聚类算法中，一般需要度量样本之间的距离、样本与簇之间的距离以及簇与簇之间的距离。

度量样本之间的相似性最常用的是欧几里得距离、曼哈顿距离和闵可夫斯基距离；样本 X 与簇之间的距离可以用样本到簇中心 e_i 的距离 $d(e_i, x)$ 来表示；簇与簇之间的距离可以用簇中心的距离 $d(e_i, e_j)$ 来表示。

用 p 个属性来表示 n 个样本的数据矩阵如下：

$$\begin{bmatrix} X_1 \\ \vdots \\ X_n \end{bmatrix} = \begin{bmatrix} X_{1i} & \cdots & X_{1p} \\ \vdots & & \vdots \\ X_{ni} & \cdots & X_{np} \end{bmatrix} \tag{10-3}$$

样本之间距离计算的方法有很多，包括欧几里得距离、曼哈顿距离、闵可夫斯基距离等。

两个样本之间欧几里得距离的计算公式为：

$$d(i,j) = \sqrt{(X_{i1}-X_{j1})^2 + (X_{i2}-X_{j2})^2 + \cdots + (X_{ip}-X_{jp})^2} \tag{10-4}$$

两个样本之间曼哈顿距离的计算公式为：

$$d(i,j) = |X_{i1}-X_{j1}| + |X_{i2}-X_{j2}| + \cdots + |X_{ip}-X_{jp}| \tag{10-5}$$

两个样本之间闵可夫斯基距离的计算公式为：

$$d(i,j) = \sqrt[q]{(|X_{i1}-X_{j1}|)^q + (|X_{i2}-X_{j2}|)^q + \cdots + (|X_{ip}-X_{jp}|)^q} \tag{10-6}$$

在闵可夫斯基距离中，q 为正整，$q=1$ 时为曼哈顿距离；$q=2$ 时为欧几里得距离。

（3）算法过程

聚类算法的具体实现步骤如下：

1）从 N 个样本数据中随机选取 K 个对象作为初始的聚类中心；

2）分别计算每个样本到各个聚类中心的距离，将对象分配到距离最近的类中；

3）所有对象分配完成后，重新计算 K 个聚类的中心；

4）与前一次计算得到的 K 个聚类中心比较，如果聚类中心发生变化，转第 2）步，否则转第 5）步；

5）当质心不发生变化时停止并输出聚类结果。

（4）聚类分析算法评价

聚类分析仅根据样本数据本身将样本分组。其目标是，组内的对象相互之间是相似的（相关的），而不同组中的对象是不同的（不相关的）。组内的相似性越大，组间差别越大，聚类效果就越好。

1）purity 评价法

purity 评价法是极为简单的一种聚类评价方法，只需要计算正确聚类数占总数的比例，purity 评价公式如下：

$$\text{purity}(X,Y) = \frac{1}{n} \sum_k \max |x_k \cap y_i| \tag{10-7}$$

式中，$x = (x_1, x_2, \cdots, x_k)$ 是聚类的集合。x_k 表示第 k 个聚类的集合；$y = (y_1, y_2, \cdots, y_k)$ 表示需要被聚类的集合，y_i 表示第 i 个聚类对象；n 表示被聚类集合对象的总数。

2）R_I 评价法

实际上这是一种用排列组合原理来对聚类进行评价的手段，R_I 评价公式如下：

$$R_I = \frac{R+W}{R+M+D+W} \tag{10-8}$$

式中，R 是指被聚类在一类的两个对象被正确分类了；W 是指不应该被聚类在一类的两个对象被正确分开了；M 指不应该放在一类的对象被错误地放在了一类；D 指不应该分开的对象被错误地分开了。

3）F 值评价法

这是基于上述 R_I 评价法衍生出的一种方法，F 值评价公式如下：

$$F_a = \frac{(1+a^2)pr}{a^2 p + r} \tag{10-9}$$

式中，$p = \dfrac{R}{R+M}$，$r = \dfrac{R}{R+D}$。

R_I 和 F_a 的取值范围均为 $[0, 1]$，值越大说明聚类效果越好。实际上 R_I 评价法就是把准确率 p 和召回率 r 看得同等重要，事实上有时候我们可能需要某一特性更多一点，这时候就适合使用 F 值评价法。

10.1.3 聚类算法的实现

在 MATLAB 中实现的聚类主要包括 K-Means 聚类、层次聚类、FCM 以及神经网络聚类，其主要的相关函数见表 10-2。

表 10-2　聚类主要函数列表

函　数　名	函　数　功　能	所属工具箱
kmeans( )	K-Means 聚类	统计工具箱
linkage( )	创建一个层次聚类树	统计工具箱
cluster( )	根据层次聚类树进行聚类或根据高斯混合分布构建聚类	统计工具箱
Evalclusters( )	用于评价聚类结果	统计工具箱
fcm( )	模糊聚类	模糊逻辑工具箱
selforgmap( )	用于聚类的自组织神经网络	神经网络工具箱

（1）K-Means 聚类函数 kmeans( )

函数 kmeans( )用于创建一个 k 均值聚类模型，其常用的调用形式如下：

$$[IDX, C, sumd, D] = kmeans(x, k, param1, val1, param2, val2, \ldots);$$

参数说明：

- x 为输入数据，待分类的样本数据；
- k 为聚类数；
- IDX 为返回的每个样本数据的类别；
- C 为返回的 k 个类别的中心向量，是一个 k×p 维的矩阵，p 为样本的维度；
- sumd 为返回的每个类别样本到中心向量的距离之和，是一个 1×k 维的向量；
- D 为返回的每个样本到中心的距离，是一个 n×k 维矩阵。

下面通过一个实例，来进一步介绍使用 kmeans( )函数构建一个聚类模型，并使用图表示聚类记录以及聚类中心。

利用 kmeans( )函数进行聚类的 MATLAB 程序代码如下：

```
%%构建聚类输入数据
rng('default')                          %使用默认种子
X = [randn(100,2)+ones(100,2); ...
    randn(100,2)-ones(100,2)];          %随机生成 200 个坐标点
%%构建聚类模型——设置参数
opts = statset('Display','final');       %展示最后一次聚类结果
[idx,ctrs] = kmeans(X,2,'Distance','city','Replicates',5,'Options',opts);%进行 kmeans 聚类
%%画图表示样本及聚类中心
figure,
plot(X(idx==1,1),X(idx==1,2),'g^','MarkerSize',4,'MarkerFaceColor','g');
hold on;
plot(X(idx==2,1),X(idx==2,2),'r^','MarkerSize',4,'MarkerFaceColor','r');
plot(ctrs(:,1),ctrs(:,2),'b.','MarkerSize',20,'LineWidth',2);
legend('Cluster 1','Cluster  2','Centroids','Location','NW')
legend('簇 1','簇 2','中心','NW')
hold off;
```

运行程序，聚类中心及聚类结果如图 10-2 所示。

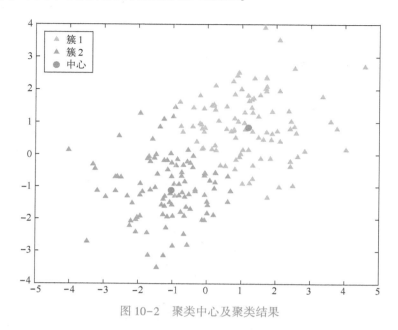

图 10-2　聚类中心及聚类结果

根据图 10-2 的运行结果可知，随机生成的 200 个坐标点经过 K-Means 聚类函数，由最初随机确定的两个聚类中心，经过迭代，确定了最终的两类的聚类中心，以此把样本数据划分成两个类。

（2）层次聚类函数 linkage( )

函数 linkage( ) 用于创建一个层次聚类树，和 cluster 配合使用，其常用的调用形式如下：

$$Y = linkage(X, method, metric);$$

参数说明：

- X 为输入数据的样本；
- method 为样本距离的算法，常用的算法有：'single'（最短距离，默认），'complete'（最大距离），'average'（平均距离），'centroid'（重心距离），'ward'（离差平方和）等。
- metric 用指定的方法计算 X 数据矩阵中对象之间的距离，metric 取值如下：'euclidean'（欧氏距离，默认），'seuclidean'（标准化欧氏距离），'mahalanobis'（马氏距离），'cityblock'（布洛克距离），'minkowski'（闵可夫斯基距离），'chebychev'（Chebychev 距离）等。

（3）聚类模型创建函数 cluster( )

函数 cluster( ) 用于从 linkage 函数中创建指定数目的聚类，常用的调用形式如下：

$$T = cluster(Y, 'maxclust', n); 或 T = cluster(Y, 'cutoff', c);$$

参数说明：

- Y 为使用 linkage 函数构建的层次聚类树，是一个 (m-1)×3 维的矩阵，其中 m 是观

察的样本数

● 当参数为 'maxclust' 时，n 为聚类的类别，

● 当参数为 'cutoff' 时，c 表示剪枝的阈值。

下面，使用 linkage( ) 函数和 cluster( ) 函数构建一个聚类模型，创建数据集 X，将节点标记在散点图上，指定计算方法和度量并生成层次聚类树。

其 MATLAB 程序代码如下：

```
%%生成数据集
X = [1 2;1 3;2 1;3 1;7 8;9 9;10 8;4,5];         %创建数据集
x=X(:,1);
y=X(:,2);
n=length(x);
%%创建聚类
Y = linkage(X,'average','euclidean');           %产生层次聚类树,默认采用欧式距离计算公式
figure,dendrogram(Y,0);                         %可视化层次聚类树,0 表示展示全部节点
%在层次聚类树的基础上生成指定数目的类,在这里表示生成 2 类
T1 = cluster(Y,'maxclust',2);
%%聚类结果可视化
cluster1= zeros(1, 2);
cluster2= zeros(1, 2);
for i=1:length(T1)
    cluster_goal=T1(i);
    %第一类
    if cluster_goal==1
        cluster1(end+1,:)=X(i,:);
    %第二类
    else
        cluster2(end+1,:)=X(i,:);
    end
end
x_cluster1=cluster1(2:end,:);
x_cluster2=cluster2(2:end,:);
%根据序号生成二维散点图
figure,scatter(x_cluster1(:,1),x_cluster1(:,2),20,'go','MarkerFaceColor','g');
hold on;
scatter(x_cluster2(:,1),x_cluster2(:,2), 20,'r^','MarkerFaceColor','r');
axis([0,12,0,12])
legend('第一类','第二类')
%在图中生成序号
text(x,y,arrayfun(@(x)['  ' num2str(x)],1:n,'UniformOutput',0), ...
'color','k','fontweight','bold','fontsize',12);
```

运行程序，层次聚类函数运行效果如图 10-3 所示。

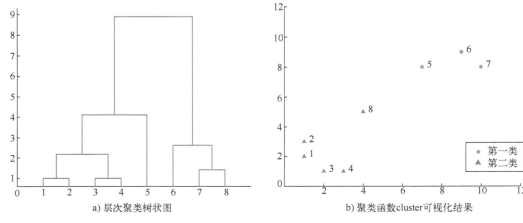

a) 层次聚类树状图　　　　　　　b) 聚类函数cluster可视化结果

图 10-3　层次聚类结果

如图 10-3 所示，随机选定 8 个坐标点作为层次聚类的输入数据集，利用 linkage 函数生成的层次聚类树状图如图 10-3a 所示，横坐标表示各点的序号，纵坐标为两类之间的距离，可以看出 1、2、3、4、8 号点聚为一类，5、6、7 号点聚为一类。图 10-3b 为 cluster 函数聚类后的二维散点图，当参数为 2 时数据集被分为两类，且与 linkage 分类结果一致。

（4）聚类结果评价函数 evalclusters( )

函数 evalclusters( )用于评价聚类结果，常用的调用形式如下：

$$eva\ =evalclusters(x,\ clust,\ criterion);$$

参数说明：

- x 为给定的输入数据；
- clust 为聚类后的标签，输入形式可以是矩阵也可以是字符串，若使用 Matlab 自带的算法进行聚类，则需要填写字符串，如令 clust = 'kmeans'；若是用来评估自己指定的算法性能，则需填写聚类结果的标签矩阵 Label 矩阵，如令 clust = zeros（size（meas，1），6）；
- criterion 可以选择四种评价指标 'CalinskiHarabasz'、'DavieBouldin'、'gap'或'silhouette'。

（5）模糊聚类函数 fcm( )

函数 fcm( )用于创建一个模糊 c 均值聚类模型，常用的调用形式如下：

$$[centers,U]\ =fcm(x,Nc);$$

参数说明：

- centers 为聚类中心；
- U 为模糊分区矩阵；
- x 为输入数据；
- Nc 为表示聚合中心数目即类别数。

（6）自组织神经网络聚类函数 selforgmap( )

函数 selforgmap( )用于创建聚类的自组织神经网络，常用的调用形式如下：

$$selforgmap(dimensions,coverSteps,initNeighbor,topologyFcn,distanceFcn);$$

参数说明：

- dimensions 为行向量的尺寸大小，默认值为[8,8]；
- coverSteps 为初始覆盖输入空间的训练步骤的数目，默认值为 100；
- initNeighbor 为初始邻里，默认值为 3；
- topologyFcn 为层拓扑函数，默认值为 'hextop'；
- distanceFcn 为神经元距离函数，默认值为 'linkdist'。

10.2　支持向量机（SVM）识别

10.2.1　SVM 的分类思想

传统模式识别技术只考虑分类器对训练样本的拟合情况，以最小化训练集上的分类误差为目标。通过为训练过程提供充足的训练样本，来试图提高分类器在未见过的测试集上的识别率。然而，对于少量的训练样本集合来说，一个可以很好地分类训练样本的分类器未必能够很好地分类测试样本。在缺乏代表性的小训练集情况下，一味地降低训练集上的分类误差就会导致过度拟合。

支持向量机（Support Vector Machine，SVM）以结构化风险最小化为原则，即兼顾训练误差（经验风险）与测试误差（期望风险）的最小化，具体体现在分类模型的选择和模型参数的选择上。

（1）分类模型的选择

要分类如图 10-4 所示的两类样本，可以看到图中的曲线可以将图中的训练样本全部分类正确，而直线则会错分两个训练样本；然而，对于图中的大量测试样本，简单的直线模型却取得了更好的识别结果。应该选择什么样的分类模型呢？

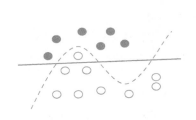
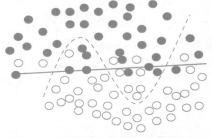

a）训练样本上的两种分类模型　　　　　　b）测试样本上的两种分类模型

图 10-4　分类模型的选择

图 10-4 中复杂的曲线模型过度拟合了训练样本，因而在分类测试样本时效果并不理想。通过控制分类模型的复杂性可以防止过度拟合，因而采用 SVM 算法时，可以尽量选择简单模型——二维空间中的直线、三维空间中的平面和更高维空间中的超平面。

（2）模型参数的选择

如图 10-5 所示为二维空间中的两类样本，可以采用图 10-5a 中的任意直线将它们分开。哪条直线是最优的选择呢？

直观上，距离训练样本太近的分类线将对噪声比较敏感，且对训练样本之外的数据不太可能归纳得很好；而远离所有训练样本的分类线可能具有较好的归纳能力。图 10-5b 中，设 H 为分类线，分类线的方程为 $wTx+b=0$。H_1、H_2 分别为过各类中离分类线最近的样本且平行于分类线的直线，则 H_1 与 H_2 之间的距离叫作分类间隔（又称为余地，Margin）。所谓最优分类线就是要求分类线不但能将两类正确分开（训练错误率为 0），而且使分类间隔最大。图 10-5b 表述的只是在二维情况下的特例——最优分类线，在三维空间中则是具有最大间隔的平面，更为一般的情况是高维空间的最优分类超平面。实际上，SVM 正是从线性可分情况下的最优分类面发展而来的，其主要思想就是寻找能够成功分开两类样本，并且具有最大分类间隔的最优分类超平面。

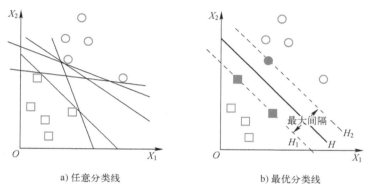

a) 任意分类线　　　　　　　　b) 最优分类线

图 10-5　二维平面分类线

10.2.2　SVM 的基本理论

对于二类问题，给定一个训练样本 $(x_i, y_j) \in \mathbf{R}^d \times \{-1, +1\}$，$i = 1, 2, \cdots, n$，其中，$x_i$ 为 d 维空间中的一点，y_j 为类别标识。通过核函数（Mercer Kernel Operator）$K(x, y) = \Phi(x) \cdot \Phi(y)$，将样本数据从原空间 $\mathbf{R}^d$ 映射到高维空间 H 中（记为：$\Phi: \mathbf{R}^d \rightarrow H$），使得这些样本数据在高维特征空间中线性可分。支持向量机在高维空间 H 中建立最大间隔分类超平面：

$$w\Phi(x) + b \tag{10-10}$$

可以证明下式成立：

$$w^* = \sum a_i^* y_i \Phi(x_i) \tag{10-11}$$

其中，a_i 是每个样本所对应的 Lagrange 乘子，可由下式得到

$$\mathrm{Max} Q(a) = \sum_{i=1}^{n} a_i - \frac{1}{2} \sum a_i a_j y_i y_j \Phi(x_i) \Phi(x_j) \tag{10-12}$$

s. t.

$$\sum_{i=1}^{n} y_i a_i = 0 \quad (a_i \geq 0, i = 1, 2, \cdots, n) \tag{10-13}$$

上式中的内积函数 $[\Phi(x_i) \Phi(x_j)]$ 可用 $K(x, x_i)$ 代替。

核函数 $K(x, x_i)$ 有很多种，下面介绍几种常用形式。

1）线性核函数：$K(x,x_i)=(x\cdot x_i)$；

2）多项式核函数：$K(x,x_i)=(v(x\cdot x_i)+r)^q, v>0$；

3）RBF 核函数（Gaussian 径向基）：$K(x,x_i)=\exp\{-v\,\|x-x_i\|^2/(2\sigma^2)\}, v>0$；

4）Sigmoid 核函数：$K(x,x_i)=\tanh(v(x\cdot x_i)+c), v>0$。

对于多类问题，可通过组合或者构造多个二类分类器来解决。常用的算法有两种：1）一对多模式（1-aginst-rest），对于每一类都构造一个分类器，使其与其他类分离，即 c 类问题构造 c 个二类分类器。2）一对一模式（1-aginst-1），在 c 类训练样本中构造所有可能的两类分类器，每个分类器分别将某一类从其他任意类中分离出来，在 c 类中的两类训练样本上训练共构造 $c(c-1)/2$ 个二类分类器。测试阶段将测试样本输入每个分类器，采用投票机制来判断样本所属类。若二类分类器判定样本属于第 j 类，则第 j 类的票数加 1，最终样本属于得票最多的那一类。

10.2.3　SVM 算法的实现

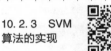

在 MATLAB 中，SVM 常见主要函数和基本功能见表 10-3。MATLAB 从 10.0 版本开始提供 SVM 的支持，其 SVM 工具箱主要通过 svmtrain 和 svmclassify 两个函数封装了 SVM 训练和分类的相关功能。然而，MATLAB 从 2018 版本及之后的版本开始取消了 svmtrain 和 svmclassify 函数，取而代之的是 fitcsvm 和 predict 函数。这两个函数十分简单易用，即使是对于 SVM 的工作原理不是很了解的人也可以轻松掌握。

表 10-3　SVM 算法主要函数和基本功能

函　数　名	函　数　功　能
fitcsvm( )	训练用于一类和二类分类的支持向量机（SVM）分类器
predict( )	创建一个层次聚类树

（1）训练函数 fitcsvm( )

函数 fitcsvm 用来训练用于一类和二类分类的支持向量机（SVM）分类器，常用的调用形式如下：

SVMstruct = fitcsvm(X,Y);

参数说明：

- X 是训练数据矩阵，大小为 $m\times n$，m 表示训练样本数目，n 表示特征的维数，即每行表示 1 个训练样本（特征向量）；
- Y 是一个代表训练样本标签的 1 维向量，其元素值只能为 0 或 1，通常 1 表示正例，0 表示反例，Y 的维数必须和 X 的行数相等，以保证训练样本同其类别标号的一一对应；
- SVMStruct 是返回值，即为训练所得的代表 SVM 分类器的结构体，包含有关最佳分割超平面的种种信息，如 a、$\vec{w}$ 和 b 等；此外，该结构体的 Support Vector 域中还包含了支持向量的详细信息，可以使用 SVMStruct. Support Vector 获得它们，而这些都是后续分类所需的。例如，在基于 1 对 1 的淘汰策略的多类决策时，为了计算出置信度，

需要分类间隔值，这时可以通过 a 计算出 $\vec{w}$ 的值，从而得到分割超平面的空白间隔大小为 $m = 2/\|\vec{w}\|$ 。

（2）分类预测函数 predict( )

函数 predict 利用训练得到的 SVMStruct 结构对一组样本进行分类，常用调用形式如下：

```
Group = predict(SVMStruct,Sample);
```

参数说明：

- SVMStruct 是训练得到的代表 SVM 分类器的结构体，即函数 fitcsvm 的返回值；
- Sample 是要进行分类的样本矩阵，行数等于样本的数量，列数是特征的维数，每行为 1 个样本特征向量，Sample 的列数应与训练该 SVM 时使用的样本特征维数相同；
- Group 是返回值，即为一个包含 Sample 中所有样本分类结果的列向量，其维数与 Sample 矩阵的行数相同。

下面利用 fitcsvm 和 predict 函数来解决一个二维空间中的两类问题。本例使用 MATLAB 自带的鸢尾属植物数据集来将刚刚学习的 SVM 训练和分类付诸实践，数据集共 150 个样本，每个样本有一个 4 维的特征向量，这 4 维特征的意义分别为：花瓣长度、花瓣宽度、萼片长度和萼片宽度。150 个样本分别属于 3 类鸢尾植物（每类 50 个样本）。为了便于训练和分类结果的可视化，实验中只用了前二维特征。为了避开多类问题，将样本是哪一类的三分类问题变成了样本是不是"setosa"类的两类问题。

利用 SVM 算法对鸢尾植物进行分类的 MATLAB 程序代码如下：

```
%%载入数据集
load fisheriris%载入 fisheriris 数据集
data = [meas(:,1),meas(:,2)];              %取出所有样本的前 2 维作为特征
%%划分数据集
%转化为"是不是 setosa 类"的 2 类问题
groups = ismember(species,'setosa');
%利用交叉验证随机分割数据集
[train,test] = crossvalind('holdOut',groups);
%%训练向量机
%训练一个线性的支持向量机,训练好的分类器保存在 SVMStruct
svmStruct = fitcsvm(data(train,:),groups(train),'KernelFunction','linear');
%利用训练所得分类器信息的 svmStruct 对测试样本进行分类,结果保存到 classes
classes = predict(svmStruct,data(test,:));
%%测试准确率
%计算测试样本的识别率
nCorrect = sum(classes == groups(test,:));     %正确分类的样本数目
accuracy = nCorrect/length(classes);           %计算正确率
%%可视化测试结果
%绘制数据的散点图并圈出支持向量。支持向量是发生在估计类边界上或超出其估
%计类边界的观察值
sv = svmStruct.SupportVectors;
%绘制散点图
```

```
figure,
k = gscatter( data( train,1) ,data( train,2) ,groups( train) ,'bm','+') ;        %测试集
hold on
s1 = plot( sv(:,1) ,sv(:,2) ,'ko','MarkerSize',8) ;
h = gscatter( data( test,1) ,data( test,2) ,groups( test) ,'gr',' * ') ;        %训练集
s2 = plot( sv(:,1) ,sv(:,2) ,'ko','MarkerSize',8) ;
%分类器
w = -svmStruct. Beta(1,1)/svmStruct. Beta(2,1) ;        %斜率
b = -svmStruct. Bias/svmStruct. Beta(2,1) ;        %截距
x_ = 0:0. 01:10;
y_ = w * x_+b;
s3 = plot( x_,y_,'k') ;
legend([ k(1) ,k(2) ,s1,h(1) ,h(2) ,s3] ,...
'0train','1train','Support Vector','0test','1test','分类器')        %添加标签
```

运行程序，利用 SVM 算法对鸢尾花数据集进行分类的结果如图 10-6 所示。

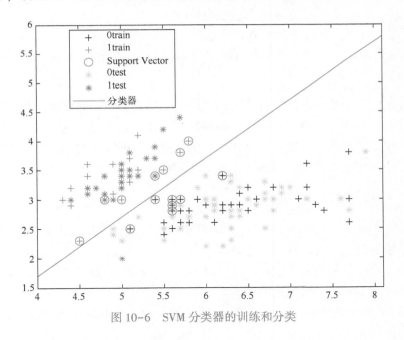

图 10-6　SVM 分类器的训练和分类

10.3　人工神经网络识别

10.3.1　人工神经网络的主要思想

19 世纪 40 年代初，Pitts 和 Mcculloch 从数学建模和信息处理的角度对信号在神经元之间的传递进行了研究，并提出了将神经科学作为一种工具进行数学逻辑科学的研究。随后许多科学家和学者都相继加入了神经网络的相关研究中，并提出了一些新的理论和算法，如线

性神经网络（LMS）、径向基函数网络（RBF）和自组织映射网络（SOM）等模型。通过这些模型对原有的神经网络的理论进行了完善，并增强了神经网络处理信息的能力和非线性映射能力，能够从复杂的输入和输出信号中寻找规律，具有很强的计算能力，易于编程。因此，神经网络作为一种仿生物的新型数学模型，可以尝试着去解决一些传统的方法或者难度很大的问题。19世纪80年代中期，Rumelhart在误差反向传播的理论基础上提出了反向传播（Back-Propagation）的学习算法，简称为BP神经网络。

神经网络是由许多相互连接的处理单元组成。这些处理单元通常线性排列成组，称为层。每一个处理单元有许多输入量，而对每一个输入量都相应有一个相关联的权重。处理单元将输入量经过加权求和，并通过传递函数的作用得到输出量，再传给下一层的神经元。

人工神经网络（Artificial Neural Networks，ANN）由神经元模型构成，这种由许多神经元组成的信息处理网络具有并行分布结构。每个神经元具有单一输出，并且能够与其他神经元连接，存在许多（多重）输出连接方法，每种连接方法对应一个连接权系数。严格地说，人工神经网络是一种具有下列特性的有向图：

1）对于每个节点存在一个状态变量 x_i；

2）从节点 i 至节点 j，存在一个连接权系数 w_{ij}；

3）对于每个节点，存在一个阈值 θ_j；

4）对于每个节点，定义一个变换函数 $f_j(x_i, w_{ij}, \theta_j)$，$i \neq j$，对于最一般的情况，此函数取 $f_i(\sum_i w_{ij}x_i - \theta_j)$ 形式。

人工神经网络的学习也称为训练，指的是神经网络在受到外部环境的刺激时调整神经网络的参数，使神经网络以一种新的方式对外部环境做出反应的一个过程。在分类与预测中，人工神经网络主要使用有指导的学习方式，即根据给定的训练样本和标签，调整人工神经网络的参数，以使网络输出接近于已知的样本类标记或其他形式的因变量。

10.3.2　BP神经网络的理论基础

反向传播（Back Propagation，BP）算法的基本思想是：利用输出后的误差来估计输出层的直接前导层的误差，再用这个误差估计并更新前一层的误差，如此一层一层地反向传播下去，就获得了网络各层的误差估计。这样就形成了将输出层表现出的误差沿着与输入层相反的方向逐级向网络的输入层传递的过程。

一般提到BP网络算法时，默认指用BP算法训练的多层前馈神经网络。BP神经网络模型的拓扑结构包括输入层（input）、隐含层（hide layer）和输出层（output layer）。

BP算法的学习过程由信号前向传播和误差反向传播两个过程组成，即计算实际输出时按从输入到输出的方向进行，而权值和阈值的修正从输出到输入的方向进行。这两个过程周而复始的进行，权值不断修改的过程就是网络学习的过程。此过程一直进行到网络输出的误差逐渐减小到可接受的程度或达到设定的学习次数为止。

BP神经网络的网络结构如图10-7所示。本节以最简单的BP神经网络（即只包含一层隐含层）为例来理解BP原理。

图中各变量符号的含义如下：

x_i 表示输入层第 i 个节点的输入，$i = 1, 2, \cdots, L$；

w_{ij} 表示输入层与隐含层之间的连接权值；

hr_j 表示隐含层第 j 个节点的输入，$j=1,2,\cdots,M$；

ho_j 表示隐含层第 j 个节点的输出，$j=1,2,\cdots,M$；

θ_j 表示隐含层第 j 个节点的阈值，$j=1,2,\cdots,M$；

ϕ 表示隐含层的激励函数；

v_{jk} 表示隐含层与输出层之间的连接权值；

yr_k 表示输出层第 k 个节点的输入，$k=1,2,\cdots,N$；

yo_k 表示输出层第 k 个节点的输出，$k=1,2,\cdots,N$；

a_k 表示输出层第 k 个节点的阈值，$k=1,2,\cdots,N$；

Ψ 表示输出层的激励函数。

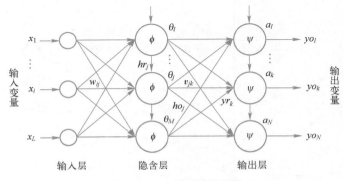

图 10-7　BP 神经网络结构

已知，在图 10-7 中，输入层有 L 个神经元，隐含层有 M 个神经元，输出层有 N 个神经元。BP 算法原理实现过程如下：

第一步，BP 网络进行初始化，给各连接值分别赋值，在区间 $(-1,1)$ 内的随机数，设定误差函数 e，学习速率 η，给定计算精度值 ε 和最大学习次数 G。

第二步，随机选取第 p 个输入样本及对应期望输出，如公式（10-14）和公式（10-15）所示，$p=1,2,\cdots,T$。

$$x_i(p)=\left[x_1(p),x_2(p),\cdots,x_L(p)\right] \tag{10-14}$$

$$d_k(p)=\left[d_1(p),d_2(p),\cdots,d_N(p)\right] \tag{10-15}$$

第三步，计算隐含层各个神经元的输入和输出。

隐含层第 j 个节点的输入为：

$$hr_j(p)=\sum_{i=1}^{L}w_{ij}x_i(p)-\theta_j \quad j=1,2,\cdots,M \tag{10-16}$$

隐含层第 j 个节点的输出为：

$$ho_j(p)=\phi(hr_j(p)) \quad j=1,2,\cdots,M \tag{10-17}$$

输出层第 k 个节点的输入为：

$$yr_k(p)=\sum_{j=1}^{M}w_{jk}\,ho_j(p)-a_k \quad k=1,2,\cdots,N \tag{10-18}$$

输出层第 k 个节点的输出为：

$$yo_k(p) = \Psi(yr_k(p)) \quad k = 1, 2, \cdots, N \tag{10-19}$$

第四步，利用网络期望输出和实际输出，计算误差函数对输出层的各神经元的偏导数 $\delta_k(p)$，如公式（10-20）所示。

$$\delta_k(p) = \frac{\partial e}{\partial yr_k(p)} = \frac{\partial e \partial w_{jk}}{\partial w_{jk} \partial yr_k(p)} = -(d_k(p) - yo_k(p))\Psi(yr_k(p)) \tag{10-20}$$

第五步，利用隐含层到输出层的连接权值、输出层的 $\delta_k(p)$ 和隐含层的输出计算误差函数对隐含层各神经元的偏导数 $\lambda_j(p)$，如公式（10-21）所示。

$$\lambda_j(p) = \frac{\partial e}{\partial hr_j(p)} = \frac{\partial e}{\partial w_{ij}} \frac{\partial w_{ij}}{\partial hr_j(p)} = -\sum_{j=1}^{M} \delta_k(p) w_{ij} \phi(hr_j(p)) \tag{10-21}$$

第六步，利用隐含层各神经元的输出和输出层各神经元的输入修正连接权值，如公式（10-22）所示。

$$w_{jk}^c = w_{jk}^c + \eta \delta_k(p) ho_j(p) \quad c = 1, 2, \cdots, G \tag{10-22}$$

第七步，利用输入层神经元的输出和隐含层各神经元的输入修正连接权值，如公式（10-23）所示。

$$w_{ij}^c = w_{ij}^c + \eta \lambda_j(p) x_i(p) \quad c = 1, 2, \cdots, G \tag{10-23}$$

第八步，计算前向传播过程中，产生的全局误差 E，如公式（10-24）所示。

$$E = \frac{1}{2p} \sum_{p=1}^{T} \sum_{k=1}^{N} (d_k(p) - yo_k(p))^2 \tag{10-24}$$

记 $d_k(p) - yo_k(p) = e_k$，则 E 可以表示为：

$$E = \frac{1}{2p} \sum_{p=1}^{T} \sum_{k=1}^{N} e_k^2 \tag{10-25}$$

第九步，判断网络误差是否满足要求，当误差达到预设精度或者学习次数大于设定的最大迭代次数，则结束算法；否则，选取下一个学习样本及对应的期望输出，返回到第三步，迭代学习。

在神经网络的实际应用中，BP 网络得到了广泛应用，但 BP 网络也具有一些难以克服的局限性。例如，BP 算法只用到均方误差函数对权值和阈值的一阶导数（梯度）的信息，使得该算法存在收敛速度慢、易陷入局部极小等缺陷。为了克服这些问题，也产生了其他类型的人工神经网络，如 LM 神经网络、RBF 径向基神经网络等。在应用中可根据实际情况，选择合适的人工神经网络算法与结构。

10.3.3　BP 神经网络的实现

在 MATLAB 中，BP 神经网络的常见重要函数和基本功能见表 10-4。

10.3.3　BP 神经网络的实现

表 10-4　BP 神经网络算法主要函数和基本功能

函 数 名	基 本 功 能
feedforwardnet( )	创建一个 BP 网络
logsig( )	对数 S 型（Log-Sigmoid）传输函数
tansig( )	双曲正切 S 型（Tan-Sigmoid）传输函数

（1）网络创建函数 feedforwardnet（）

函数 feedforwardnet（）用于创建一个 BP 网络，feedforwardnet 函数的功能等同于老版本 MATLAB 中的 newff 函数，但其调用形式更加简洁，简化了用户的工作。常用的调用形式如下：

> net =feedforwardnet(hiddenSizes, trainFcn);

参数说明：
- hiddenSizes 是隐含层神经元个数（一个行向量），默认值 10；
- trainFcn 是用于训练网络性能所采用的训练函数，默认'trainlm'，是指 LM 优化算法；
- net 是所创建的网络。

（2）激活函数 logsig（）

函数 logsig（）是调用对数 Sigmoid 激活函数，对数 Sigmoid 函数把神经元的输入范围从 $(-\infty, +\infty)$ 映射到 $(0,1)$，是可导函数，适用于 BP 训练的神经元。常用的调用形式如下：

> A = logsig(N);

参数说明：
- N 是一个大小为 $S \times Q$ 的输入矩阵；
- A 是输出向量，形式上是与 N 同型的矩阵。

（3）激活函数 tansig（）

函数 tansig（）用于调用正切 Sigmoid 激活函数，双曲正切 Sigmoid 函数把神经元的输入范围从 $(-\infty, +\infty)$ 映射到 $(-1,1)$，是可导函数，适用于 BP 训练的神经元。在使用 feedforwardnet 函数时，默认第一层传递函数即为 tansig。常用的调用形式如下：

> A =tansig(N);

参数说明：
- 与 logsig 函数相同，N 也是一个大小为 $S \times Q$ 的输入矩阵；
- A 仍然作为输出向量，与输入矩阵 N 同型，但与 logsig 函数不同的是，tansig 函数的输出将被限制在 $(-1,1)$ 区间内。

利用 BP 神经网络可以进行蠓虫类别的判断。生物学家发现根据蠓虫的触角长度和翼长就可以区分 Apf 和 Af 这两类蠓虫，本节主要通过已知的 15 组数据来建立蠓虫分类训练模型，并用已经建立好的模型来区分三组数据所属的蠓虫类型。在这里我们人为认定（1,0）表示为 Af 蠓虫，（0,1）表示 Apf 蠓虫。

利用 BP 神经网络进行蠓虫分类的 MATLAB 程序代码见附录 10-1。运行程序，蠓虫分类在 MATLAB 运行结果见图 10-8。

将蠓虫测试集中的测试样本输入到训练好的 BP 神经网络中，得到测试集的分类结果。如图 10-8 所示，共检测 19 个测试样本，其中，有 16 个测试样本分类正确；3 个测试样本分类错误，正确率为 84%。注意，利用 BP 神经网络建模时，每次的训练结果可能并不相同，这是由于网络参数的初值是随机赋值的，训练完成后的模型并不完全相同。因此，在进行模型训练时，要进行网络调参，并多次训练，选择识别率较高的模型加以应用。

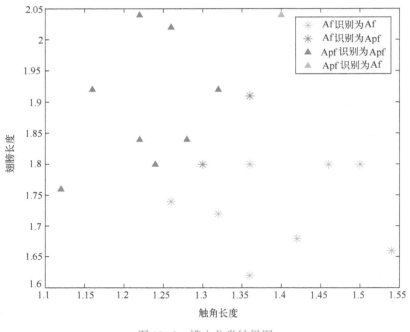

图 10-8　蠹虫分类结果图

10.4　卷积神经网络（CNN）识别

10.4　CNN 的主要思想

10.4.1　CNN 的主要思想

深度学习（Deep Learning）是一种机器学习技术，它通过组合低层特征来形成更加抽象的高层，来表示属性类别或特征。

深度学习的核心是深度学习网络（Deep Learning Networks），深度学习网络是一种模仿神经网络进行信息分布式并行处理的数学模型，只需要使用简单的网络结构就能够实现对复杂函数的逼近。深度学习网络的概念源于人工神经网络的研究，深度学习网络可以理解为是比人工神经网络更为复杂的神经网络。我们知道，神经网络的层数会直接影响模型训练的效果。因此，我们往往会通过在传统的神经网络中增加隐含层的层数，来训练出更加复杂的模型，这种网络结构称之为深度全连接神经网络结构，它可以训练出更复杂的数据。但深度全连接神经网络往往会陷入局部最优解，而无法找到全局最优解，性能反而不如较浅层函数。此外，它还会产生梯度消失的问题。例如在使用 BP 神经网络的 sigmoid 激活函数训练模型时，往往随着神经网络层数的增多，会造成梯度的降低，从而导致接收不到有效的训练信号。

而深度学习网络中最著名的卷积神经网络（Convolutional Neural Networks，CNN），不同于深度全连接神经网络，它并不是把所有的神经层直接相连，而是通过用卷积核滑动的方式使得相邻层只有部分节点相连。这使得卷积神经网络可以避免因为参数过多而出现计算速度慢、过拟合等问题。因此，卷积神经网络被广泛应用于图像识别和分类问题中。

10.4.2　CNN 的理论基础

卷积神经网络主要通过卷积运算来模拟特征，然后通过卷积的权值共享及池化操作来降低网络参数的数量级。常见的卷积神经网络结构如图 10-9 所示，包括输入图像、卷积层、激活函数、池化层和全连接层。针对图像分割和图像增强等应用可能还包括反卷积层。在这里主要详细介绍卷积神经网络的核心：卷积层和池化层。

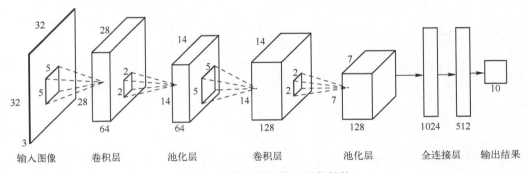

图 10-9　常见卷积神经网络结构

1. 卷积层的工作原理

卷积层是通过卷积核对输入信息进行卷积运算来提取特征信息的。在图像处理中，图像以二维矩阵的形式输入到网络中，因此我们选择二维滑动的卷积方式。

卷积层的运算涉及三个概念：步长、扩充值和深度。步长是指卷积核在原始图像上滑动时间隔的像素数量；扩充值是指当原始图像的像素数量不足以进行卷积训练时，人为地对图像进行扩充；深度是指原始图像拥有的通道数量。根据扩充值的选取不同，主要将卷积分为三种模式：valid 卷积、full 卷积和 same 卷积。这三种卷积模式的相同点在于在卷积的过程中都是将卷积核和输入矩阵的单元一一对应，不同点则在于扩充值的选取不同。

（1）valid 卷积

valid 卷积是卷积神经网络的核心运算，valid 卷积的特点是卷积核不能超出特征图的范围。在不增加扩充值的情况下，这是一个下采样过程，即经过卷积后的特征矩阵尺寸要小于输入矩阵的尺寸。在进行卷积时，主要涉及三个矩阵：输入矩阵，卷积核和特征矩阵。其中，输入矩阵通常尺寸较大且固定不动；卷积核尺寸较小，常见尺寸为 3×3 或者 5×5（因为较小的尺寸通常能够更好地表达图像的特征）。利用卷积层对图像进行卷积，运算所得的结果便组成了特征矩阵。

在进行卷积运算时，首先要确定特征矩阵的维度，而特征矩阵的维度与步长、扩充值、卷积核的大小及该层输入的特征图的大小都有一定的线性关系，特征矩阵维度 D_{output} 的计算过程见式（10-26）。

$$D_{\text{output}} = \frac{D_{\text{input}} - D_{\text{kernel}} + 2 \cdot \text{padding}}{S_{\text{kernel}}} + 1 \qquad (10\text{-}26)$$

其中，D_{input} 代表输入矩阵的维度，S_{kernel} 代表卷积核的步长，D_{kernel} 代表卷积核的维度，padding 代表扩充值的维度，在 valid 卷积中，扩充值维度为 0。

如图 10-10 所示，输入矩阵的大小是 5×5，卷积核的大小为 3×3，则输入矩阵维度

$D_{input} = 5$，滑动步长 $S_{kernel} = 1$，卷积核维度 $D_{kernel} = 3$，采用 valid 卷积方式，padding $= 0$，代入公式（10-26），可得 D_{output} 的值为 3，因此可以确定特征矩阵的大小为 3×3。在卷积时，将卷积过程看作是，卷积核从左上角到右下角依次划过输入矩阵，与输入矩阵所映射的对应大小的矩阵做点乘运算，进而生成特征矩阵。

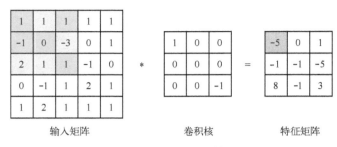

图 10-10　valid 卷积运算过程

（2）full 卷积

full 卷积的特点是卷积核可以超出特征图的范围，但是卷积核的边缘要与特征图的边缘有交点，这是一个上采样过程，也就是经过卷积后的特征矩阵尺寸要大于原输入矩阵的尺寸。

如图 10-11 所示，橙色部分（1、2、3、4 区域）为大小为 2×2 的原矩阵，经过数字"0"的填充后，变成了 6×6 的矩阵，full 卷积中的特征矩阵的维度仍然可用式（10-26）进行计算。其中，输入矩阵维度 $D_{input} = 2$，卷积核维度 $D_{kernel} = 3$，滑动步长 S_{kernel} 设置为 1，采用 full 卷积形式，扩充值维度 padding 设置为 2。可以得出，特征矩阵维度 $D_{output} = 4$。

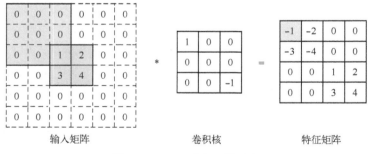

图 10-11　full 卷积运算过程

（3）same 卷积

same 卷积操作与 valid 卷积和 full 卷积并无差别，不同点就在于扩充值 padding 的选择，valid 卷积和 full 卷积的扩充值可以人为选择，而 same 卷积的扩充值必须通过计算来指定。为了保证输入矩阵的尺寸在卷积前后保持不变，因此要令式（10-26）中 $D_{output} = D_{input} = n$，故代入式（10-26），可得式（10-27）。

$$n = \frac{n - D_{kernel} + 2 \cdot padding}{S_{kernel}} + 1 \qquad (10\text{-}27)$$

由式（10-27）可推出式（10-28）：

$$\text{padding} = \frac{(n-1)S_{\text{kernel}} - n + D_{\text{kernel}}}{2} \qquad (10\text{-}28)$$

例如，输入矩阵维度 $D_{\text{input}} = D_{\text{output}} = 6$，卷积核维度 $D_{\text{kernel}} = 3$，滑动步长 S_{kernel} 设置为 1，则扩充值 padding=1。故为了保证输入矩阵和经过卷积后的特征矩阵尺寸相等，应选取扩充值的维度为 1。

2. 池化层的工作原理

池化（Pooling）操作实质上是一种对统计信息进行提取的过程，是下采样的一种实现方式。在卷积神经网络中，池化运算是对特征图的一个给定区域求出一个能代表这个区域特殊点的值。

池化的主要作用主要表现在两个方面。一是减少特征图的尺寸，特征图在经过池化后，尺寸有所减小，有利于减少计算量和防止过拟合；二是引入不变性，例如最常用的最大池化是选取特征图子区域中最大的那个值，所以这个最大值无论在子区域的哪个位置，通过最大池化运算总会选到它，所以这个最大值在这个区域内的任何位置对运算结果都不会产生影响。

在实际应用中，池化操作根据下采样的方法可以分成最大值下采样（max-pooling）和平均值下采样（mean-pooling）。采样窗口会将整个输入矩阵分成多个子区域，并按照不同的采样操作进行取值。

池化输出矩阵的维度见式（10-29）。

$$D_{\text{output}} = \frac{D_{\text{input}} - D_{\text{pool\_size}} + 2 \cdot \text{padding}}{S_{\text{kernel}}} + 1 \qquad (10\text{-}29)$$

式中，$D_{\text{pool\_size}}$ 表示池化过程中的采样器维度大小，本质上与卷积过程中卷积核维度的概念相同。

如图 10-12 所示，在最大值下采样的操作过程中，取每个子区域的最大值作为新矩阵的对应元素，采用最大池化层进行池化的过程设置输入矩阵的尺寸大小为 4×4，采样器的尺寸大小为 2×2，滑动步长为 2。最大池化运算用式（10-29）计算，其中，输入矩阵维度 $D_{\text{input}} = 4$，采样器维度 $D_{\text{pool\_size}} = 2$，扩充值 padding 设置为 0，滑动步长 $S_{\text{kernel}} = 1$，最终计算得出 $D_{\text{output}} = 2$，即最大池化输出矩阵的尺寸大小为 2×2。

图 10-12 最大池化运算过程

如图 10-13 所示，平均池化层与最大池化层唯一的区别是平均池化层取过滤器内的平均值输出。在平均值下采样的操作过程中，设置输入矩阵的尺寸大小为 4×4，采样器的尺寸大小为 2×2，取每个子区域的算术平均值作为新矩阵的对应元素。输出矩阵的维度大小与上文中最大值下采样的计算过程和输入参数是一样的，此处不再赘述，经过计算，平均池化输出矩阵的尺寸大小为 2×2。

图 10-13　平均池化运算过程

10.4.3　CNN 算法的实现

在图像分类任务中，VGGNet 是一种被广泛使用的 CNN 结构，搭建了 16~19 层的深度卷积神经网络，识别率大幅度提高；同时，VGGNet 的泛化能力较好，在不同的图片数据集上都有良好的表现。

在 MATLAB 中，VGGNet 的常见重要函数和基本功能见表 10-5。

表 10-5　VGGNet 算法主要函数和基本功能

函　数　名	基　本　功　能
trainingOptions( )	用于设置神经网络的训练策略以及超参数
trainNetwork( )	用于根据网络结构、训练集数据以及网络超参数的设定进行训练
classify( )	用于进行线性判别分析

（1）深度学习网络参数设置函数 trainingOptions( )

函数 trainingOptions( )用于设置神经网络的训练策略以及超参数，常用的调用形式如下：

options = trainingOptions(solverName, Name, Value) ;

参数说明：

- options 为训练参数设置选项，返回一组为 solverName 指定求解器的训练选项；
- solverName 为优化函数；
- Name-Value 为键值对，返回一个 trainingOptions 对象；

（2）训练深度学习模型函数 trainNetwork( )

函数 trainNetwork( )根据网络结构、训练集数据以及网络超参数的设定进行训练，常用的调用形式如下：

net = trainNetwork(imds, layers, options) ;

参数说明：

- net 为训练后的网络模型；
- imds 用于存储输入的图像数据为优化函数；
- layers 定义网络体系结构；
- options 定义训练选项。

（3）线性判别分析函数 classify( )

函数 classify( )用于对待预测分类的样本进行线性判别分析，常用的调用形式如下：

predictLabels = classify(sample, training, group) ;

参数说明：

- predictLabels 为分类样本预测结果；
- sample 表示待预测分类的样本；
- training 表示训练样本，这些样本已经分类；
- group 表示 training 中样本的类标签。

本章采用来自于网络的公开数据集进行图像分类算法的实现，（数据集来源为 CSDN 博客 https://blog. csdn. net/weixin_43444989/article/details/92802726）数据集中共包含 9 类物品的图像，每类使用 20 张图像进行训练，共 180 张图像样本，按照 8∶2 的比例将整个数据集划分训练集和测试集，即训练集有 144 张图像，测试集有 36 张图像。

利用 CNN 中的 VGGNet 网络实现对输入图像分类的 MATLAB 程序代码见附录 10-2。基于上述代码，使用 VGGNet 进行图像分类的运行效果如图 10-14 所示。

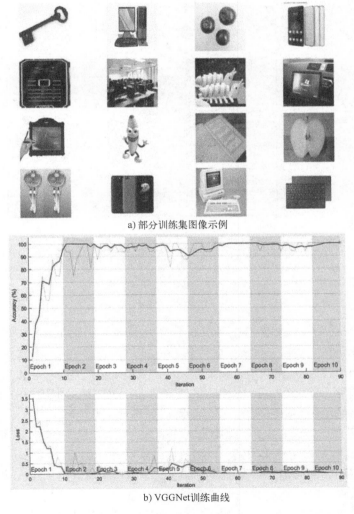

a) 部分训练集图像示例

b) VGGNet训练曲线

图 10-14 VGGNet 图像分类运行效果

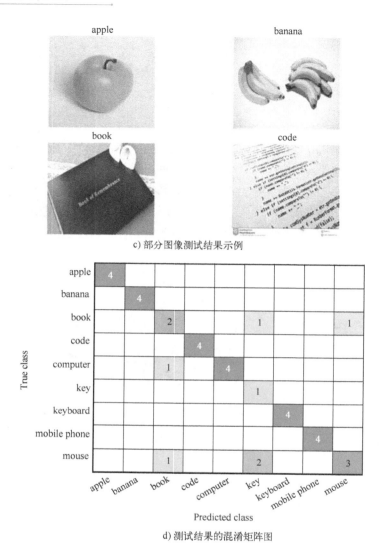

c) 部分图像测试结果示例

d) 测试结果的混淆矩阵图

图 10-14　VGGNet 图像分类运行效果（续）

　　图 10-14a 为训练集 144 张图片中随机展示的 16 张图片。图 10-14b 为训练 10 个 Epoch（训练次数）后的结果，包括 Accuracy 曲线和 Loss 曲线。可以看出 Accuracy 曲线上升较快，并且在很短的时间内就趋于稳定，Loss 曲线在第 2 个 Epoch 中就已经收敛，随后随着训练次数的增多，缓慢趋近于 0。图 10-14c 中随机展示了的 4 张测试样本均被分为了正确的类别。图 10-14d 为测试结果的混淆矩阵图，混淆矩阵以矩阵形式将数据集中的记录真实类别与模型预测类别进行汇总。本程序生成的混淆矩阵展示了 36 个测试样本中所有的识别结果。True class 表示测试样本中的真实类别，Predicted class 为模型的预测结果。对角线上的格子中的数字表示模型预测的结果和事先设定好标签的训练样本对应的个数，非对角线上的格子中的数字表示测试集自带的真实类别被模型错分为其他类别的个数。可以看出，36 张测试样本中，有 30 类被正确地分类，6 类被错分为了其他的类别，正确率为 83.33%。

【本章小结】

本章主要介绍了聚类识别、支持向量机（SVM）识别、人工神经网络识别和卷积神经网络（CNN）识别。本章以生活中常见的日用品为例展示识别方法，图像智能识别方法是人工智能的核心研究内容之一，是改变未来生活方式的重要支撑技术，是科技自立自强和科技强国的助推器。

【课后习题】

1. 根据题目中所给的数据，使用 MATLAB 实现 K-Means 聚类算法，完成以下练习。

1）随机选取 K 个聚类质心点（cluster centroids）为 $\mu_1, \mu_2, \cdots, \mu_k \in R^n$。

2）重复下面过程直到收敛

{

对于每个样例 i，计算其应该属于的类

$$c^{(i)} := \arg\min_j \| x^{(i)} - \mu_j \|^2$$

对于每一个类 j，重新计算该类的质心

$$\mu_j := \frac{\sum_{i=1}^m 1\{c^{(i)} = j\} x^{(i)}}{\sum_{i=1}^m 1\{c^{(i)} = j\}}$$

}

```
%第一类数据
mu1 = [0, 0, 0];                      %%多维高斯向量均值
s1 = [0.3 0 0; 0 0.35 0; 0 0 0.3];    %%协方差分布
data1 = mvnrnd (mu1, s1, 100);        %%产生高斯分布数据
%第二类数据
mu2 = [1.25, 1.25, 1.25];             %%多维高斯向量均值
s2 = [0.3 0 0; 0 0.35 0; 0 0 0.3];    %%协方差分布
data2 = mvnrnd (mu2, s2, 100);        %%产生高斯分布数据
%第三类数据
mu3 = [-1.25, -1.25, -1.25];          %%多维高斯向量均值
s3 = [0.3 0 0; 0 0.35 0; 0 0 0.3];    %%协方差分布
data3 = mvnrnd (mu3, s3, 100);        %%产生高斯分布数据
data = [data1; data2; data3];         %%原始数据
```

2. 使用 SVM 工具箱，训练一个 SVM 分类器，对 MATLAB 自带的鸢尾花数据集的后 2 维数据（花瓣长度和花瓣宽度）进行分类，判断是否为"versicolor"类型。

3. 简述一下 BP 神经网络的原理。

4. 使用 libsvm 在一个数据集上分别用线性核和高斯核训练一个 SVM，并比较其支持向量的区别。

第11章 工程应用——米粒分类识别

食品检测在国家粮食安全中拥有举足轻重的地位。人们越来越注重粮食的安全和品质问题，粮食质量检测的市场潜力和发展空间日益显著。在粮食工业生产过程中，视觉检测可以代替人工检测，视觉检测方法既能够准确识别有质量问题的产品，又能够减轻操作者的劳动强度，提高检测效率和准确率，对完善"精细农业"具有重要意义。

本章以米粒分类识别为例，来介绍米类产品种类识别中的图像处理方法。该方法可以拓展到米类产品质量检测、工件质量检测、药品质量检测等多种外形规则产品的质量检测中。

在本章的工程案例中，米粒识别是通过分析图像连通区域来确定米粒个数并求出面积的检测方法，需要如下几步操作：

1）图像预处理：包括图像背景均匀化、图像二值化、图像去噪及图像填充；
2）图像轮廓提取：主要是将各个米粒的连通域从图像中分割出来；
3）图像特征提取：包括米粒圆形度、长宽比和颜色矩的提取以及特征矩阵的构建；
4）分类检测：利用聚类算法对米粒进行分类处理。

11.1 米粒图像预处理

由于拍摄背景会受到光照影响而深浅不一，因此先要对图像进行预处理，为后面米粒图像分割、特征提取、分类检测做准备。预处理主要包括的内容为：背景处理、图像灰度化、图像二值化、图像去噪、图像孔洞填充。

图像读取的 MATLAB 程序代码如下：

```
Img0 = imread('mi.jpg');
figure, imshow(Img0);
title('原图');
```

程序执行效果如图 11-1 所示。

11.1.1 图像背景均匀化

图 11-1　米粒原图

为了使二值化后的图像能够清楚地显示出黑白的位置，需要将图片背景色的亮度调整到相同颜色。观察原图，可以发现图像中心位置背景亮度强于其他部分亮度。因此需要先提取背景图像，再从原图中减去背景图像，以得到背景均匀的图像。

生成背景图像是用 imopen 函数和一个半径为 35 的圆盘结构元素对输入的原图像进行形态学开操作。使用形态学开运算会删除无法完全包含结构元素的小对象，即删除所有前景

（米粒），从而得到背景图像。用 strel 函数可以构造一个半径为 35 的圆盘结构，在本案例中，该结构完全可以放入一粒米。

图像背景提取的 MATLAB 代码程序如下：

```
se = strel('disk',35);
background = imopen(Img0,se);
figure,imshow(background);
title('背景图像');
```

程序执行效果如图 11-2 所示。

接着，从原始图像中减去图 11-2 所示的背景图像，即可得到具有均匀背景的米粒图像。

去除图像背景的 MATLAB 代码如下：

```
Img = Img0 - background;
figure,imshow(Img);
title('去背景图');
```

程序执行效果如图 11-3 所示。

　　　　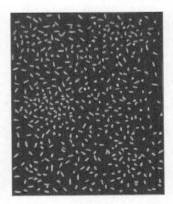

图 11-2　提取的背景图像　　　　图 11-3　背景均匀化图像

11.1.2　图像二值化

对图像进行二值化处理，以更好地分割出米粒所在的区域，方便后续提取米粒轮廓。图像的二值化使图像变得简单，而且数据量减小，能凸显出感兴趣目标的轮廓。在 MATLAB 中使图像二值化的函数有 im2bw( ) 和 imbinarize( ) 两个函数，本章采用后者进行图像二值化处理。

对米粒图像进行二值化的 MATLAB 程序代码如下：

```
I = rgb2gray(Img);
figure,imshow(I);
title('灰度图');
```

```
bw = imbinarize(I);
figure, imshow(bw);
    title('二值化图');
```

程序执行效果如图 11-4 所示。

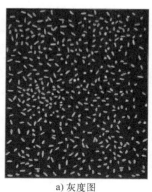 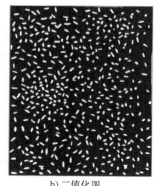

a) 灰度图   b) 二值化图

图 11-4   图像二值化处理

11.1.3   图像去噪及米粒填充

由于拍摄的图像存在一些污点噪声，使得二值图中的背景上存在一些白色噪声，还有部分米粒区域出现黑色的小噪点。为了更好地提取米粒目标区域，需要对二值图进行图像去噪和米粒填充处理。处理背景噪声时，除了需要考虑一些污点产生的小像素，还需要注意一些面积远远大于米粒的一些噪声。在去除大对象时选用 removeLargeArea( ) 函数，去除小对象时选用 bwareaopen( ) 函数。针对米粒填充，则采用孔洞填充的方法填充米粒中的一些孔洞。

图像去噪及米粒填充的 MATLAB 程序代码如下：

```
%%去噪
bw = removeLargeArea(bw,8000);      %去除二值图像中的大对象
bw = bwareaopen(bw,300,8);          %去除二值图像中的小对象
figure, imshow(bw);
title('去噪后图像');
%%孔洞填充
%填充中的间隙。
%创建一个盘形结构元素,指定 10 像素的半径,以便填充最大的间隙。
se = strel('disk',1);
bw = imclose(bw,se);                %闭运算
%填充任何孔洞
bw = imfill(bw,'holes');
figure, imshow(bw);
    title('填充图像')
```

程序执行效果如图 11-5 所示。

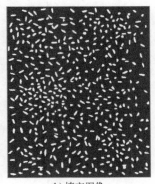

a) 去噪后图像　　　　　　　　b) 填充图像

图 11-5　图像去噪及米粒填充结果

11.2　米粒图像轮廓提取

采用 bwboundaries() 函数对二值图像中的米粒进行轮廓提取，函数内的参数选用"no-holes"能够避免搜索图像内部轮廓，从而加快处理速度。bwboundaries() 返回两个参数。第一个返回参数 B 表示边界像素位置的单元格，B 是一个 $P×1$ 的数组，其中 P 代表连通体的个数，B 内每一行是一个 $Q×2$ 的矩阵，Q 内每一行表示连通体的边界像素的位置坐标（第一列是纵坐标 Y，第二列是横坐标 X），Q 为边界像素的个数。第二个参数 L 表示标签矩阵，其中标记了对象和孔。

采用 label2rgb 函数对标签进行颜色转换，格式为：label2rgb(L, map, zerocolor)。其中，L 为要转换的标签矩阵；map 可取值为@ gray 或者@ jet，@ gray 为灰度条，@ jet 为彩色条，即变为彩色图像；zerocolor 为标记 0 的颜色，如［.5 .5 .5］即将标记 0 的颜色设为［0.5 0.5 0.5］。默认值为［1 1 1］，即白色。

米粒图像轮廓提取的 MATLAB 程序代码如下：

```
[B,L] = bwboundaries(bw,'noholes');
figure, imshow(label2rgb(L, @ jet, [0.5 0.5 0.5]))  %为每个闭合图形设置颜色显示
hold on
N = length(B);              %N 等于元组 B 的长度,也等于米粒的个数
for k = 1:N                 %for 循环在这里的作用是给所有轮廓进行描边
    boundary = B{k};        %将每一个轮廓的像素坐标赋值给 boundary
    plot(boundary(:, 2), boundary(:,1), 'b', 'LineWidth', 1)
end
title('轮廓图')
```

程序执行效果如图 11-6 所示。

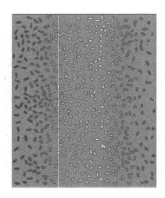

图 11-6　轮廓提取图

11.3　米粒图像特征提取

通过观察米粒原图，发现通过米粒的圆形度、长宽比、颜色等参数特征能够较好地区别不同种类的米粒。在完成图像预处理和轮廓提取后，就可以对这些参数进行计算了。

圆形度的计算公式如第 8 章公式（8-14）所示，面积乘上 4π 除以周长的平方。在轮廓提取的基础上，可利用 regionprops( ) 函数可以获取图像的面积和周长，进而计算圆形度。

长宽比可利用最小外接矩形来计算。调用 minboundrect( ) 函数可以获取连通区域的最小外接矩形，其返回值有四个，第一个返回值 rectx 表示从矩形右上角开始顺时针旋转的依次四个点的横坐标值，第二个返回值 recty 表示从矩形右上角开始顺时针旋转的依次四个点的纵坐标值，第三个返回值 area 表示矩形的面积，第四个返回值 perimeter 表示矩形的周长。

由于米粒表面颜色较为均匀，因此颜色特征可以用颜色的一阶矩来表示，即米粒区域 RGB 颜色的平均值。利用 mean2( ) 函数来获取每一个通道的像素平均值，mean2( ) 函数相当于对整个轮廓矩阵求像素的平均值。

米粒图像特征提取的 MATLAB 程序代码如下：

```
%%提取特征
%找到测量图像区域的属性(中心、面积、圆形度等)
stats = regionprops(L,'ALL');
CirRatio = zeros(1,N);%圆形度
%计算圆形度
for k = 1:N
    CirRatio(k) = 4 * pi * stats(k,1).Area / (stats(k,1).Perimeter)^2;
    stats(k,1).metric = CirRatio(k);
end
%求最小外接矩、RGB 一阶矩和长宽比
[labelpic,num] = bwlabel(bw,8);
%stats = regionprops(L,'ALL');
```

```
figure,hold on;
imshow(bw);
ratio1=[];
ratio2=[];
ratio3=[];
lenwidth = [];
for i=1:num
    [r,c]=find(labelpic==i);
    %最小外接矩形,'a'是按最小面积算,如果按边长算,用'p'
    [rectx,recty,area,perimeter]=minboundrect(c,r,'a');
    x = min(round(rectx)):max(round(rectx));
    y = min(round(recty)):max(round(recty));
    xx =sqrt ( (rectx(4)-rectx(1)) * (rectx(4)-rectx(1))+ ...
        (recty(4)-recty(1)) * (recty(4)-recty(1)));
    yy =sqrt ( (rectx(4)-rectx(3)) * (rectx(4)-rectx(3))+ ...
        (recty(4)-recty(3)) * (recty(4)-recty(3)));
    %长宽比
    if xx > yy
        chang = xx;
        kuan = yy;
    else
        chang = yy;
        kuan = xx;
    end
    lwlw = chang/kuan;
    lenwidth = [lenwidth,lwlw];            %添加到长宽比矩阵
    %颜色矩
    Img1 = Img(y,x,1);
    Img2 = Img(y,x,2);
    Img3 = Img(y,x,3);
    ratio1 = [ratio1,mean2(Img1)];        %R 通道一阶矩
    ratio2 = [ratio2,mean2(Img2)];        %G 通道一阶矩
    ratio3 = [ratio3,mean2(Img3)];        %B 通道一阶矩
end
%%构建特征矩阵 Feature
Feature = [];
Feature= double(Feature);
metric = [stats.metric];                  %圆形度
Feature1 = ratio1-ratio3;                 %将 R 通道的像素值减 B 通道的像素值作为一个特征
Feature2 = ratio3-ratio1;                 %将 B 通道的像素值减 R 通道的像素值作为一个特征
Feature = [Feature1', Feature2', metric', lenwidth'];
```

11.4 米粒分类

米粒分类检测采用 Kmeans 聚类算法。在 MATLAB 中，聚类函数 kmeans( ) 的返回值有四个，第一个返回值 idx 表示聚类结果，第二个返回值 C 表示聚类中心，第三个返回值 SUMD 表示每一个样本到该聚类中心的距离和，第四个返回值 D 表示每一个样本到各个聚类中心的距离。

利用 Kmeans 聚类算法对米粒图像进行分类检测的 MATLAB 程序代码如下：

```
Feature = mapminmax( Feature',0,1)';    %按列最小最大规范化到[0,1]
opts = statset('Display','final');          %要显示的输出级别,final 显示最终迭代结果
[idx,C,sumD,D] = kmeans( Feature,3,'dist','sqEuclidean','Replicates',8);   %聚类
%idx:聚类结果
%C:聚类中心
%SUMD:每一个样本到该聚类中心的距离和
%D:每一个样本到各个聚类中心的距离
temp1 = find( idx = = 1);
temp2 = find( idx = = 2);
temp3 = find( idx = = 3);
cout1 = sprintf('%d',length( temp1));     %计数
cout2 = sprintf('%d',length( temp2));
cout3 = sprintf('%d',length( temp3));
figure,
subplot(1,2,1),imshow( Img0);title('原图');
subplot(1,2,2),imshow( Img);title(['聚类结果:第一类',cout1,'个,' ...
    '第二类',cout2,'个,','第三类',cout3,'个']);
for i = 1:N
    [r,c] = find( L = = i);
    [rectx,recty,area,perimeter] = minboundrect( c,r,'a');
    if( ismember( i,temp1))%ismember 检测元素是否在集合中
        line( rectx(:),recty(:),'color','r');
    else if( ismember( i,temp2))
            line( rectx(:),recty(:),'color','g');
    else if( ismember( i,temp3))
            line( rectx(:),recty(:),'color','b');
    end
    end
    end
end
```

程序执行效果如图 11-7 所示。

通过图 11-7 中原图和分类结果图的对比，处理部分距离较近的米粒因区域连通而误识别以外，其他米粒的分类结果较为理想。

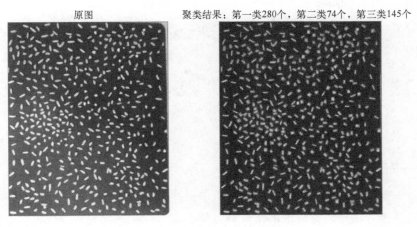

图 11-7　米粒分类结果图

【本章小结】

　　本章以米粒分类识别案例，介绍了图像预处理、图像轮廓提取、图像特征提取和分类检测等技术在工程案例中的综合运用方法及运用效果。民以食为天，食以安为先，数字图像处理方法是提升粮食安全的重要检测技术和手段。"谁知盘中餐，粒粒皆辛苦"，让我们做到珍惜粮食，崇尚节约。

第12章 工程应用——多气泡上升轨迹跟踪

12.1 研究背景

12.1 工程应用：多气泡上升轨迹跟踪演示视频

  垂直管道中气泡上升的运动行为是气泡动力学研究中的关键问题,利用图像方法来研究气泡的运动特性具有直观性和非接触性等优点,受到国内外学者的青睐。为了准确跟踪气泡的运动轨迹,利用高速摄像机获得运动气泡的图像序列是必要的;之后可通过数字图像处理技术得到连续图像序列中气泡的几何中心位置,中心位置的移动轨迹即为气泡的运动轨迹。当图像中仅有一个气泡时,只需将所计算出的气泡中心的位置坐标绘制到图中,然后按照先后顺序连接便可以得到气泡的运动轨迹。而当一幅图像中存在多个气泡,且气泡的前后位置发生变化时,则气泡点中心坐标容易混淆,导致轨迹跟踪存在一定困难。因此需要采用适当目标匹配方法,将不同的气泡区分开来,以辨别多个目标气泡在不同时刻的位置,获得多气泡同时上升时的气泡运动轨迹。

12.2 气泡图像的预处理

12.2.1 气泡图像去噪

  在气泡图像的拍摄过程中,由于背景光照不均匀,透明管壁上存在划痕以及拍摄时视野范围过大而摄入多余的背景物体等都会产生背景噪声,这种噪声在气泡图像中所占比例较大,有时甚至超过有用信息。这种强势噪声无法通过滤波器来去除。针对这一问题,通常采用同一图像序列中的两幅图像相减的方法来去除背景噪声,即差影或剪影算法。差影算法是直接将两幅图像相减;剪影是根据目标图像和背景图像的对应点的灰度值相差的多少来确定运算关系,当目标物体的灰度值与背景像素的灰度值相差较大时,则用保留目标像素的灰度值,否则直接置为 0 或 1。采用差影或剪影算法时,要求在拍摄过程中,照明光应保持稳定,拍摄的背景保持固定,否则图像相减的效果将明显降低。

  在去除了固有的背景噪声后,仍然存在一些随机噪声,例如图像中气泡轮廓模糊、图像中存在噪点等,这些对后续的图像处理过程存在很大的影响,尤其对图像二值化处理十分不利。可继续采用平滑滤波和小波去噪的方法进一步滤除噪声。

  图像剪影去噪 MATLAB 程序代码如下:

```
%读入图像,并调整图像格式
I1 = imread('image\image1\2_1_0.5_1_FR0489.tif');    %原始气泡图像
numStr = num2str(489);
I2 = imadjust(I1,[0 1],[1 0],1);
```

```matlab
I3 = rgb2gray(I2);
I4 = double(I3);
J1 = imread('image\image1\full_01_FR13.tif');            %背景图
J2 = imadjust(J1,[0 1],[1 0],1);
J3 = rgb2gray(J2);
J4 = double(J3);
%差影
cy = I3-J3;
cy = uint8(cy);
cy = imadjust(cy,[0 1],[1 0],1);
figure,imshow(cy)
fileName1 = ['image\precessedImage\cy_', numStr,'.tif'];%%%%%
imwrite(cy,fileName1,'tif')
%剪影
K1 = I4-J4;
for i = 1:1:480
    for j = 1:1:640
        if K1(i,j)<20
            I3(i,j) = 0;
        end
    end
end
jy = imadjust(I3,[0 1],[1 0],1);
figure,imshow(jy)
hold off
fileName2 = ['image\precessedImage\jy_', numStr,'.tif'];%%%%%
imwrite(jy,fileName2,'tif')

%小波去噪
[c,s] = wavedec2(cy,2,'sym5');                    %cy 为差影,jy 为剪影
[thr,sorh,keepapp] = ddencmp('den','wv',I);
[B,cxc,lxc,perfl2] = wdencmp('gbl',c,s,'sym5',2,thr,sorh,keepapp);
L = uint8(B);
figure,imshow(L);
hold off
fileName = ['image\precessedImage\','cywave_',numStr,'.tif'];
imwrite(L,fileName,'tif')
%剪影图像小波去噪,只需将 cy 改为 jy,此处省略了剪影图像小波去噪的代码
```

运行结果如图 12-1 所示，图 12-1a 为原始气泡图像，图 12-1b 为背景图像。进行差影处理的结果如图 12-1c 所示，进行剪影处理的结果如图 12-1d 所示，相应的小波去噪图像如图 12-1e 和 12-1f 所示。可以看到，经过剪影算法得到的图像背景均匀，且背景与目标像素点的对比度增强，从而使气泡更加突出，但同时一些噪点噪声也更加明显。

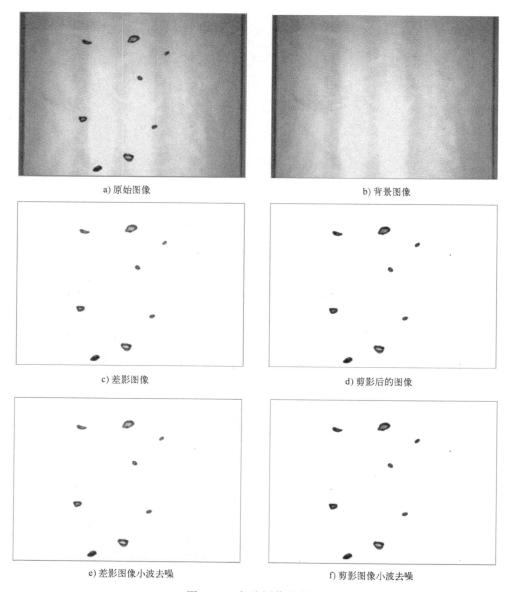

a) 原始图像

b) 背景图像

c) 差影图像

d) 剪影后的图像

e) 差影图像小波去噪

f) 剪影图像小波去噪

图 12-1 气泡图像的剪影

12.2.2 气泡图像二值化

为了便于对气泡目标进行跟踪，可对去噪后的图像进行二值化处理，将气泡从背景中分割出来。在气泡图像二值化处理过程中，确定合适的阈值 Th 是非常关键的。通常 MATLAB 默认的阈值不能很好地实现分割功能，本案例采用了最大类间方差法来选取分割阈值，不仅能提取到的较为理想的阈值，而且计算速度快。

利用 OTSU 阈值分割方法对图像进行二值化处理的 MATLAB 代码如下：

```
%图像读取
%I = imread('image\precessedImage\jywave_489. tif');
```

```
L=imread('image\precessedImage\cywave_489. tif');
numStr=num2str(489);
%%OTSU 阈值二值化
T1=graythresh(L);
M=im2bw(L,T1);
figure,imshow(M)
hold off
fileName=['image\precessedImage\','cybiOTUS_',numStr,'. tif'];%%%%%
imwrite(M,fileName,'tif')
%空洞填充
M_bw=im2bw(imread('image\precessedImage\cybiOTUS_489. tif'));        %读入二值图像
%执行空洞填充运算,目标图像取反,变成目标为白色,背景为黑色
M_fill=imfill(~M_bw,'holes');
M=~M_fill;
figure,imshow(M)                                                      %显示填充后的图像
fileName=['image\precessedImage\','cyfill_',numStr,'. tif'];%%%%%
imwrite(M,fileName,'tif')
```

气泡图像去噪和二值化结果如图 12-2 所示。

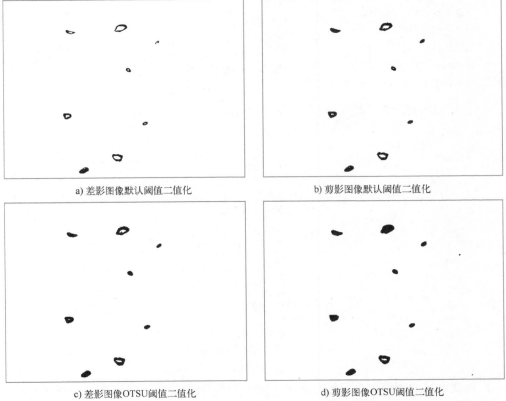

a) 差影图像默认阈值二值化　　　　　　　　　b) 剪影图像默认阈值二值化

c) 差影图像OTSU阈值二值化　　　　　　　　d) 剪影图像OTSU阈值二值化

图 12-2　气泡图像去噪和二值化处理结果

观察发现，采用 OTSU 阈值二值化的结果明显优于默认阈值的。对于气泡图像而言，差影算法和剪影算法获得的二值图两者差异不大。图 12-2 所示的差影二值图的噪声更小一些，但是对于部分高亮区域较大的气泡，较容易造成外部边缘不闭合的情况，为后续填充带来不便。剪影算法二值化图像能够更全面的保留目标像素点的原始信息，气泡边缘能够良好闭合，但是容易存在一些噪声点。因此在实际工程中，要根据实际需求，来综合选择图像去噪和图像分割方法。在本章中，后续处理工作均基于差影图像 OTSU 阈值二值化的结果展开。

12. 2. 3　气泡图像填充

当灰度图像经过二值化处理以后，为了方便对气泡参数的计算（如气泡的面积、中心、纵横比等），需要对气泡内部的白色反光区域进行填充。气泡中心填充是由图像预处理转向两相流参数计算的关键环节之一，其填充效果直接影响到两相流参数计算的简易程度及精确性。

气泡填充的 MATLAB 程序代码如下：

```
%空洞填充
M_bw=im2bw(imread('image\precessedImage\cybiOTUS_489. tif'));    %读入二值图像
%执行空洞填充运算,目标图像取反,变成目标为白色,背景为黑色
M_fill=imfill( ~ M_bw, 'holes');
M_fill= ~ M_fill;
figure,imshow( M_fill)                    %显示填充后的图像
fileName=['image\precessedImage\', 'cyfill_', numStr,'. tif'];
imwrite( M_fill,fileName,'tif')
```

上述程序的填充结果如图 12-3 所示。

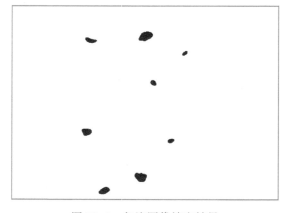

图 12-3　气泡图像填充结果

在进行完上述的图像预处理操作之后，就可以将图像中的气泡完全分割出来。接下来，就可以进行图像特征提取及轨迹跟踪的处理工作了。

12.3　气泡运动轨迹跟踪方法

12.3.1　基于互相关匹配的目标跟踪

1982 年，Rosenfeld 提出的互相关法。它像是一种相似性度量或者匹配程度的表征，而不是一种图像匹配的完整方法，但把互相关的思想作为度量测度，在许多匹配算法里都会用到。相关法包括自相关法和互相关法，其中互相关法是由自相关法发展而来的。自相关法是通过将两次连续曝光的粒子图像成像在一张底片上，从而利用这些粒子在图像中的自相关性获得粒子的运动速度。进行自相关计算时，是在其自身图像中寻找与搜寻模板具有最大相似度的匹配模板。当连续曝光的时间间隔很短时，可以用于测量某些高速流动的速度。自相关法在速度方向上存在模糊性，尽管已经有一些解决方法，但处理比较复杂，使得这一方法难于应用。互相关法的基本原理与自相关法相同，只不过两次连续曝光的图像成像在两张底片上，搜寻模板与匹配模板分别存在于两幅连续图像中。

在进行互相关计算时，先在一幅图像中选取搜寻模板，然后在另一幅图像中寻找与其具有最大相似度的匹配模板。由于互相关法中的运动的目标物体分别存在于两幅先后拍摄的图像中，这就消除了速度方向的不确定性问题。互相关法在众多图像匹配问题中得到了应用，基本互相关算法的工作原理如图 12-4 所示，互相关系数的计算如式（12-1）所示。

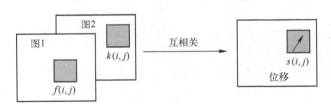

图 12-4　搜寻模块的互相关的工作原理

$$C = \frac{\displaystyle\sum_{i=1}^{M}\sum_{j=1}^{N} f(i,j) \times k(i+m,j+n)}{\sqrt{\displaystyle\sum_{i=1}^{M}\sum_{j=1}^{N}\left[f(i,j)\right]^2}\sqrt{\displaystyle\sum_{i=1}^{M}\sum_{j=1}^{N}\left[k(i+m,j+n)\right]^2}} \qquad (12-1)$$

在图 12-4 中，图 1 的 $f(i,j)$ 为模板窗口，窗口大小为 $M \times N$，利用互相关法在图 2 任意选取尺寸相同的搜寻窗口 $k(i,j)$，计算二者的相关系数。具有最大相关系数的搜寻窗口 $s(i,j)$ 即为所要寻找的匹配窗口。

为了提高计算速度，需要为每一个模板窗口定义一个搜索区域。由于气泡在上升过程中左右摇摆，因此搜索区域的高和宽均为模板窗口的两倍。搜索区域的位置如图 12-5 所示，$f(i,j)$ 表示模板窗口，$g(i,j)$ 表示搜索区域。搜索区域的底边与模板窗口重合，其底边的中线与模板窗口底边的中线重合。

上述方法，直接对模板图像进行窗口互相关匹配，计算量加大，计算时间长。为了提高匹配速度，可以引入小波变换。利用双正交小波变换能得到包含图像主要特征信息的子空间

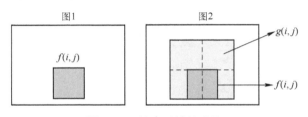

图 12-5 搜索区域的选取

图像，且经过多尺度分解后的每个子空间图像的大小为原始图像的 1/4，从而就能缩小搜寻范围，提高图像匹配速度。基于小波变换的图像匹配的算法流程如图 12-6 所示。先对图像进行小波变换，再利用图像互相关匹配计算，并利用改进的贴标签法，衡量出包含整个完整气泡的窗口大小，按式（5-5）调整窗口大小，选择出适用于小波变换和互相关计算的窗口。这一改进方法既能够准确获得气泡的匹配图像，又能提高计算速度。

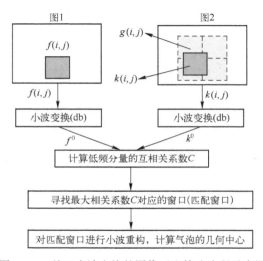

图 12-6 基于小波变换的图像匹配算法流程示意图

12.3.2 基于图像小波变换互相关匹配的气泡轨迹跟踪实现

对图 12-7 所示的图像序列中的各个气泡进行轨迹跟踪。

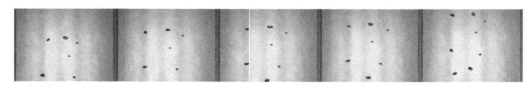

图 12-7 气泡运动图像序列

模板窗口与搜索窗口的互相关系数计算及目标跟踪的 MATLAB 函数见附录 12-1，利用代码对图 12-7 进行气泡轨迹跟踪的如图 12-8 所示。

对连续拍摄的气泡图像序列采用小波互相关算法，能够得到多个气泡上升时的运动轨

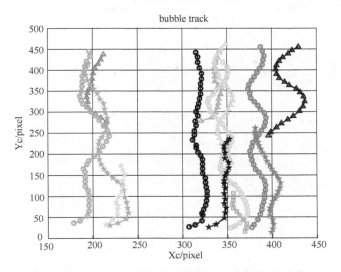

图 12-8　基于小波变换互相关算法的气泡轨迹跟踪

迹。但是由于图像序列中图像数量较多，且图像的分辨率较高，匹配模板的搜索时间较长，很难用于实时跟踪。

12.3.3　基于 Mean-Shift 算法的目标跟踪

Mean-Shift 最早是由 Fukunaga 等人提出来的，它指代的是一个向量，但随着 Mean-Shift 理论的发展，Mean-Shift 的含义也发生了变化，Mean-Shift 算法一般是指一个迭代的步骤，即先算出当前点的偏移均值，移动该点到其偏移均值，然后以此为新的起始点继续移动，直到满足一定的条件结束。

Mean-Shift 算法常用在目标跟踪领域。通常，将基于 Mean-Shift 算法的目标跟踪问题描述为一个利用均值漂移向量进行目标跟踪的迭代过程。目标跟踪是以目标物体的外部特征为基础，Mean-Shift 算法采用颜色直方图作为描述物体的特征，利用 Bhattacharyya 系数作为物体相似程度的度量标准，再利用均值漂移向量获取目标物体的位置。

在实际的目标跟踪过程中，Mean-Shift 算法首先建立目标模型的描述，然后在后序图像序列中寻找与目标模型相匹配的候选区域。在搜寻过程中，不断计算均值漂移向量，更改搜索位置中心，通过巴氏系数定位目标物体的位置。

（1）目标模型建立

描述一个目标，首先要选择合适的特征空间。通常利用直方图建立跟踪目标的模板，也就是目标模型。在 Mean-Shift 算法中，目标模型由当前图像帧中的目标模型和下一帧图像中的候选目标模型两种模型组成。在初始图像帧中，计算所有属于目标区域像素点特征值的概率，即利用特征概率密度函数来表示当前帧的目标模型，式（12-2）为目标模型的定义为：

$$q=\{q_u\},u=1,\cdots,m \tag{12-2}$$

定义函数 $b: R_2 \rightarrow \{1,2,\cdots,m\}$，$b(x_i)$ 是所有像素特征 x_i 在量化的特征空间的映射函数。概率特征 $u=1,\cdots,m$，则目标模型可由式（12-3）表示：

$$q_u = C \sum_{i=1}^{n} k\left(\left\|\frac{x_i - x_0}{h}\right\|^2\right) \delta[b(x_i) - u] \tag{12-3}$$

式中，$\delta(\ )$ 是 Kronecker Delta 函数，C 是归一化因子，为了使得 $\sum_{u=1}^{m} q_u = 1$，C 应满足式（12-4）。

$$C = \frac{1}{\sum_{i=1}^{n} k\left(\left\|\frac{x_i - x_0}{h}\right\|^2\right)} \tag{12-4}$$

Mean-Shift 算法是从当前帧相邻的后一帧图像中原来的目标区域（即候选区域）开始执行迭代，对候选区域提取的核直方图特征称为目标候选模型。则候选目标模型可以由式（12-5）表示：

$$p_u(y) = C_h \sum_{i=1}^{n_g} k\left(\left\|\frac{y - x_i}{h}\right\|^2\right) \delta[b(x_i) - u] \tag{12-5}$$

其中，C_h 是归一化因子，使得 $\sum_{u=1}^{m} p_u = 1$，且归一化因子满足式（12-6），其他参数定义与式（12-3）相同。

$$C_h = \frac{1}{\sum_{i=1}^{n_g} k\left(\left\|\frac{y - x_i}{h}\right\|^2\right)} \tag{12-6}$$

（2）相似性函数

在利用 Mean-Shift 算法进行目标跟踪时，常使用 Bhattacharyya 系数来描述目标与候选目标的相似程度，该系数越大，目标与候选目标越近似，两个离散分布之间的距离越小。式（12-7）给出了 Bhattacharyya 系数的具体定义：

$$\rho(y) = \rho[p(y) - q] = \sum_{u=1}^{m} \sqrt{p_u(y)q_u} \tag{12-7}$$

Bhattacharyya 系数可以有效地描述两个向量间的相似程度，Bhattacharyya 系数的几何意义是在多维空间中两个单位向量夹角的余弦函数值，图 12-9 为该系数的几何原理示意图。

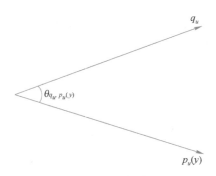

图 12-9　Bhattacharyya 系数的几何意义

在 Mean-Shift 算法中，相似程度具体的计算方法由式（12-8）给出：

$$d(y) = \sqrt{1 - \rho[p(y), q]} \tag{12-8}$$

274

式中，$d(y)$ 越小表示两者越相似，即两区域间的距离越短。

（3）目标定位

由 Mean-Shift 算法原理可知，在当前帧图像中搜索目标区域时，需要以目标在前一帧图像中的位置 y_0 为起始位置。由式（12-9）表示：

$$\rho[p(y),q] \approx \frac{1}{2}\sum_{u=1}^{m}\sqrt{p_u(y_0)q_u} + \frac{1}{2}\sum_{u=1}^{m}p_u(y)\sqrt{\frac{q_u}{p_u(y_0)}} \tag{12-9}$$

将式（12-5）代入式（12-9）得

$$\rho[p(y),q] \approx \frac{1}{2}\sum_{u=1}^{m}\sqrt{p_u(y_0)q_u} + \frac{C_h}{2}\sum_{i=1}^{n_g}w_i k\left(\left\|\frac{y-x_i}{h}\right\|\right)^2 \tag{12-10}$$

其中，w_i 由式（12-11）给出：

$$w_i = \sum_{u=1}^{m}\delta[b(x_i)-u]\sqrt{\frac{q_u}{p_u(y_0)}} \tag{12-11}$$

式（12-10）中第一项与 y 无关，为得到 $\rho[p(y),q]$ 的最大值，式（12-10）中的第二项最需要取最大值，在迭代中目标区域的中心位置由 y_0 移动到新的位置 y_1，迭代函数由式（12-12）给出

$$y_1 = \frac{\displaystyle\sum_{i=1}^{n_g}x_i w_i g\left(\left\|\frac{y_0-x_i}{h}\right\|\right)^2}{\displaystyle\sum_{i=1}^{n_g}w_i g\left(\left\|\frac{y_0-x_i}{h}\right\|\right)^2} \tag{12-12}$$

从本质上讲，可以将 Mean-Shift 算法的迭代过程看作从目标起始位置到当前位置不断移动的过程，每一个均值漂移向量确定一次移动，同时相似性函数增大，最终到达相似性函数的最大值处。综合前面对 Mean-Shift 算法的叙述，可归纳出完整的跟踪算法步骤。

1）首先初始化中心位置 y_0，计算在 y_0 处的候选目标特征 $\{p_u(y_0)\}, u=1,2,\cdots,m$，计算相似程度；

2）求权值 w_i，得到目标的新位置 y_1；

3）更新候选目标特征 $\{p_u(y_0)\}, u=1,2,\cdots,m$，根据式（12-8）再次计算相似程度；

4）比较步骤 1）和步骤 3）的计算结果，如果 $\rho[p(y_1),q]<\rho[p(y_0),q]$，那么使 $y_1=(y_0+y_1)/2$，计算新的 $\rho[p(y_1),q]$，直到满足 $\rho[p(y_1),q]>\rho[p(y_0),q]$；

5）如果 $\|y_1-y_0\|<\varepsilon$，停止计算，否则将新位置代替当前位置，即使 $y_0=y_1$，继续从步骤 2）开始重复上述算法。

考虑到算法的实际计算量，可以将其实际的迭代次数进行限制，通常将算法的最大迭代次数设定为 20 次。同时因为在 Bhattacharyya 系数近似计算过程中可能产生漂移误差传递问题，所以在实际的算法中加入步骤 5），其中 ε 为算法的停止阈值，将其设定为一个像素距离的大小。在实际的计算过程中，这种情况出现的概率极小，所以通常在实际的算法执行过程中可以不执行步骤 5）。

基于 Mean-Shift 算法的气泡轨迹跟踪 MATLAB 程序代码见附录 12-2，利用上述程序对图 12-10a 中方框标记的气泡进行轨迹跟踪，跟踪结果如图 12-10b 所示。

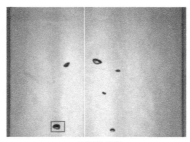

a) 起始图像

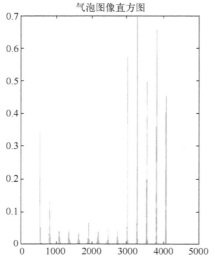

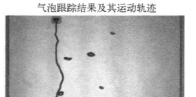

b) 气泡轨迹跟踪结果

图 12-10　基于 Mean-Shift 算法的气泡轨迹跟踪结果

【本章小结】

　　本章以多气泡上升轨迹跟踪为例，介绍了气泡图像的预处理、多气泡运动轨迹跟踪等技术在工程案例中的综合运用方法及运用效果。数字图像处理技术可以监测流程工业过程，确保流程工业安全，预防爆炸、火灾以及人身安全的事故发生，推动流程制造绿色化、低碳化、高端化、智能化及安全化发展。

第 13 章　工程应用——血细胞图像检测

很多病症如感冒、癌症或者血液疾病，都是身体细胞出现了故障所引起的。修复细胞的首要前提是检测异常细胞，即细胞识别检测。在高倍显微镜下观察患者的细胞，根据是否有异常细胞，以及异常细胞所占的比重，分析患者病情所处的阶段。通过人眼直接观察细胞的方式虽然最直接，但很耗时耗力。

随着机器视觉行业的发展，机器已经可以代替人眼去对细胞进行检测计数。利用机器视觉除了能够检测细胞个数，还可以进一步对细胞状态进行检测识别，例如检测细胞的大小和形状是否异常，并对细胞异常的类型进行识别，方便医疗人员对患者病情的分析诊断。

在血细胞图像检测的过程中，图像分割尤为重要，它直接决定了计数和所计算参数的准确程度。本章将着重介绍用于血细胞检测的数字图像处理技术的实现过程，对多种图像分割算法展开对比，实现血细胞的计数及面积特征的提取。

本工程应用中的血细胞图像检测内容主要包括计数和面积统计，具体分为以下步骤：

1）利用形态学方法对细胞图像进行分割处理；

2）利用全局阈值和动态阈值方法对细胞图像进行分割处理；

3）利用霍夫圆检测方法对细胞图像进行分割处理；

4）分别基于上述三种方法的分割结果进行细胞计数和细胞面积计算。

13.1　血细胞图像形态学处理

13.1　形态学处理

血细胞原始图像如图 13-1 所示，可以看到图中有大量的细胞，细胞之间相互重叠，且图像中存在大量的噪声。细胞检测的首要任务就是对细胞图像进行预处理，增强细胞的像素信息，去除图像中的噪声信息。在本工程应用中，我们的最终目的是通过图像处理来实现细胞计数和细胞面积大小的计算。本小节将利用图像形态学方法尝试对细胞图像进行分割。

读取细胞原图的 MATLAB 程序代码如下：

```
original_picture = imread('Orig_Cell. JPG') ;%读取图像
figure, imshow( original_picture), title('原始细胞图像');
```

程序执行效果如图 13-1 所示。

13.1.1　图像预处理

在对细胞进行分割之前，首先将图像转换为二值图。二值化的方法有很多，本案例中采用最大类间方差法，也称 OTSU 法或大津法，它是按图像前景和背景的灰度方差最大的特性，将图像分成背景和前景两部分。在 MATLAB 中，可使用 imbinarize（）函数将灰度图像转

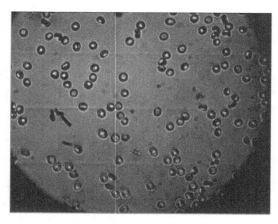

图 13-1　血细胞原始图像

换为二值图像，也可使用 im2bw( )函数直接将彩色 RGB 图像转换为二值图像。

　　形态学操作腐蚀主要用来去除二值化图像中的小噪点。开运算是形态学中常用的一种处理方法，这是一种先腐蚀后膨胀的复合操作，这种方法不仅可以去除小噪点，还能够分离出那些没有紧密连接的细胞。由于细胞多为圆形，因此结构函数可以选取盘形（disk）的结构元素。

　　利用图像二值化以及形态学腐蚀对细胞图像进行去噪的 MATLAB 程序代码如下：

```
original_picture = imread('Orig_Cell. JPG');                          %读取图像
%%阈值二值化(RGB 图像转换为二值图像)
gray_picture = rgb2gray(original_picture);                            %先转灰度
BW_image = imbinarize(gray_picture,graythresh(original_picture));     %转换为二值图像
BW_image = imcomplement(BW_image);                                    %翻转黑白
figure,imshow(BW_image),title('二值化图像');
%%图像腐蚀去噪点
BW_fill_black = imfill(BW_image,'holes');                             %填补黑色洞
%figure,imshow(BW2),title('填充图像');
se1 = strel('disk',14);
BW_open = imopen(BW_fill_black,se1);                                  %初步开运算减少白色区域
figure,imshow(BW_open),title('填充去噪图像');
%%保存图像
imwrite(BW_fill_black,'二值填充图像 .jpg');
imwrite(BW_open,'填充去噪图像 .jpg');
```

　　上述程序的执行结果如图 13-2 所示。

13. 1. 2　细胞的形态学分割

　　上一步中的开运算明显减少了细胞间的粘连，但仍有许多细胞粘接在一起无法分割。增大 disk 的半径，可以进一步减少粘连，但是 disk 越大，细胞变形就会越严重，甚至会消失。如图 13-2 所示，此时的开运算由于过度腐蚀，已经摧毁了一些细胞图像，因此应该采取一定的措施恢复误腐蚀的细胞图像。

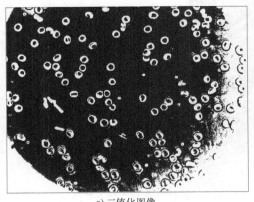
a) 二值化图像

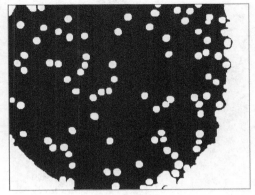
b) 填充去噪图像

图 13-2　细胞图像预处理

误腐蚀细胞复原的 MATLAB 程序代码如下：

```
BW_fill_black = imread('二值填充图像 . jpg');
BW_open = imread('填充去噪图像 . jpg');
%%对比开运算前后图像,找出被删除的细胞
BW_delete = BW_fill_black - BW_open;
figure,imshow(BW_delete),title('差值图像');
%%计算误腐蚀的细胞
%开运算对比后图像,消除因细胞大小改变产生的细胞轮廓
se2 = strel('disk',6);
BW_comparison = imopen(BW_delete,se2);
figure,imshow(BW_comparison),title('误腐蚀的细胞图像');
%%对填充去噪图像进行腐蚀,使各个细胞相互独立
se2 = strel('disk',10);
BW_erode = imerode(BW_open,se2);
figure,imshow(BW_erode),title('填充去噪细胞腐蚀图像');
%%复原误腐蚀的细胞
BW_combined = BW_comparison + BW_erode;
figure,imshow(BW_combined),title('误腐蚀细胞复原图像');
imwrite(BW_combined,'误腐蚀细胞复原图像 . jpg');
```

上述程序的运行结果如图 13-3 所示。

对开运算后的图像和细胞填充后的图像之间进行减法运算可以得到差值图像，如图 13-3a 所示。可以看到，差值图像中存在很多细胞边缘，这是由于开运算的膨胀不能完全复原腐蚀掉的目标边缘。对于误腐蚀的细胞来说，这些细胞边缘的存在即为噪声。为了消除这些细胞的边缘，可以设置一个相对较小的 disk 对差值图像做开运算，运算结果如图 13-3b 所示。接下来设置一个比较大的 disk，并对之前的开运算后的图像做腐蚀运算。这么做的目的有两个：一是彻底分离细胞，二是不要使任何细胞消失。所以经过多次尝试，得到了 disk 等于 "10" 最为合适，能够使被腐蚀后的细胞都是独立的，且不会过度腐蚀导致细胞消失，如图 13-3c 所示。最后，对 13-3b 和 13-3c 进行加法运算，将由于开运算而丢失的细胞将返

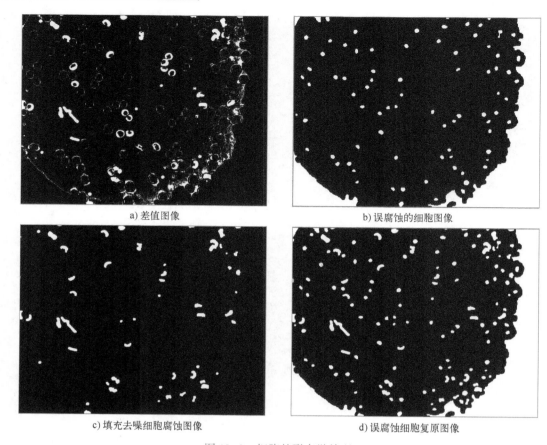

a) 差值图像   b) 误腐蚀的细胞图像

c) 填充去噪细胞腐蚀图像   d) 误腐蚀细胞复原图像

图 13-3 细胞的形态学处理

回到图像中，且所有的细胞都是独立的，方便细胞计数，如图 13-3d 所示。

13.1.3 细胞图像边缘处理

在对细胞图像完成上述处理之后，图像中各白色的连通域即为一个个独立的细胞，而四周白色区域会对后续的计数和面积计算造成影响，且边缘处存在部分不完整的细胞，在细胞计数和参数计算时可不予以考虑，因此需要将其删除。本小节采用 imclearborder( ) 函数，可以将边界处的白色区域删除。

对细胞图像边缘进行处理的 MATLAB 的程序代码如下：

```
BW_combined = imread('误腐蚀细胞复原图像.jpg');
%%删除与图像边界相连的对象。
cell_final  = imclearborder(BW_combined,4);
figure,imshow(cell_final),title('处理后独立细胞图像');
imwrite(cell_final,'处理后独立细胞图像.jpg');
```

最终，删除图像边缘噪声后的细胞图像如图 13-4 所示。

由于形态学处理对细胞图像的大小进行了过多的调整，细胞面积值通常会比实际值更小。

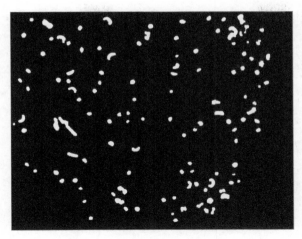

图 13-4　删除边缘白色干扰区域

13.2　血细胞图像阈值分割处理

13.2　阈值分割处理

阈值分割是一种简单有效的图像分割方法，适用于分割前景与背景有较强对比度的图像。利用阈值分割，所有灰度大于或等于阈值的像素被判定为目标物体，反之像素点排除在物体区域以外将被判定为背景，即用灰度值 255 表示前景，灰度值 0 表示背景。阈值分割的方法有很多，但并无本质区别，只是分割技巧不同。本节将采用四种阈值分割的方法对细胞进行处理，分别是基于迭代法全局阈值分割、基于 OTSU 的全局阈值分割、基于迭代法的动态阈值分割和基于 OTSU 的动态阈值分割。我们将对比四种分割效果，得到最适合的阈值分割方法。

13.2.1　全局阈值分割

1. 基于迭代法的细胞图像全局阈值分割

迭代法阈值分割步骤如下：

1）选取一个的初始估计值 T0；

2）用 T0 分割图像。这样便会生成两组像素集合：G1sum 由所有灰度值小于 T0 的像素组成，而 G2sum 由所有灰度值大于或等于 T0 的像素组成。

3）对 G1Ave 和 G2Ave 中所有像素计算平均灰度值 G1Ave 由和 G2Ave。

4）计算新的阈值：T0 = 1/2(G1Ave + G2Ave)。

重复步骤 2）到 4），直到得到的 T0 值之差（dTemp）小于一个事先定义的参数 dT。

利用迭代法对细胞图像进行全局阈值分割的 MATLAB 代码如下：

```
im = imread('Orig_Cell. JPG');
figure('Name','初始'),imshow(im);
[line,row,v] = size(im);
im = im(:,:,1);
%返回阈值处理图像和灰度级
```

```
[h,w] = size(im);
%NK 为直方图,CH 为累计直方图
size_1 = size(im);
h = size_1(1);
w = size_1(2);
im = double(im);
L = 256;
NK = zeros(L,1);                          %NK 是图像的直方图分布
for i = 1:h
    for j = 1:w
        num = im(i,j) + 1;
        NK(num) = NK(num) + 1;
    end
end
CH = zeros(L,1);                          %CH 是图像的直方图的累计分布
for i = 1:L
    for j = 1:i
        CH(i) = CH(i) + NK(j);
    end
end
%%
dT = 0;
T0 = sum(im(:))/(line * row);
G1sum = 0;                                %灰度值大于 T 的像素总和
G2sum = 0;                                %灰度值小于 T 的像素总和
dTemp = 255;
while(dTemp<dT)
    for i = 1:T0
        G1sum = G1sum + (i-1) * NK(i);
    end
    G1Ave = G1sum/CH(T0);
    for i = T0+1:256
        G2sum = G2sum + (i-1) * NK(i);
    end
    G2Ave = G2sum/(CH(256)-CH(T0));
    temp = round((G1Ave+G2Ave)/2);        %设计新阈值 T
    dTemp = abs(temp - T0);               %T 的改变值
    T0 = temp;
end
%得到阈值 T0,进行分割
im1 = zeros(h,w);
for i = 1:h
    for j = 1:w
```

```
    if(im(i,j)>=T0)
        im1(i,j) = 1;
    end
  end
end
figure;imshow(im1);title('基于迭代法的全局阈值分割结果');
imwrite(im1,'基于迭代法的全局阈值分割结果.jpg');
```

上述程序的运行结果如图 13-5 所示。

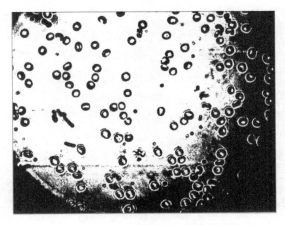

图 13-5　基于迭代法的全局阈值分割结果

2. 基于 OTSU 的细胞图像全局阈值分割

大津法（OTSU）是一种确定图像二值化分割阈值的算法，由日本学者大津于 1979 年提出。从大津法的原理上来讲，该方法又称作最大类间方差法，因为按照大津法求得的阈值进行图像二值化分割后，前景与背景图像的类间方差最大。MATLAB 中函数 graythresh 即是使用大津法求得分割阈值 T。程序运行结果如图 13-6 所示。

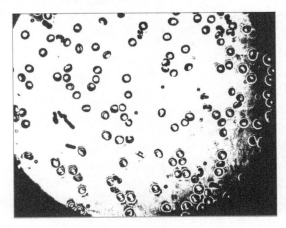

图 13-6　基于 OTSU 的全局阈值分割结果

MATLAB 中基于 OTSU 的全局阈值分割代码如下：

```
im = imread('Orig_Cell. JPG');
figure('Name','初始'),imshow(im);
T = graythresh(im);                    %采用 OTSU 算法来获取全局阈值,自动选取阈值
im2 = im2bw(im, T);                    %二值化
figure;imshow(im2);title('基于 OTSU 的全局阈值分割结果');
imwrite(im2,'基于 OTSU 的全局阈值分割结果 . jpg');
```

13.2.2 动态阈值分割

1. 基于迭代法的动态阈值分割

单独使用一个全局阈值,可能无法全面的提取所有目标,这时可以采用动态阈值的处理方法,将图像分成多个块,分别对每个块进行操作,可以提高阈值分割的灵活性。动态阈值的特点是可以根据图像的大小,自主的将图片按区域进行划分,每片区域的大小也可以人为的规定,只需要对应修改 M 和 N 的值,以及对应 i 和 j 的值即可。本节中就细胞图像,分别基于迭代法的动态阈值分割和基于 OTSU 的动态阈值分割进行了处理,分割结果如图 13-7 和 13-8 所示。

基于迭代法的动态阈值分割的 MATLAB 代码如下:

```
im = imread('Orig_Cell. JPG');
figure('Name','初始'),imshow(im);
im = im(:,:,1);
M = 256;    %窗口大小
[m,n] = size(im);
p = ceil(m/M);
q = ceil(n/M);
im3 = zeros(m,n);
%%将矩阵 A 分成块,每块的大小为 M×M
for i = 1:p
  for j = 1:q
    x1 = 0;x2 = 0;
    y1 = 0;y2 = 0;
    if j<q&&i<p
      tempI = im((i-1) * M+1:i * M,(j-1) * M+1:j * M);
      x1 = (i-1) * M+1;x2 = i * M;
      y1 = (j-1) * M+1;y2 = j * M;
    else if j = = q&&i<p
            tempI = im((i-1) * M+1:i * M,(j-1) * M+1:end);
            x1 = (i-1) * M+1;x2 = i * M;
            y1 = (j-1) * M+1;y2 = n;
        else if i = = p&&j<q
                tempI = im((i-1) * M+1:end,(j-1) * M+1:j * M);
                x1 = (i-1) * M+1;x2 = m;
                y1 = (j-1) * M+1;y2 = j * M;
```

```
            else
                tempI=im((i-1)*M+1:end,(j-1)*M+1:end);
                x1=(i-1)*M+1;x2=m;
                y1=(j-1)*M+1;y2=n;
            end
        end
    end
    T = mean2(tempI);                    %取均值作为初始阈值
    done = false;                        %定义跳出循环的量
    a = 0;
    %while 循环进行迭代
    while ~done
        r1 = find(tempI<=T);             %小于阈值的部分
        r2 = find(tempI>T);             %大于阈值的部分
        Tnew = (mean(tempI(r1)) + mean(tempI(r2)))/2;%计算分割后两部分的阈值均值的均值
        done = abs(Tnew - T) < 1;       %判断迭代是否收敛
        T =Tnew;          %如不收敛,则将分割后的均值的均值作为新的阈值进行循环计算
        a = a+1;
    end
    tempI(r1) = 0;        %将小于阈值的部分赋值为0
    tempI(r2) = 1;        %将大于阈值的部分赋值为1    这两步将图像转换成二值图像
    im3(x1:x2,y1:y2)=tempI;
    end
end
```

```
figure;imshow(im3);title('基于迭代法的动态阈值分割结果');
imwrite(im3,'基于迭代法的动态阈值分割结果.jpg');
```

上述程序的运行结果如图 13-7 所示。

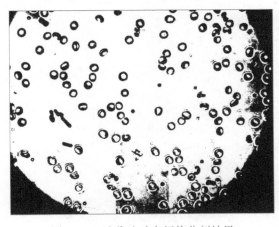

图 13-7　迭代法动态阈值分割结果

2. 基于 OTSU 的动态阈值分割方法

基于 OTSU 的动态阈值分割方法的 MATLAB 代码如下：

```
im = imread('Orig_Cell. JPG');
figure('Name','初始'),imshow(im);
im = im(:,:,1);
M = 256;    %窗口大小
[m,n] = size(im);
p = ceil(m/M);
q = ceil(n/M);
im4 = zeros(m,n);
for i = 1:p
  for j = 1:q
    x1 = 0;x2 = 0;
    y1 = 0;y2 = 0;
    if j<q&&i<p
      tempI = im((i-1) * M+1:i * M,(j-1) * M+1:j * M);
      x1 = (i-1) * M+1;x2 = i * M;
      y1 = (j-1) * M+1;y2 = j * M;
    else if j == q&&i<p
        tempI = im((i-1) * M+1:i * M,(j-1) * M+1:end);
        x1 = (i-1) * M+1;x2 = i * M;
        y1 = (j-1) * M+1;y2 = n;
      else if i == p&&j<q
          tempI = im((i-1) * M+1:end,(j-1) * M+1:j * M);
          x1 = (i-1) * M+1;x2 = m;
          y1 = (j-1) * M+1;y2 = j * M;
        else
          tempI = im((i-1) * M+1:end,(j-1) * M+1:end);
          x1 = (i-1) * M+1;x2 = m;
          y1 = (j-1) * M+1;y2 = n;
        end
      end
    end

    T = graythresh(tempI);    %OTSU 阈值
    tempBW = imbinarize(tempI,T);
    im4(x1:x2,y1:y2) = tempBW;
  end
end

figure;imshow(im4); title('基于 OTSU 的动态阈值分割结果');
imwrite(im4,'基于 OTSU 的动态阈值分割结果 . jpg');
```

上述程序的运行结果如图 13-8 所示。

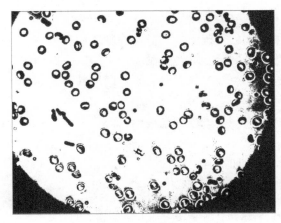

图 13-8　OTSU 动态阈值分割结果

为了方便对比，将细胞图像全局阈值分割和动态阈值分割的结果放在图 13-9 中。可以观察到，基于 OTSU 的动态阈值分割效果最好，噪点最少，且细胞与背景分割完整，如图 13-9d 所示。

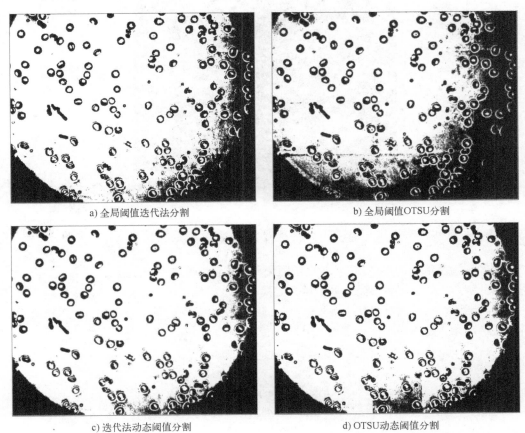

a) 全局阈值迭代法分割　　　　　　　　　　　b) 全局阈值OTSU分割

c) 迭代法动态阈值分割　　　　　　　　　　　d) OTSU动态阈值分割

图 13-9　四种阈值分割方法对比

13.2.3　目标提取

在细胞图像动态阈值分割的基础上，我们对细胞图片做进一步处理，以提取图中的各个细胞，即目标提取。首先要做的就是填充孔洞，在不影响原始细胞大小的情况下，为了便于计数，把图中的细胞填充完整；然后是去噪，删除四周的非目标区域以及噪点。

MATLAB 的程序代码如下：

```
im4 = imread('基于 OTSU 的动态阈值分割结果 . jpg');      %读入 OTSU 动态阈值分割结果
OTSU_cell = not(im4);
fill_image = imfill(OTSU_cell,'holes');                   %填充孔洞
delete_image = imclearborder(fill_image,4);              %删除和图像边界相连的色块。
final_image = bwareaopen(delete_image,200);              %删除噪点
figure('Name','处理后目标提取图像'),imshow(final_image);
imwrite(final_image, '处理后目标提取图像 . jpg');
```

上述程序的运行结果如图 13-10 所示。

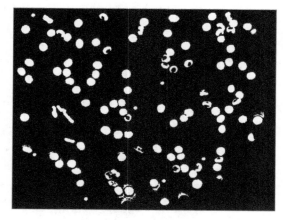

图 13-10　目标提取图像

13.3　血细胞图像霍夫圆检测

观察发现，血细胞的形状基本上都接近圆形，本节将不再采用阈值分割方法处理图像，而是采用霍夫变换的方法检测细胞。霍夫（Hough）变换的基本原理在于，利用点与线的对偶性，将图像空间的线条变为参数空间的聚集点，从而检测图像中是否存在给定性质的曲线。

13.3.1　图像去噪

首先对原图进行简单的形态学处理，消除小的噪声和粘连。
细胞图像采用形态学处理进行去噪的 MATLAB 程序代码如下：

```
I = imread('Orig_Cell. JPG');
I = rgb2gray(I);
```

```
figure('Name','原始图像');imshow(I);
%%形态学操作
se = strel('disk',2);
I_BW = im2bw(I,graythresh(I));
Ie = imerode(I_BW,se);
Iobr = imreconstruct(Ie,I_BW);
Iobrd = imdilate(Iobr,se);
bw = imreconstruct(imcomplement(Iobrd),imcomplement(Iobr));
figure('Name','去噪后图像'),imshow(bw);            %原图展示霍夫处理结果画圆
imwrite(bw,'去噪后图像.png');
```

上述程序中，采用 imreconstruct() 函数进行腐蚀膨胀后的形态学重建，并用 imcomplement() 函数进行取反。形态学去噪的处理结果如图 13-11 所示。

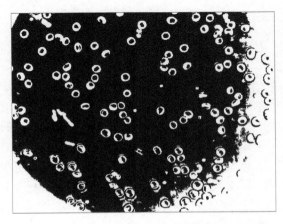

图 13-11　去噪后图像

13.3.2　霍夫圆检测

在 MATLAB 中，对形态学处理后的图像可直接采用 imfindcircles() 函数进行霍夫圆检测，imfindcircles() 函数可查找半径在某个指定范围内的圆，并返回所检测到的每个圆的圆心和对应的估计半径。因此，霍夫圆检测时，需要提前定义要检测的圆的最小和最大半径。然后，利用 viscircles() 函数在图中把检测到的圆标记出来。

霍夫圆检测的 MATLAB 程序代码如下：

```
I = imread('Orig_Cell.JPG');
bw = imread('去噪后图像.png');
Rmin = 13;
Rmax = 50;
figure('Name','霍夫圆检测结果图像'),imshow(I);%原图展示霍夫处理结果
[centersBright, radiiBright] = imfindcircles(bw,[Rmin Rmax],'ObjectPolarity','bright');
%centersBright 是圆心;radiiBright 是圆的半径
viscircles(centersBright, radiiBright,'EdgeColor','b');
```

上述程序的检测结果如图 13-12 所示。

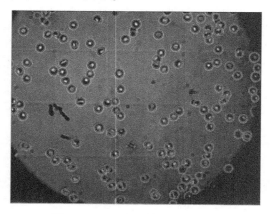

图 13-12　霍夫圆检测结果图像

13.4　血细胞计数与面积计算

在前 3 节我们分别用不同的方法对细胞进行了分割，接下来我们要对分割后的细胞进行计数和面积计算。由于显微镜下拍摄到的细胞图像边缘亮度不够，经常会造成检测困难，因此在实际计数和计算面积时可以先裁剪出感兴趣区域，再用前三节的三种方法分别对裁剪出的区域进行图像处理、细胞计数和面积计算。

血细胞计数和面积计算的 MATLAB 程序见附录 13-1。为了便于观察细胞计算的准确度，利用 imcrop( ) 函数可以手动裁剪需要检测的目标区域。这样可以裁剪出较为清晰、质量较好的细胞图像区域，以便消除边缘噪声，实现细胞准确计数和特征提取。在程序运行过程中，将会弹出一个待裁剪框，拖拽鼠标选中感兴趣的区域，如图 13-13 所示，双击鼠标

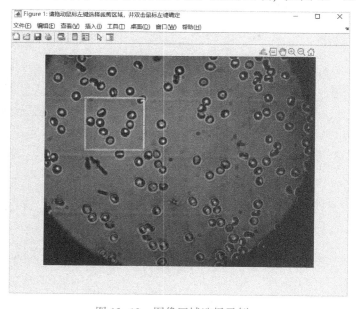

图 13-13　图像区域选择示例一

完成裁剪。则程序只对裁剪框内的细胞进行计数和面积计算。

分别利用形态学、阈值分割和霍夫圆检测方法对细胞图像进行处理，并将细胞的轮廓和序号标记在检测到的细胞目标上，如图 13-14 所示。

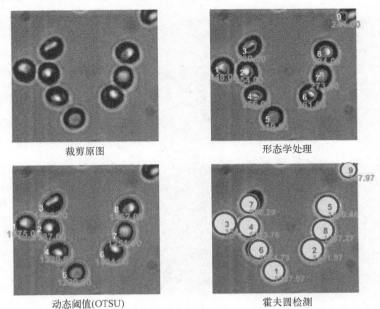

图 13-14　细胞计数处理过程图像示例一

在 MATLAB 的命令窗口中显示细胞的计数结果和平均面积，运行结果如下：

%%%%%%%%%%我是分割线,这是你第 1 次裁剪细胞　%%%%%%%%%%
基于形态学的细胞个数统计:9 个
基于形态学的细胞平均面积计算:331.67(pixels)
基于 OTSU 动态阈值分割的细胞个数统计:8 个
基于 OTSU 动态阈值分割的细胞平均面积计算:1377.25(pixels)
基于 Hough 圆检测的细胞个数统计:9 个
基于 Hough 圆检测的细胞平均面积计算:1240.96(pixels)

在此程序中，还设置了一个 while(1)循环和询问窗口，在完成细胞计数和面积计算之后，会弹出窗口询问是否进行下一次裁剪，通过选择"Yes!"或"No"，可以实现重新裁剪计算，或者选择停止程序。程序执行结果如图 13-15 所示。

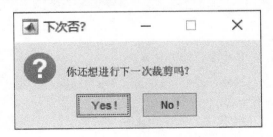

图 13-15　弹窗询问

若选择"No",则此窗口关闭,其他窗口保留,将不能进行下一次裁剪。若选择"Yes!",程序继续执行,由于是 while(1)循环,程序将自动跳转至进行原图裁剪的步骤,进行下一次裁剪。重新裁剪,并进行处理。细胞图像如图 13-16 和图 13-17 所示。

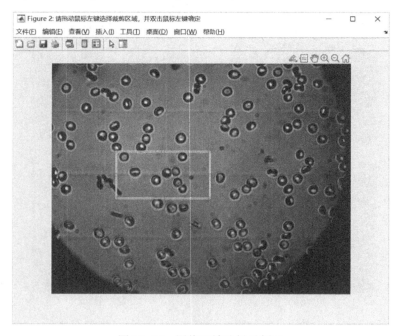

图 13-16　图像区域选择示例二

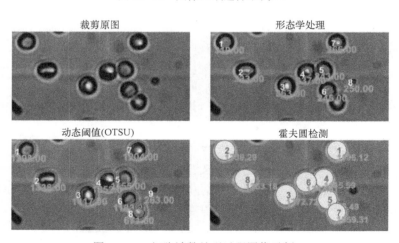

图 13-17　细胞计数处理过程图像示例二

第二次裁剪后,细胞计数及面积计算结果如下:

%%%%%%%%%%我是分割线,这是你第 2 次裁剪细胞　%%%%%%%%%

基于形态学的细胞个数统计:8 个

基于形态学的细胞平均面积计算:294.50(pixels)

基于 OTSU 动态阈值分割的细胞个数统计:9 个

基于 OTSU 动态阈值分割的细胞平均面积计算:1097.89(pixels)

基于 Hough 圆检测的细胞个数统计:8 个

基于 Hough 圆检测的细胞平均面积计算:1246.90(pixels)

【本章小结】

本章以血细胞图像检测为例，介绍了形态学处理、边缘处理、全局阈值和动态阈值分割、霍夫圆检测等技术在工程案例中的综合运用方法及运用效果。人民对美好生活的向往，最基本的需求就是生命健康，保护血液就是保护生命与健康。科技事业发展要坚持面向世界科技前沿、面向经济主战场、面向国家重大需求、面向人民生命健康，不断向科学技术广度和深度进军。数字图像处理是提升人民生命健康检测技术和手段的重要支撑技术。

第14章 工程应用——手写字符识别

手写字符识别（Handwritten Numeral Recognition）是光学字符识别技术的一个分支，它研究的目标是利用图像处理技术自动辨认手写文字。字符识别处理的信息可分为两大类：一类是文字信息，处理的主要是用各国家、各民族的文字（如汉字、英文等）书写或印刷的文本信息，目前在印刷体和联机手写方面技术已趋向成熟，并推出了很多应用系统；另一类是数据信息，主要是由阿拉伯数字及少量特殊符号组成的各种编号和统计数据，如邮政编码、统计报表、财务报表、银行票据等。

本章以手写数字识别为例，介绍一种手写字符的识别方法。本章设计的手写数字字符识别算法，可以对手写的 0~9 的 10 个数字进行识别。该算法的基本流程如图 14-1 所示，包括字符定位与图像分割、特征提取、模板库建立、图像匹配四个关键步骤。

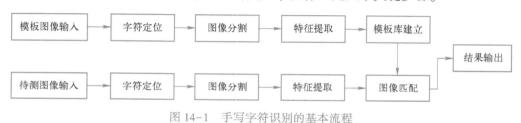

图 14-1　手写字符识别的基本流程

本章手写字符识别过程的基本步骤如下：
1）对字符图像进行二值化处理，并去噪，得到分割后的二值字符图像；
2）利用投影法，定位字符所在的区域，并裁剪出字符图像；
3）通过分析字符的间架结构，设计图像的特征矩阵，并提取各字符图像的特征矩阵；
4）记录所有模板图像的特征矩阵，构建模板库；
5）基于匹配算法，计算待检测图像与模板库样本的匹配程度；
6）利用 KNN 算法，计算最终匹配结果。

14.1　手写字符定位与分割

投影法是常用的目标定位方法。对于黑底白字的图像，分别对图像进行垂直投影和水平投影。垂直投影时，对每一列的像素值求和，和非零列对应有字符的位置。利用垂直投影对于字符所在的列定位完毕之后，再分别对各字符对应的列进行水平投影，对每一行的像素值求和，和非零行对应有字符的位置。垂直投影和水平投影交集即为字符所在的图像区域。

如图 14-2a 所示为 0~9 的十个手写字符的原图，观察发现在每两个字符中间都有一定的间隔，则可以利用投影法对字符进行定位。要利用投影法进行字符定位，则需要对图像进行预处理，先利用阈值二值化阈值分割算法把图像转换成二值化图像，然后对图像进行二值化反转、降噪和膨胀处理，使其变成黑底白字，如图 14-2b 所示。

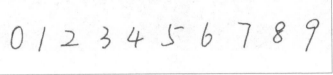

a) 手写字符原图

b) 黑底白字图像

图 14-2　字符图像预处理

接下来，就可以利用投影法进行定位了。先计算图像的垂直投影，即从左向右对每一列像素求和，得到垂直投影，如图 14-3a 的垂直投影图所示。根据垂直投影的连续区间，确定每个字符在水平方向上的位置。再对每一个利用垂直投影确定的单个字符图像区域，进行水平投影，即从上到下对每一行像素进行求和，得到单字符图像的水平投影，如图 14-3b 所示。根据水平投影的连续区间，可确定每个字符在垂直方向上的位置。

利用投影法进行字符定位 MATLAB 代码如下：

```matlab
%%投影法(垂直投影,水平投影)
Output_path = 'test\';
Is1 = imread('手写字符 0~9. jpg');
Is1 = im2bw(Is1);
Is1 = imcomplement(Is1);              %二值化反转
se = strel('disk',5);
Is2 = imdilate(Is1,se);               %膨胀
figure;imshow(Is2);
imwrite(Is2,'预处理 0_9. jpg')
[h, w] = size(Is1);
%%画垂直投影的图
%从左向右遍历每一列
counts_v = [];                        %垂直投影
count = 0;                            %某列的垂直投影值
for j = 1:w
    count = sum(Is2(:,j));
    counts_v = [counts_v, count];
end
figure,
plot(counts_v, 'k', 'linewidth', 2);
xlim([1,w]);
```

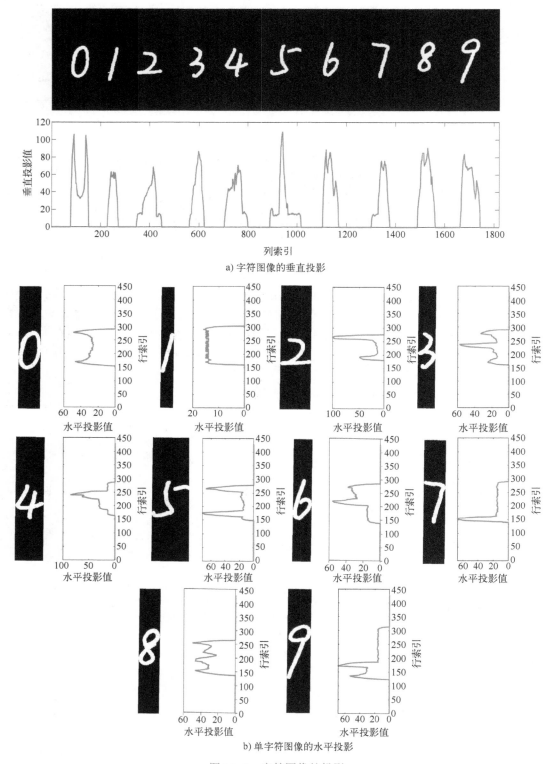

a) 字符图像的垂直投影

b) 单字符图像的水平投影

图 14-3　字符图像的投影

```matlab
xlabel('列索引','FontSize',16);
ylabel('垂直投影值','FontSize',16)
%%水平投影,并对字符定位
Position = [];                        %放置每个字符的起始列、终止列、起始行、终止行
Posotion_all=[];                      %全部数字的坐标为止(起始列、终止列、起始行、终止行)
count_num=0;                          %图像中共有多少个数字
for j = 1:w-1
    word = [];                        %初始化存放垂直方向切割字符的空列表
    %根据垂直投影切割图像
    %统计字符垂直方向的边缘 y 坐标
    if counts_v(j)==0 && counts_v(j+1)~=0
        Position = [Position, j+1];        %起始列
    end
    if counts_v(j)~=0 &&   counts_v(j+1)==0
        Position = [Position, j];          %终止列
        word_v= Is2(:,Position(1):Position(2));
        imwrite(word_v,[Output_path,num2str(j+10000),'.jpg']);

        %水平投影(水平切割)
        [m,n] = size(word_v);
        counts_h=[];                  %水平投影矩阵
        count_h= 0;                   %某行的水平投影
        for p = 1:m
            count_h=sum(word_v(p,:));
            counts_h= [counts_h, count_h];
        end
        figure,
        plot(counts_h, 'k', 'linewidth', 2);
        xlim([1,m]);
        xlabel('行索引','FontSize',16);
        ylabel('水平投影值','FontSize',16)
        %统计字符水平投影的边缘 y 坐标
        for k = 1:m-1
            if counts_h(k)==0 && counts_h(k+1)~=0
                Position = [Position, k+1];  %起始行
            end
            if counts_h(k)~=0 && counts_h(k+1)==0
                Position = [Position, k];    %终止行
            end
        end
    end
    count_num=count_num+1;
    Position_all(count_num,:)= Position;
    Position = [];                     %放置每个字符的起始列、终止列、起始行、终止行
```

```
            end
      end
      save Position_all;
      %%根据投影结果,切割图像,并标准化
      [m1,n1]=size(Position_all);
      figure;imshow(Is2);                    %如果放在 for 循环里,画框会逐一绘制
      hold on;
      for i=1:m1
            %利用 hold on 在图 Is2 上画矩形(定位)
            x_left_top=Position_all(i,1);
            y_left_top=Position_all(i,3);
            width = Position_all(i,2)-Position_all(i,1);
            height=Position_all(i,4)-Position_all(i,3);
            rectangle('Position',[x_left_top, y_left_top, width, height],...
                  'LineWidth',2,'EdgeColor','white');
            hold on;    %保持已操作图形的形状不变%根据 Position 切割字符图像
      end
```

最终的数字字符定位结果如图 14-4 所示。

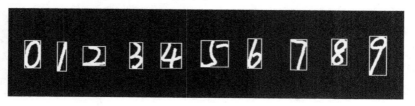

图 14-4　字符定位结果

14.2　图像裁剪及标准化

根据字符定位的结果,把所有手写字符全部裁剪出来。手写字符裁剪后,要把每一个字符图像的大小标准化为同一尺寸,并再次进行图形去噪处理。

单个字符图像裁剪及标准化的 MATLAB 代码如下:

```
      Output_path = 'test\';
      load Position_all. mat
      [m1,n1]=size(Position_all);
      figure;imshow(Is2);    %如果放在 for 循环里,画框会逐一绘制
      hold on;
      for i=1:m1
            word_cut = Is2(Position_all(i,3):Position_all(i,4),...
                  Position_all(i,1):Position_all(i,2));
            %形态学处理
            se =strel('disk',4);
            word_cut =imerode(word_cut,se);    %腐蚀
```

%标准化图像尺寸为 240×240,与模板库的图像尺寸保持一致
%figure,imshow(word_cut);
word_cut = imresize(word_cut,[240,240]);
figure,imshow(word_cut);
imwrite(word_cut,[Output_path,num2str(i−1),'. jpg']);
  end

上述代码的执行结果如图 14-5 所示。

图 14-5　手写字符分割结果

14.3　特征矩阵提取

  考虑到字符的间架结构固定,所以本章选用图像的占空比矩阵作为字符图像的主要特征。图像占空比指的是目标像素点数量占总像素点数量的比值。

  在一张二值图像中,有黑色像素和白色像素,黑像素占空比是指黑色像素数量与总像素之比,白像素占空比是指白色像素数量与总像素之比。设总像素的个数为 N,黑像素和白像素的个数分别为 n_{black}、n_{white},则黑、白像素占空比分别可以表示为:

$$H_{black} = \frac{n_{black}}{N} \times 100\% \tag{14-1}$$

$$H_{white} = \frac{n_{white}}{N} \times 100\% \tag{14-2}$$

  如图 14-6 所示,图 14-6a 中的正方形数字图像中共有 16 个像素,其灰度值矩阵如图 14-6b 所示,其中黑像素有 9 个,白像素有 7 个,所以黑像素的占空比为 56.25%,白像素的占空比为 43.75%。

1	1	0	1
0	1	0	0
0	0	1	1
1	1	0	1

a) 二值图像　　　　　　　　b) 图像灰度值矩阵

图 14-6　像素占空比

占空比矩阵计算的 MATLAB 程序代码如下:

%%计算二值图像黑白像素的占空比
I=[1 1 0 1;0 1 0 0;0 0 1 1;1 1 0 1];　　　　　%图 14-6b 所示矩阵

```
[m,n] = size(I);
A = 0;
B = 0;
for x = 1:m
    for y = 1:n
        if I(x,y) = = 0
            A = A+1;
        else I(x,y) = = 1
            B = B+1;
        end
    end
end
AA = A/(m*n)*100;
BB = B/(m*n)*100;
disp(strcat('黑像素个数:',num2str(A),'个'));
disp(strcat('白像素个数:',num2str(B),'个'));
disp(strcat('黑像素占比:',num2str(AA),'%'));
disp(strcat('白像素占比:',num2str(BB),'%'));
figure;imshow(I);
```

对于图 14-6 所示的矩阵，利用上述程序进行占空比计算的运行结果如下：

黑像素个数：9 个

白像素个数：7 个

黑像素占比：56.25%

白像素占比：43.75%

对于一张数字字符图像，不能直接将整张图像的占空比直接作为图像特征，而是应该将图像划分为多个图像区域，计算字符图像的占空比矩阵。如图 14-7 所示，将字符 0 的图像划分为 $k=m×n$（若 $m=n=5$，则 $k=25$）个图像区域，如图 14-7b 所示，计算各个区域中字符像素的占空比，得到占空比矩阵如图 14-7c 所示

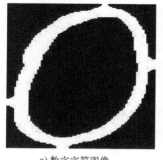 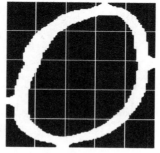

0	0.292	0.411	0.393	0.246
0.271	0.442	0	0	0.463
0.492	0.042	0	0	0.461
0.570	0	0	0.109	0.368
0.339	0.371	0.329	0.357	0.005

a) 数字字符图像　　　　　　　　b) 图像区域分割　　　　　　　　c) 占空比矩阵

图 14-7　数字字符图像占空比矩阵

提取数字字符图像占空比矩阵的 MATLAB 实现方法是：把每一个字符的图像灰度矩阵都转化成 $m×n$ 个分块矩阵，并对各分块矩阵进行占空比计算。把此功能定义为 Get_Feature

函数，默认白色为字符像素，黑色为背景像素。

对图像进行占空比特征矩阵提取的 MATLAB 代码如下：

```
sample = imread('1.jpg');
feature = Get_Feature_2D (sample, 5, 5)
```

Get_Feature 函数的 MATLAB 代码如下：

```
%%定义胞元素组函数
%输入参数:图像、垂直方向的胞元素组个数、水平方向的胞元素组个数
%返回参数:图像的像素矩阵(count_h * count_w, 1)
function feature = Get_Feature (D,count_h,count_w)
[h, w] = size(D);
D = im2bw(D,0.5);    %二值化,特征值只有 0 和 1
%转换成胞元素组,分块矩阵个数:count_h * count_w
mc = mat2cell(D, (h/count_h) * ones(1,count_h), (w/count_w) * ones(1,count_w));
%嵌套循环,矩阵归一化
for i = 1:count_h
    for j = 1:count_w
        %统计'分块矩阵'内非零元素(白色像素点)的数目,然后归一化
        E(i,j) = nnz(mc{i,j})/(h * w/count_h/count_w);
    end
end
feature = E;
```

对于图 14-8 所示的手写数字"1"的图像，其 5×5 占空比
参数矩阵 feature 为：

feature =

0	0	0	0.3416	0.4935
0	0	0.1311	0.7283	0.0347
0	0.0699	0.7309	0.0994	0
0.0048	0.6189	0.2821	0	0
0.5026	0.4028	0	0	0

图 14-8　手写数字"1"的图像

14.4　模板库建立

特征矩阵提取完成之后，就可以利用训练样本图像来构建模板库了。模板库可以构建成
二维模板库，也可以构建成三维模板库，这二者的区别在于每个模板的存储形态不同。在实
际使用的时二选一即可。

（1）二维模板库的构建

构建二维模板库时，可以先将每个样本图像的占空比特征矩阵变换成一维数列，生成特
征矢量，则每一个样本的特征矢量大小为 $k*1$。然后将各个样本特征依次存入模板库中，

构成一个二维模板矩阵，若共有 M 个样本，每一个样本对应一个标签 L，则二维模板矩阵如图 14-9 所示。

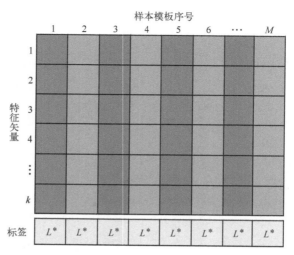

图 14-9　二维模板矩阵示意图

建立二维模板库的 MATLAB 代码如下：

```
%%创建二维模板库
path_train = ('模板库\all_heidibaizi\');                    %训练样本文件夹的路径
%提取所有字符的一维特征,构成二维模板库
%训练字符,0~9共10类,每一类有10张样本图像
for j = 0:9
    for k = 0:9
        feature = imread(strcat(path_train,[num2str(j),'_', ...
            num2str(k),'.jpg']));
        feature_1D = Get_Feature_1D(feature,5,5);          %获取处理后的矩阵
        feature_train(1:25,(k+1)+(j*10)) = feature_1D;
        class_train(10*j+k+1) = j;                          %标签矩阵
    end
end
disp(feature_train)

%把一维特征写到表格中
xlswrite('MoBanKu_2D_train. xls',feature_train);
xlswrite('MoBanKu_2D_class_train. xls',class_train);
%指定保存的数据精度(用制表位字符分隔并使用 3 位数精度)
dlmwrite('MoBanKu_2D_train. txt', feature_test, 'delimiter','\t', ...
'precision', '%. 3f')
```

其中，Get_Feature_1D( ) 函数定义如下：

%%定义胞元素组函数

%输入参数：图像、垂直方向的胞元素组个数、水平方向的胞元素组个数

%返回参数：图像的像素矩阵尺寸为(count_h * count_w, 1)

function feature = Get_Feature_1D(D,count_h,count_w)

[h, w] = size(D);

D = im2bw(D,0.5);   %二值化,特征值只有0和1

mc = mat2cell(D, (h/count_h) * ones(1,count_h), (w/count_w) * ones(1,count_w));   %转换成胞元素组,分块矩阵个数:count_h * count_w

%嵌套循环,矩阵归一化

for i = 1:count_h

    for j = 1:count_w

        E(i,j) = nnz(mc{i,j})/(h * w/count_h/count_w);   %统计'分块矩阵'内非零元素(白色像素点)的数目,然后归一化

    end

end

disp(E(:,:));

feature = E(:);   %二维特征矩阵转换成垂直方向的一维向量

利用上述程序建立的二维模板库部分样本模板见表14-1。其中,最后一行 L 为各个样本的标签值,即所属的数字类型。

表14-1　二维模板库部分样本模板（保留小数点后3位有效数字）

	样本1	样本2	样本3	样本4	样本5	样本6	样本7	样本8	样本9	样本10	…
1	0	0	0	0	0	0	0	0.192	0	0.118	…
2	0.271	0	0	0	0.01	0	0	0	0	0.227	…
3	0.492	0	0	0.262	0.388	0	0.115	0	0	0	…
4	0.57	0.005	0	0	0.286	0	0.584	0	0.408	0.023	…
5	0.339	0.503	0.488	0	0	0.366	0.558	0	0.45	0.434	…
6	0.293	0	0.281	0.149	0.199	0.124	0	0.28	0.171	0.272	…
7	0.442	0	0	0	0.451	0.322	0.368	0	0.586	0.22	…
8	0.042	0.07	0	0.482	0.093	0.274	0.573	0	0.615	0.021	…
9	0	0.619	0.014	0	0.333	0.038	0.067	0	0.313	0.464	…
10	0.371	0.403	0.614	0.417	0	0.328	0.309	0	0.345	0.063	…
11	0.411	0	0.417	0.382	0.164	0.169	0.507	0.28	0.429	0.196	…
12	0	0.131	0	0.145	0.001	0.037	0.307	0	0.036	0.253	…
13	0	0.731	0.007	0.693	0.148	0.042	0.367	0.012	0.84	0.474	…
14	0	0.282	0.403	0	0.617	0.36	0	0.375	0.372	0.059	…
15	0.329	0	0.545	0.464	0.379	0.309	0.391	0.488	0.351	0	…
16	0.393	0.342	0.276	0.381	0.003	0.179	0.031	0.28	0.43	0.192	…
17	0	0.728	0.382	0.583	0.393	0.148	0	0.307	0.367	0.491	…
18	0	0.099	0.37	0.344	0.405	0	0.325	0.543	0.382	0.049	…

（续）

	样本 1	样本 2	样本 3	样本 4	样本 5	样本 6	样本 7	样本 8	样本 9	样本 10	…
19	0.109	0	0.079	0.178	0.296	0	0.244	0.178	0.31	0	…
20	0.357	0	0.367	0.343	0	0	0.194	0	0.26	0	…
21	0.246	0.493	0	0	0	0.265	0	0.397	0.391	0.508	…
22	0.463	0.035	0	0	0	0.033	0	0.252	0.428	0.181	…
23	0.461	0	0	0.143	0.25	0	0.337	0.006	0	0	…
24	0.368	0	0	0.62	0.036	0	0.389	0	0	0	…
25	0.005	0	0.334	0.012	0	0	0	0	0	0	…
L	0	1	2	3	4	5	6	7	8	9	…

（2）三维模板库的构建

三维模板库直接将每个图像的占空比特征矩阵导入模板库中，多幅图像的特征矩阵在计算机中叠加排放，构成一个三维矩阵。若每一个样本的特征矩阵的大小为 $m \times n$，共有 M 个样本模板，则模板库如图 14-10 所示。

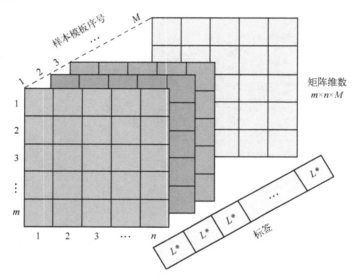

图 14-10　三维模板库示意图

建立三维模板库的 MATLAB 代码如下：

```
%%创建三维模板库
path_train = ('模板库\all_heidibaizi\');   %训练样本文件夹的路径

%提取所有字符的二维特征,构成三维模板库
%训练字符,0~9 共 10 类,每一类有 10 张样本图像
for j = 0:9
    for k = 0:9
        feature = imread(strcat(path_train,[num2str(j),'_',num2str(k),'.jpg']));
```

```
        feature_3D = Get_Feature(feature,5,5);    %获取处理后的矩阵
        feature_train((j*50)+k*5+1:(j*50)+(k+1)*5,:) = feature_3D;
        class_train(10*j+k+1)=j;                   %标签矩阵
    end
end
disp(feature_train)
%把三维特征写到表格中
xlswrite('MoBanKu_3D_train.xls',feature_train);
xlswrite('MoBanKu_3D_class_train.xls',class_train);
dlmwrite('MoBanKu_3D_train.txt', feature_test,'delimiter','\t', ...
'precision', '%.3f')    %指定保存的数据精度(用制表位字符分隔并使用 3 位数精度)
```

其中，Get_Feature( )函数定义如下：

```
%%定义胞元素组函数
%输入参数:图像、垂直方向的胞元素组个数、水平方向的胞元素组个数
%返回参数:图像的像素矩阵尺寸为(count_h * count_w, 1)
function feature = Get_Feature(D,count_h,count_w)
[h, w]=size(D);
D = im2bw(D,0.5);    %二值化,特征值只有 0 和 1
mc = mat2cell(D, (h/count_h)*ones(1,count_h), (w/count_w)*ones(1,count_w));    %转换成
胞元素组,分块矩阵个数:count_h * count_w
%嵌套循环,矩阵归一化
for i = 1:count_h
    for j = 1:count_w
        %统计"分块矩阵"内非零元素(白色像素点)的数目,然后归一化
        E(i,j) = nnz(mc{i,j})/(h*w/count_h/count_w);
    end
end
feature = E;    %返回二维特征矩阵
end
```

运用上述程序建立的三维模板库的部分手写数字样本模板如图 14-11 所示。

0	0.292	0.411	0.393	0.246
0.271	0.442	0	0	0.463
0.492	0.042	0	0	0.461
0.570	0	0	0.109	0.368
0.339	0.371	0.329	0.357	0.005

a) 手写数字"0"的二维特征矩阵

0	0	0	0.342	0.493
0	0	0.131	0.728	0.035
0	0.070	0.731	0.099	0
0.005	0.619	0.282	0	0
0.503	0.403	0	0	0

b) 手写数字"1"的二维特征矩阵

图 14-11　三维模板库中部分手写数字样本模板

0	0.281	0.417	0.276	0
0	0	0	0.382	0
0	0	0.007	0.370	0
0	0.014	0.403	0.079	0
0.488	0.614	0.545	0.367	0.334

c)手写数字"2"的二维特征矩阵

0	0.199	0.164	0.003	0
0.010	0.451	0.001	0.393	0
0.388	0.093	0.148	0.405	0.250
0.286	0.333	0.617	0.296	0.036
0	0	0.379	0	0

d)手写数字"3"的二维特征矩阵

图 14-11　三维模板库中部分手写数字样本模板（续）

14.5　字符匹配识别

根据模板匹配原理，只要找到模板库中与待测图像最相似的样本，就可以确定待测图像中字符的种类。因此，相似性度量指标的选择是图像匹配的关键问题之一，不同的相似性测度可能导致不同的匹配结果。

本章选用欧式距离作为度量指标，来进行字符图像相似度的度量。同时，为了提高图像匹配的识别率，采用了 K-近邻（K-NearestNeighbor，KNN）算法来确定匹配结果。

KNN 算法的核心思想是：如果一个样本在特征空间中的 K 个最相邻的样本中的大多数属于某一个类别，则该样本也属于这个类别，并具有这个类别上样本的特性。该方法在确定分类决策上只依据最邻近的一个或者几个样本的类别来决定待分样本所属的类别。

KNN 算法编程的基本思想是：对已经获得训练样本和测试样本的特征矩阵（训练样本有 M 个，测试样本有 c 个），先把测试样本中的每一个样本都复制 M 次，再算出一个测试样本分别和 M 个训练样本的欧氏距离，然后用 sort 函数把欧氏距离按从小到大的顺序排列，并把其相应的位置贴上标签（类别）；如果两个样本图像形近，则欧氏距离很小，故选取前 K 个最邻近的数，其中两个图像形近的概率最大的标签（类别）即为所识别的结果。

利用 KNN 算法实现数字字符图像分类的 MATLAB 代码如下：

```
feature_train = xlsread('MoBanKu_2D_train. xls');
class_train = xlsread('MoBanKu_2D_class_train. xls');
I = imread('448.jpg'); %读取一张单个数字的标准化图像
class_test = 2;
K = 3;
feature_test = Get_Feature_1D(I,5,5);
class_target = knn(feature_train,feature_test,class_train,K);
disp(strcat('当前测试数字为:',num2str(class_test), …
',识别结果为',num2str(class_target)));%%K 近邻分类法(欧式距离法)
```

其中，knn()函数的定义如下：

```
%输入参数:
%训练集特征矩阵、测试集特征矩阵、训练集标签、测试集标签、前 K 个近邻点;
```

```
%输出参数:测试的类别结果
function class_target = knn(feature_train,feature_test,class_train,class_test,K)
%feature_train 为训练样本特征,feature_test 为测试样本特征
%class_train 为每个训练样本对应的类别(标签),class_test 为每个测试样本对应的标签
%返回训练集,列的数量(训练集数量),1:返回行,2:返回列
n_train = size(feature_train,2);
%返回测试集,列的数量(测试集数量)
n_test = size(feature_test,2);
for i = 1:n_test
    %将测试集扩展至训练集维度
    %将矩阵 feature(:,i)复制 1 * n_train 块,
    %即 feature_test_mat 由 1 * n_train 块 feature_test(:,i)平铺而成
    feature_test_mat = repmat(feature_test(:,i),1,n_train);
    A = (feature_test_mat - feature_train).^2;    %.^2 是矩阵中的每个元素都求平方和
    B = sum(A,1);        %对 A 的每列分别求和
    C = sqrt(B);            %计算空间距离(平方根计算)
    %对空间距离排序并取标号
    %list:C 按升序排列数组,temp_index:C 中列向量的元素相对应的置换位置记号
    [list,temp_index] = sort(C);
    %前 K 个近邻点的标号,例如(2 7 1 5 4)
    topK = temp_index(1:K);
    for a = 1:K
        class_topK(a) = class_train(topK(a));    %前 K 个近邻点的类别
    end
    array = tabulate(class_topK);    %计算前 K 个近邻点各类别出现的频数
    %找出最大频数和频数对应的序号,[~,xuhao]中 xuhao 表示最大值所在行
    [~,xuhao] = max(array(:,2));
    %找出最大频数序号去找类别,确定该测试集的类别(标签)
    class_target(i) = array(xuhao,1);
end
end
```

14.6　算法测试与应用

为了对本章方法进行测试,前期已经利用 14.1 节和 14.2 节所提投影分割的方法,制作了 100 张手写数字图像,尺寸均为 240×240,其中数字 0~9 分别有 10 张图像,如图 14-12 所示。把这 100 张手写字符图像作为训练集,并利用 14.4 节所提方法建立了二维模板库。

准备一组 0~9 的手写数字,经过投影法处理后作为测试集,如图 14-13 所示。本案例中的模板库采用的是二维模板库,字符识别算法采用 KNN 算法,通过测试集数据来验证本章所提的方法。每一个测试字符与模板库中的所有样本模板都进行相似度计算,即每个测试字符需要匹配 100 次。按照欧氏距离的值,对测试结果进行从小到大排列,每一个值对应一

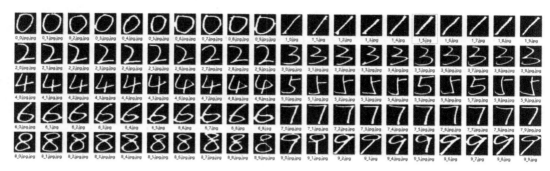

图 14-12　训练样本

个标签，取前 K 个值对应的标签，数量最多的标签值，便是最终的识别结果。

图 14-13　测试样本

基于本章所介绍的手写数字字符图像识别算法的 MATLAB 测试代码如下：

```matlab
%%获取训练的样本
Path = '模板库\';
path_train = strcat([Path,'all_heidibaizi\']);          %训练样本文件夹的路径
%列出当前目录下符合'jpg'的文件,并放在结构体变量中
file_structure = dir(fullfile(path_train,'*.jpg'));
n_train = length(file_structure);                        %获取训练样本个数

for j = 1:n_train
    sample = imread([path_train,file_structure(j).name]);  %打开第 j 个训练样本
    disp(strcat('第',num2str(j),'个训练样本的特征矩阵为:'));
    feature_train(:,j) = Get_Feature_1D(sample,5,5);       %获取该样本特征
end
class_train = [];
for j = 1:10
    class = (j-1)*ones(1, 10);
    class_train = [class_train, class];
end

%%获取测试样本
path_test = strcat([Path,'test\']);                     %测试样本文件夹的路径
file_structure = dir(fullfile(path_test,'*.jpg'));
n_test = length(file_structure);                         %获取测试样本个数

for j = 1:n_test
    sample_0 = imread([path_test,file_structure(j).name]);  %打开第 j 个测试样本
```

```
        disp(strcat('第',num2str(j),'个测试样本的特征矩阵为:'));
        feature_test(:,j) = Get_Feature_1D(sample_0,5,5);      %获取该样本特征
end
class_test = [];
for k = 1:10
        class_test = [class_test, k-1];
end
%%KNN 法
for K = 1:2:11
        class_target =knn(feature_train,feature_test,class_train,K);
        for i=1:length(class_target)
            disp(strcat('当前测试数字为:',num2str(class_test(i)),',...
                识别结果为',num2str(class_target(i))));
        end
        %效验错误率
        error = class_target - class_test;
        %计算正确率    NNZ:返回 error 中非零元素的数目
        ro(K) = ((n_test-nnz(error))/n_test) * 100;
        SBJG =strcat('K= ',num2str(K),' 时,正确率为:',num2str(ro(K)),'%');
        SBJG0 = ['R',num2str(K),'=SBJG'];
        eval(SBJG0);
end
SBJG1 =fprintf('%s\n%s\n%s\n%s\n%s\n%s\n',R1,R3,R5,R7,R9,R11);
result = {R1;R3;R5;R7;R9;R11};
f = msgbox(result, '识别结果');
disp(strcat('当前测试数字为:',num2str(class_test(i)),',...
识别结果为',num2str(class_target(i))));
```

上述测试程序运行的结果如图 14-14 所示。

图 14-14　手写数字字符识别算法测试结果

由图 14-14 可见,对于本节所采用的数据样本,当 $K=1$ 和 $K=3$ 时,识别率是 100%,但是随着 K 值的增大,正确率逐渐变小,说明 K 近邻算法的 K 值应适当选取。

当模板库建立完成且测试完成后,就可以开始识别待检测的手写数字了。

用于检测未知标签的手写数字字符的 MATLAB 完整代码见附录 14-1，根据前面的测试结果，将 KNN 算法的 K 设为 3，即选择 3 近邻。手写数字图像进行字符识别的检测应用结果如图 14-15 所示。

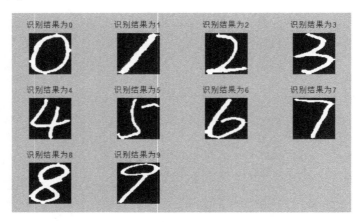

图 14-15   手写数字字符识别应用

【本章小结】

　　本章以手写数字识别为例，介绍了手写字符定位与分割、图像裁剪及标准化、特征矩阵提取、模板库建立、字符匹配识别等技术在工程案例中的综合运用方法及运用效果。数字和文本是人类获取以及存储信息的重要载体，通过数字图像处理进行识别，可以有效地进行现有纸质文件的数字化转换，将珍贵的历史文化以及科技文件进行电子存储。

第15章　工程应用——汽车牌照识别

随着科学技术的发展，智慧城市建设逐渐完善，各种交通场景下的智能车牌检测识别系统陆续普及，微电子、通信和计算机技术在交通领域的应用极大提升了交通管理效率，节省了很多人力和物力成本。

车牌识别系统（License Plate Recognition System，LPRS）是对汽车牌照这一特定目标对象的专用计算机识别系统，是机器视觉技术在交通场景识别中的一种应用。车牌识别系统通常由硬件和软件组成。其硬件部分一般由车体感应设备、摄像机、辅助光源、图像采集卡和计算机组成，主要用来采集车牌图像；软件部分包含各种图像处理及目标识别算法，是该系统的核心内容，主要是用来实现车牌字符的识别功能。车牌识别系统通常涉及模式识别、人工智能、图像处理、计算机视觉和信号处理等学科。

车牌识别的关键技术包括车牌定位、字符切割和字符识别等。车牌定位是从图像中确定车牌位置并提取车牌区域图像，目前常用的方法有直线检测的方法、灰度边缘检测方法、颜色分割方法、神经网络法和矢量量化的牌照定位方法等。字符切割是对车牌区域内字符图像进行切割处理，从而得到所需的单个字符图像，目前常用的方法有基于投影方法和基于连通字符的提取等方法。字符识别是利用模式识别算法识别字符图像，目前常用的方法有基于模板匹配的方法、基于特征的方法和基于机器学习的方法。

本章主要采用基于 BP 神经网络的字符识别方法对车牌字符进行识别，基本处理步骤如下：

1）读取车牌图像；

2）图像预处理，对图像进行图像灰度转换、二值化、形态学处理、平滑等一系列预处理操作；

3）牌照定位，采用 Canny 算子对图像进行边缘检测，并定位图片中的牌照位置；

4）牌照字符分割，把牌照中的字符分割出来；

5）字符识别建模，完成基于 BP 神经网络的字符识别模型的训练和测试；

6）牌照字符识别，把分割好的字符送入到训练好的 BP 神经网络中进行识别，输出车牌号码。

15.1　车牌图像采集

汽车牌照采集时，要求车牌照干净清晰、不被异物遮挡，且拍摄距离不要过远，以尽量减少图像中的噪声信息。本章提前采集了大量的汽车牌照图像，为模型训练和测试提供了充足的数据支撑。汽车牌照图像如图 15-1 所示。

15.1　车牌识别 BP 神经网络法_x264

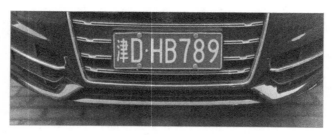

图 15-1　汽车牌照图像

15.2　车牌图像预处理及牌照定位

15.2　车牌识别 模板匹配法_x264

在自然环境下，由于汽车图像背景复杂、光线不均等因素，使得如何在自然背景中准确地定位车牌区域成为整个车牌识别系统的难点。图像车牌区域定位的主要步骤为：图像灰度转换→图像边缘检测→灰度图腐蚀与膨胀→车牌区域的边界值计算。

（1）图像灰度转换

为了便于边缘检测，需要将彩色图像灰度转换成灰度图。

彩色图像向灰度图转化的程序代码如下：

```
I = imread('原图.jpg');        %读入图片
I_gray = rgb2gray(I);
figure, imshow(I_gray);
%title('灰度图');
figure, imhist(I_gray);
%title('灰度图的直方图');
imwrite(I_gray,'灰度图.jpg');
```

程序执行效果如图 15-2 所示。

a）灰度图

b）灰度图的直方图

图 15-2　车牌灰度图及其直方图

（2）图像边缘检测

在 MATLAB 中利用 edge( ) 函数实现边缘检测，在 edge( ) 函数中有 Sobel 算子、Prewitt 算子、Log 算子以及 Canny 算子等多种边缘检测算子。通过对几种算法的检测结果进行比较，发现 Canny 算子既能滤除噪声，又能保持较好的边缘特性。

利用 Canny 算子对车牌图像进行边缘检测的程序代码如下：

```
I_gray = imread('灰度图.jpg');     %读入图片
I_edge=edge(I_gray,'canny',0.18,'both');
figure,
imshow(I_edge);
%title('边缘检测结果');
imwrite(I_edge,'边缘检测图.jpg');
```

程序执行效果如图 15-3 所示。

图 15-3　车牌边缘检测结果

从边缘效果图能看出来，经过处理后的车牌的轮廓已经非常明显了。但是，该边缘检测图像中不仅有车牌照的边缘，图像中非车牌区域的边缘（噪声边缘）也一并检测出来。由于边缘检测结果中存在各种干扰，因此无法直接确定汽车牌照区域，需要对图像进一步处理，以消除噪声边缘的影响，确定车牌区域的位置。

（3）腐蚀与膨胀

众所周知，汽车牌照是一个矩形区域。但是，由于图像中噪声边缘的影响，通过图像膨胀进行边缘提取或直接对边缘图像进行矩形区域提取存在一定的难度。这就需要寻找一种方法，削弱噪声边缘的影响，强化目标区域信息。

腐蚀是一种消除边界点的常用方法，利用它可以使边界向内部收缩，消除或者削弱小且无价值的像素区域。

对车牌边缘图像进行腐蚀的程序代码如下：

```
I_edge=imread('边缘检测图.jpg');
se=[1;1;1];
I_r=imerode(I_edge,se);
figure,
imshow(I_r);
%title('车牌边缘腐蚀结果图');
imwrite(I_r,'边缘腐蚀图.jpg');
```

程序执行效果如图 15-4 所示。

观察图 15-4，可以看到无论是噪声边缘还是车牌边缘，腐蚀后均变得更细且不连续。但是由于汽车牌照区域的边缘比其他区域的边缘更加密集，腐蚀后牌照边缘虽然也会细化甚

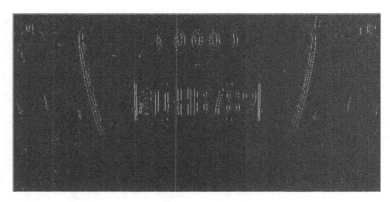

图 15-4　车牌边缘腐蚀结果图

至断开，但是剩余边缘点依然相对密集。进一步对图像做闭运算，可以将临近的边缘点连通起来，形成连通区域。

车牌图像边缘连通操作的程序代码如下：

```
I_r=imread('边缘腐蚀图.jpg');
se=strel('rectangle',[32,32]);
I_area=imclose(I_r,se);
figure;
imshow(I_area);
%title('车牌图像的区域连通结果');
imwrite(I_area,'闭运算区域连通图.jpg');
```

程序执行效果如图 15-5 所示。

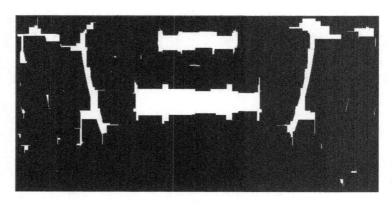

图 15-5　车牌图像区域连通结果图

（4）初步移除汽车牌照以外的对象

由于图像中含有大量小面积的噪声，为了防止计算凸包时出错，可以先去除小面积的噪声。

初步移除小对象的程序代码如下：

```
I_area=imread('闭运算区域连通图.jpg')
[m,n] = size(I_area);
mianji = m * n;
I_object = bwareaopen(I_area,round(mianji/50));
figure,imshow(I_object);
%title('去除小对象后的图像');
imwrite(I_object,'去除小对象图.jpg');
```

程序执行效果如 15-6 所示。

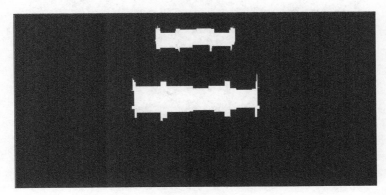

图 15-6　噪声区域去除后的图像

（5）汽车牌照定位

车牌图像区域去除小的噪声区域后仍然可能有多个闭合区域，需要根据车牌的特征信息来最终确定车牌区域。车牌的长度、宽度、宽高比和面积等，都是汽车牌照的形状特征，可以用来作为确定车牌区域的判断条件。

对于图 15-6 所显示的区域，可根据各个连通域的宽高比来确定汽车牌照的位置。本工程应用中，通过贴标签并求取最小外接矩形的方法，进而计算各区域的宽高比。

利用宽高比定位汽车牌照的程序代码如下：

```
I_object=imread('去除小对象图.jpg')
[m,n] = size(I_area);
mianji = m * n;
[L1,N1] = bwlabel(I_object);                          %贴标签
figure,
imshow(I_object);
hold on
for i = 1:N1
    [r c]=find(L1==i);                                %找出目标边界
    [rectx,recty,area,perimeter] = minboundrect(c,r,'a');    %求最小外接矩形
    w=abs(min(rectx))-round(max(rectx));              %宽
    h=abs(min(recty))-round(max(recty));              %高
    if w/h > 2 && w * h > mianji/15
        line(rectx(:),recty(:),'color','r','LineWidth',3);
```

```
            rectx_copy = rectx;                    %将坐标存储到新的变量之中
            recty_copy = recty;
        end
    end
    save rectx_copy;
    save recty_copy;
```

程序执行效果如 15-7 所示。

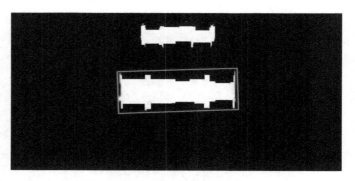

图 15-7　车牌区域的最小外接矩形

15.3　汽车牌照区域的分割

根据外接矩形四个顶点的坐标，分别选取 x、y 轴方向坐标点的最小值、最大值作为车牌的初步定位。根据初步定位的结果，可以对车牌区域进行裁剪。

车牌区域初步裁剪代码如下：

```
I = imread('原图.jpg');                    %读入原始图片
importdata('rectx_copy. mat');             %载入数据
importdata('recty_copy. mat');
x_Is = round(min(recty_copy)):round(max(recty_copy));
y_Is = round(min(rectx_copy)):round(max(rectx_copy));
Is1 = I(x_Is, y_Is,1:3);                   %裁剪彩色图片(RGB)
figure,
imshow(Is1);
%title('车牌区域初步裁剪');
imwrite(Is1,'车牌区域初步裁剪.jpg');
```

初步裁剪出的汽车牌照区域图像如图 15-8 所示。

可以看到，第一次裁剪后的汽车牌照图像中有铆钉及车牌周围噪声区域。由于铆钉颜色与字符接近，容易影响字符的分割结果，因此需要进行进一步的分割处理。如果车牌颜色为蓝色，可以考虑提取蓝色区域图像，以减少噪声的影响。具体步骤如下：

图 15-8　车牌区域初步裁剪结果图

1）根据蓝色像素点的 RGB 分量值的差异性，判断蓝色像素区域，提取含蓝色分量的图像区域，将非蓝色的区域设置为白色；

2）根据所蓝色分量提取后的图像，判断蓝色车牌的具体位置，进行车牌图像左右边界裁剪；

3）根据车牌中间区域车牌颜色特征，确定车牌字符的上下边界，进行车牌字符上下边界裁剪，消除上铆钉、下铆钉两边非车牌区域的影响；

提取蓝色车牌区域的程序代码如下：

```
Is1 = imread('车牌区域初步裁剪.jpg');
[m,n,d] = size(Is1);
level = 60;                          %设置颜色分量差异性阈值
Is2 = ones(m,n,3) * 255;             %临时存放蓝色分量的提取图像,背景为白色
%提取蓝色分量
for i = 1:m
  for j = 1:n
    %蓝色分量与其他分量的差值大于阈值,则为蓝色
    if ((Is1(i,j,3)-Is1(i,j,1)>level) && (Is1(i,j,3)-Is1(i,j,2)>level))
      Is2(i,j,1) = 0;
      Is2(i,j,2) = 0;
      Is2(i,j,3) = 255;              %将蓝色分量设为纯蓝色
    end
  end
end
figure,imshow(Is2);
%title('蓝色区域提取图像');
imwrite(Is2,'蓝色区域提取图像.jpg');
```

程序执行结果如图 15-9 所示。

由于蓝色分量强化过程中，强化程度不容易掌控，强化后的图像可能会出现字符变形，不能直接用强化后的图像来进行下一步的处理。但是可以利用蓝色分量强化结果来判断蓝色车牌区域的位置，帮助系统更为精准地定位车牌字符区域。同时也可以借助车牌区域中间部位蓝色像素的连续性，来消除铆钉的影响。

图 15-9　蓝色区域提取图像

车牌图像精确定位代码如下：

```
%%车牌精准定位,消除蓝色车牌外围噪声,消除上下铆钉区域的影响
Is1 = imread('车牌区域初步裁剪.jpg');
Is2 = imread('蓝色区域强化图像.jpg')
Is3 = Is2(:,:,1);
Is4 = im2bw(Is1);
figure,imshow(Is3);
%title('蓝色分量的二值图像');
```

```
imwrite(Is3,'蓝色分量的二值图像.jpg');
figure,imshow(Is4);
%title('车牌区域初步裁剪二值图像.jpg');
imwrite(Is4,'车牌区域初步裁剪二值图像.jpg');
%%去除左右边界白色区域
[m_d, n_d] = size(Is3);
left=1;right=n_d;
while sum(Is3(:,left))==m_d*255&&left<n_d
    left=left+1;
end
while sum(Is3(:,right))==m_d*255&&right>=1+1
    right=right-1;
end
Is3 = Is3(:,left+1:right-1);              %裁剪目标区域
Is4 = Is4(:,left+1:right-1);              %裁剪目标区域
figure,imshow(Is3);
%title('蓝色区域强化图像左右边界裁剪结果')
figure,imshow(Is4);
%title('车牌左右边界裁剪结果')
imwrite(Is4,'车牌区域左右边界裁剪结果.jpg');
%%去除铆钉影响
[m_d, n_d] = size(Is3);
H1 = [];
H2 = [];
for h1 = 1:round(m_d/2)
   if sum(Is3(h1,(round(4*n_d/9):round(5*n_d/9)))) == 0 && ...
sum(Is3(h1+1,(round(4*n_d/9):round(5*n_d/9)))) ~=0
     %车牌图像4/9~5/9的区域基本上处于车牌中间位置,为无铆钉区域
     H1 = [H1,h1];                    %记录图像上半部分中间区域区域中未出现目标点的行号
   end
end
for h2 = round(m_d/2):m_d-1
   if sum(Is3(h2,(round(4*n_d/9):round(5*n_d/9)))) ~= 0 && ...
sum(Is3(h2+1,(round(4*n_d/9):round(5*n_d/9)))) == 0
     H2 = [H2,h2];                    %记录图像下半部分4/9~5/9的区域未出现目标点的行号
     h2=m_d-2;
   end
end
Is4=Is4(H1(end):H2(1),:);            %裁剪铆钉区域
figure,imshow(Is4);
%title('车牌区域精准切割结果');
imwrite(Is4,'车牌区域精准切割结果.jpg');
```

程序执行过程中的图像处理效果如图 15-10 所示。

　　a) 车牌区域初步裁剪二值图像　　　　b) 车牌区域左右边界裁剪结果　　　　c) 车牌区域精准切割结果

图 15-10　车牌区域二次分割过程

15.4　字符图像分割

（1）车牌号图像去噪

分割出的车牌号区域图像中仍然可能存在一些噪声，所以在进行字符分割和归一化处理之前，需要进行均值滤波、开运算（先腐蚀后膨胀）等图像形态学处理，以去除噪声像素点。

利用均值滤波和开运算对车牌号区域图像进行滤波处理的代码如下：

```
Is4 = imread('车牌区域精准切割结果 . jpg');
h = fspecial('average',1);
Is5 = filter2(h,Is4);
figure,imshow(Is5);
%title('均值滤波后的图像');
se = strel('square',2);
Is6 = imopen(Is5,se);
figure,imshow(Is6);
%title('开运算处理后的图像');
imwrite(Is5,'均值滤波后的图像 . jpg');
imwrite(Is6,'开运算处理后的图像 . jpg');
```

程序运行结果如图 15-11 所示。可以看到，经去噪处理，图像中的一些噪声像素点被去除了。

　　　　a) 均值滤波后的图像　　　　　　b) 开运算处理后的图像

图 15-11　车牌区域图像去噪

（2）字符分割与标准化

字符分割与标准化的流程如下：

1）从左到右遍历图像的各列，计算各列的像素点灰度值之和。如果某列像素值之和不为零，且其前一列像素值之和为 0，则统计其右侧像素值之和不为零的连续列的数量，把这个区域当成预备"字符"。

2）判断预备"字符"是否为真正的车牌号字符，去掉宽度过小的预备"字符"。设置阈值 T，如果字符的宽度小于 T，则是假字符，把该字符的所有像素值置为零；如果字符的宽度大于 T，则把该字符保存为字符。

3）统计出所有车牌号字符，分割完毕。

4）最后把分割出来的车牌号字符尺寸标准化为 $m×n$，保证与模板中字符图像的大小相匹配。

字符分割时需要注意，车牌中有汉字，而左右结构的汉字中间有较窄的间隔，因此字符分割方法要对这种情况具有适用性。例如，图 15-11 中的"津"字，由左右两部分组成，中间的垂直方向有一个很小的缝隙，采用直接统计图像的连续列的方法将无法将"津"字作为一个整体字符进行分割。因此，我们把车牌号图像向左或向右旋转一定角度，这样在利用投影法时不会把左右结构的汉字分割成两部分。通常车牌中的第一个字符为汉字，其他字符均为数字或字母，为了防止图像旋转导致字符变形而降低识别率，仅对第一个字符进行旋转处理，其他字符应保持原有角度不变。

车牌图像字符分割和标准化的代码如下：

```
Is6 = imread('开运算处理后的图像.jpg');
%%旋转车牌号图像
[M,N] = size(Is6);
angle = -3;
I_ro = imrotate(Is6, angle);                        %旋转车牌号图像
figure, imshow(I_ro);
%title('旋转后的车牌号图像');
imwrite(I_ro,'旋转后的车牌区域图像.jpg');
%%字符分割和归一化
T = N/20; flag = 0; word1 = [];
while flag == 0
  [m,n] = size(I_ro);
  wide = 0;
  while sum(I_ro(:,wide+1)) ~ = 0&&wide<n-2
    wide = wide+1;                                   %统计各个字符的宽度大小
  end
  %从左到右切割非字符区域
  if wide < T
    I_ro(:,[1:wide]) = 0;
    I_ro = qiege(I_ro);                              %裁掉宽度小于10的目标
    Is6(:,[1:wide]) = 0;
    Is6 = qiege(Is6);
    %从左到右切割字符区域
  elseif wide > T
    temp = qiege(imcrop(I_ro,[1 1 wide m]));         %切割宽度大于10的目标,即切割汉字
    flag = 1;                                        %结束 while 循环
    word1 = temp;                                    %把 temp 放到空矩阵 word1 中
```

```matlab
        Is6(:,[1:wide])=0;                          %把汉字部分全部变成0
        I_ro2_7=qiege(Is6);                         %把汉字从字符分割图(旋转前)切除后的图像
        %I_ro2_7=imrotate(I_ro2_7,3);               %反相旋转
        figure,imshow(I_ro2_7)
        imwrite(I_ro2_7,'切割汉字后的车牌区域图像.jpg');
    end
end
%识别第 2~7 个字符
for i=2:7
    words=['[','word',num2str(i),',','I_ro2_7',']','=fenge(I_ro2_7);'];        %命令行语句拼接
    eval(words);    %相当于执行[word2,d]=fenge(d);…;[word3,d]=fenge(d);
end
%存储字符切割结果
imwrite(word1,['1','.bmp']);
imwrite(word2,['2','.bmp']);
imwrite(word3,['3','.bmp']);
imwrite(word4,['4','.bmp']);
imwrite(word5,['5','.bmp']);
imwrite(word6,['6','.bmp']);
imwrite(word7,['7','.bmp']);
%字符标准化
for i=1:7
    words=['word',num2str(i),'=imresize(word',num2str(i),',[32 16]);'];
    eval(words);
end
figure;
subplot(2,7,1),imshow(word1),title('1');
subplot(2,7,2),imshow(word2),title('2');
subplot(2,7,3),imshow(word3),title('3');
subplot(2,7,4),imshow(word4),title('4');
subplot(2,7,5),imshow(word5),title('5');
subplot(2,7,6),imshow(word6),title('6');
subplot(2,7,7),imshow(word7),title('7');
```

上述代码中的 fenge( ) 函数，主要用于最左边的字符的提取，两个返回值分别式图像中最左边单个字符的区域图像和剩余的待分割图像。该函数的带分割图像 Img 通常是经过 qiege( ) 函数处理后的。而 qiege( ) 函数用于裁剪去掉图像四周非目标区域的黑色行和列，整体保留感兴趣区域。

fenge( ) 函数的 MATLAB 代码如下：

```matlab
%获取切割后的单个字符
function [word,result]=fenge(Img)
[m,n]=size(Img);
```

```
word=[ ];flag=0;y1=n/9;y2=0.25;
while flag==0
    [m,n]=size(Img);
    wide=0;
    while sum(Img(:,wide+1))~=0&&wide<=n-2
        wide=wide+1;
    end
    temp=qiege(imcrop(Img,[1 1 wide m]));
    [m1,n1]=size(temp);
    if wide<y1&&n1/m1>y2
        Img(:,[1:wide])=0;
        if sum(sum(Img))~=0
            Img=qiege(Img);
        else word=[ ];flag=1;
        end
    else
        word=qiege(imcrop(Img,[1 1 wide m]));    %左,上,右,下
        Img(:,[1:wide])=0;
        if sum(sum(Img))~=0
            Img=qiege(Img);flag=1;
        elseImg=[ ];
        end
    end
end
result=Img;
end
```

qiege( )函数的 MATLAB 代码如下：

```
function e=qiege(Img)
[m,n]=size(Img);
top=1;bottom=m;left=1;right=n;
while sum(Img(top,:))==0&&top<=m-1      %位置1的索引超出数组范围(不能超过64)。
    top=top+1;
end
while sum(Img(bottom,:))==0&&bottom>1
    bottom=bottom-1;
end
while sum(Img(:,left))==0&&left<n
    left=left+1;
end
while sum(Img(:,right))==0&&right>=1+1  %位置2的索引无效。数组索引必须为正整数或逻辑值。
    right=right-1;
end
```

dd = right−left;

hh = bottom−top;

e = imcrop(Img,[left top dd hh]);　　　　%[左 上 右 下]:图像的一个裁剪区域

上述代码执行结果如图 15-12 所示。

a) 旋转后的车牌区域图像

b) 切除汉字后的车牌区域图像

c) 全部车牌字符切割结果　　　　　　　　d) 车牌字符标准化结果

图 15-12　字符分割和归一化效果图

15.5　字符细化

在图像处理中，形状信息是十分重要的。为了便于描述和提取特征，对那些细长的区域常用它类似骨架的细线来表示，这些细线位于图形的中轴附近，而且从视觉的角度来说仍然保持原来的形状，这种处理就是所谓的细化。细化的目的是要得到与原来区域形状近似的、由简单的弧和曲线组成的图形。

细化算法实际上是一种特殊的多次迭代的收缩算法。但是细化的结果是要求得到一个由曲线组成的连通的图形，这是细化与收缩的根本区别。所以，不能像收缩处理那么简单地消去所有的边界点，否则将破坏图形的连通性。因此，在每次迭代中，在消去边界点的同时，还要保证不破坏它的连通性，即不能消去那些只有一个邻点的边界点，以防止弧的端点被消去。

字符过于膨胀会大大影响字符的识别效果，这时可通过细化处理来降低过膨胀。字符细化仅针对过于膨胀的字符，而字符是否过膨胀则通过像素占空比来判断。

字符细化的相关程序代码如下:

```
%%像素占空比(判断是否需要字符细化)
for i = 1:7
    I = imread(strcat([num2str(j),'.bmp']));
    white = 0;
    for x = 1:32
        for y = 1:16
            if eval(['word',num2str(i),'(x,y)','= =1'])
                white = white+1;
            end
        end
    end
end
```

```
        white_ratio = white/(32 * 16);
        if white_ratio > 0.7
            eval(['word',num2str(i)," = bwmorph(word3,'thin',4)"])
        end
    end
    figure,
    subplot(2,7,1),imshow(word1),title('1');
    subplot(2,7,2),imshow(word2),title('2');
    subplot(2,7,3),imshow(word3),title('3');
    subplot(2,7,4),imshow(word4),title('4');
    subplot(2,7,5),imshow(word5),title('5');
    subplot(2,7,6),imshow(word6),title('6');
    subplot(2,7,7),imshow(word7),title('7');
    imwrite(word1,['xh1','.bmp']);
    imwrite(word2,['xh2','.bmp']);
    imwrite(word3,['xh3','.bmp']);
    imwrite(word4,['xh4','.bmp']);
    imwrite(word5,['xh5','.bmp']);
    imwrite(word6,['xh6','.bmp']);
    imwrite(word7,['xh7','.bmp']);
```

字符细化效果如图 15-13 所示。可以看到，本示例中车牌的字符均不符合细化条件，因此未被细化。

图 15-13　字符细化效果

15.6　BP 神经网络的训练和字符的识别

车牌图像进行字符分割后，将分割后的字符送入车牌识别模块进行字符的识别，而识别率的高低主要取决于识别算法的精度。因此，字符识别是车牌识别的核心所在。字符识别（Optical Character Recognition，OCR）隶属于模式识别和人工智能。"模式识别"中的模式是指人们在一些限制的条件下根据特定的需求对自然界的一个事物进行抽象分类的概念。字符识别中，字符呈现出的是其形状或外形的特点，因此对字符的识别就是对其外形及特点的识别。首先要对这些字符的外在特点进行描述，然后通过一系列的处理提取出这些特征，最后再把这些特征与模板的特征进行匹配或者送入到训练好的模型中进行识别。

本章采用 BP 神经网络识别算法，也就是说 BP 神经网络模型的精确程度决定着车牌字符的识别率。BP 神经网络属于人工神经网络的一种，人工神经网络（Artificial Neural Network，

ANN）是一种模拟人脑神经元之间相互连接的数学模型，可以进行信息的运算和处理工作。BP 神经网络一般包括输入层、隐含层和输出层三部分。

通常，车牌号由七个字符组成，第一个字符是汉字，第二个字符是字母，第三到七位字符是字母或者数字。为了提高车牌字符的识别率，可以采用三个 BP 神经网络来分别对车牌的三个部分进行识别。本工程应用中，数据集中每一个字符的大小都为 32×16，把字符均匀分割成 4×4 大小的特征矩阵，并做归一化处理。将基于特征矩阵的 16 个特征值作为神经网络的输入，字符的种类作为输出。

（1）网络模型建立

经调试，网络的输入层设置 16 个神经元，隐含层设置 2 层，第一层有 16 个神经元，第二层有 5 个神经元，输出层设置一个神经元。隐含层和输出层的激活函数均选 tansig 函数，训练函数选取 trainbfg 函数，学习率设置为 0.05，迭代次数设置为 1000 次，动量因子设为 0.9。

由于汉字、字母、字母汉字的训练过程基本相似，故本章以汉字的神经网络为例，介绍神经网络模型的训练过程。在本章的案例中，仅提供了 4 个汉字的数据样本，每个汉字提供 100 个训练样本，因此识别模型也是针对这 4 个汉字训练的。

需要注意：本案例旨在提供一种解决问题的方法，在实际应用中还需根据具体需求及具体数据样本情况，重新调整代码中训练数据的数量、种类及训练参数。

车牌汉字 BP 神经网络模型训练和验证的代码如下：

```
test_path = 'D:\test\';                    %%测试图像的存储路径
train_path = 'D:\train\';                  %%训练图像的存储路径
%%验证集数据样本特征矩阵提取
A = dir(fullfile(test_path,' * . bmp'));  %验证集
L1 = length(A);
for i = 1:L1
  A1 =imread([test_path, A(i).name]);
  feature_AA(:,i) = Get_Feature_cp(A1,32,16);
end
for h = 1:4                                %共 4 个汉字
  for k = 0:9                              %每个汉字 10 个测试样本
    class_A(1,h * 10-k) = h;
  end
end
%%训练集数据样本特征矩阵提取
B = dir(fullfile(train_path,' * . bmp'));
L2 = length(B);
for j = 1:L2
  B1 =imread(strcat(train_path,[num2str(j),'.bmp']));
  feature_BB(:,j) = Get_Feature_cp(B1,32,16);
end
%%增强数据集
```

```
%feature_BB 中的每一列都是一个字符的特征矩阵(16×1)
for h = 1:4                                      %训练数据 4 个汉字,每个汉字 100 个样本
  for k = 0:50                                   %遍历每 100 个字符的前 50 个
    for g = 1:16                                 %遍历每一个字符的所有特征值
        feature_BB(g,h*100-k) = feature_BB(g,h*100)+unidrnd(5);
%特征值随机加 0~5 之间的数值
    end
  end
  for k = 51:99                                  %遍历每 100 个字符的后 50 个
    for g = 1:16
      x = feature_BB(g,h*100)-unidrnd(3)         %特征值随机减 0~3 之间的数值
      %确保随机减后的特征值不小于 0
      if x >= 0
        feature_BB(g,h*100-k) = x;
      elseif x < 0
        feature_BB(g,h*100-k) = 0;
      end
    end
  end
end
%训练数据类别标签
for h = 1:4
  for k = 0:99
    class_BB(1,h*100-k) = h;
  end
end
%%归一化处理
[feature_bb, ps1_input] = mapminmax(feature_BB,0,1);
feature_aa = mapminmax('apply',feature_AA,ps1_input);   %同样的规范化(映射)
%%建立网络模型
net = newff(feature_bb,class_BB,[16,5],{'tansig' 'tansig' 'tansig'},'trainbfg');
W1 = net1.iw{1,1};                              %输入层到中间层的权值
B1 = net1.b{1};                                 %中间各层神经元阈值
W2 = net1.lw{2,1};                              %中间层到输出层的权值
B2 = net1.b{2};                                 %输出层各神经元阈值
%%网络参数设置
net.trainParam.epochs = 10000;                  %迭代次数
net.trainParam.goal = 1e-3;                     %训练要求精度
net.trainParam.lr = 0.05;                       %学习率
net.trainParam.show = 50;                       %每隔 10 次显示一次
net.trainParam.mc = 0.9;                        %动量因子
%%模型训练
net = train(net1,feature_bb,class_BB);
```

```
%%验证集的模型预测
t_sim = sim(net,feature_aa);          %返回验证集样本的预测值
t_sim = round(t_sim);
%%模型误差计算
error1=0;
count=0;
for i=1:L1
  count=count+1;
  if abs(t_sim(i)-class_A(i))<0.5
    temp=0;
  else
temp=1;
  end
  error1 =error1+temp;
end
error=error1/count;
save('SW.mat');        %将工作区中的所有变量保存在二进制 MAT 文件 SW.mat 中。
```

上述程序中，用于提取字符 4×4 特征矩阵的 Get_Feature_cp() 函数代码实现如下：

```
function feature = Get_Feature(D,m,n)
%依据分辨率 n * m,则矩阵 D 的维数为 m * n
D = im2bw(D,0.5);                      %二值化,特征值只有 0 和 1
%转换成胞元素组,16 个分块矩阵
mc = mat2cell(D, [m/4 m/4 m/4 m/4], [n/4 n/4 n/4 n/4]);
%嵌套循环,矩阵归一化
%统计'分块矩阵'内非零元素(白色像素点)的数目,然后归一化
for i = 1:4
  for j = 1:4
    E(i,j) = nnz(mc{i,j})/1;
  end
end
disp(E(:,:));
feature = E(:);
```

在利用上述程序训练的神经网络模型的时候，会出现如图 15-14 所示的神经网络训练界面，其中 Input 表示输入的数据，Hidden Layer 1 表示第一个隐藏层（16 个神经元），Hidden Layer 2 表示第二个隐藏层（5 个神经元），Output Layer 表示输出层，Output 表示输出的数据，即每一个样本所对应的标签值。训练完成之后，单击 Performance 按钮，则会出现如图 15-15 所示的均方误差随着迭代次数的增加而逐渐减小的示意图。

（2）车牌字符识别

当字符识别的网络模型训练完成以后，就可以用来对车牌进行识别检测了。

利用网络模型对车牌字符进行识别检测的相关程序代码如下：

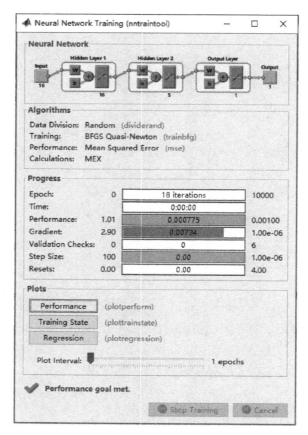

图 15-14　神经网络训练界面

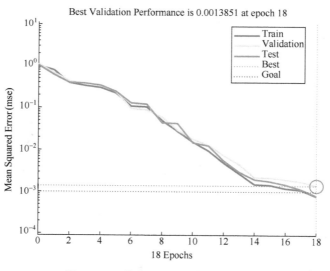

图 15-15　均方误差-迭代次数关系图

```
%%读取分割后并细化处理的七个字符
for j = 1:7
    I = imread(strcat(['xh',num2str(j),'. bmp']));           %读取分割后的单个字符
    feature_I(:,j) = Get_Feature_cp(I,32,16);                %提取字符图像的特征矩阵
end
%%收纳车牌字符的识别符,汉字可根据训练的模型进行补充
czf = char(['京津辽吉','0':'9','ABCDEFGHJKLMNPQRSTUVWXYZ']);
%%识别第一个字符(汉字)
load('SW1. mat');      %载入模型参数
feature_I1 = mapminmax('apply',feature_I,ps1_input);        %归一化
I_sim1 = sim(net1,feature_I1(:,1));                          %预测
disp(I_sim1);
for h = 1:10
    if round(abs(I_sim1)) = = h
        H1 = ['str1','=czf(h)'];
        eval(H1);
    end
end
%%识别第二个字符(字母)
load('SW2. mat');
feature_I2 = mapminmax('apply',feature_I,ps_input);
I_sim2 = sim(net2,feature_I2(:,2));
disp(I_sim2);
for k = 1:26
    if abs(round(I_sim2)) = = k
        H2 = ['str',num2str(2),'=czf(k+14)'];
        eval(H2);
    end
end
%%识别第三到七个字符(字母或数字)
load('SW3. mat');
feature_I3 = mapminmax('apply',feature_I,ps3_input);
I_sim3 = sim(net3,feature_I3(:,3:7));
disp(I_sim3);
for m = 3:7
    for p = 1:34
        if abs(round(I_sim3(:,m-2))) = = p
            H3 = ['str',num2str(m),'=czf(p+4)'];
            eval(H3);
        end
    end
end
%%车牌识别结果展示
```

```
disp('车牌识别结果:');
Result = strcat([str1,str2,str3,str4,str5,str6,str7]);
disp(Result);
%在信息提示框(magbox 函数)左侧加入一个图片
[IconData,IconCMap] = imread('原图.jpg');
msgbox(Result ,'车牌识别结果','custom',IconData,IconCMap);   %custom:定制的
```

最终车牌字符识别结果如图 15-16 所示。

图 15-16　车牌字符识别结果

车牌识别技术在电子警察系统、移动侦测系统、事件检测系统、智慧交通系统中均有重要的应用。随着高速公路、城市交通等基础设施建设水平不断发展和车辆管理体制的不断完善，该技术为交通综合监测系统的应用提供了契机，以数字图像处理技术为基础的车牌自动识别系统是重要的发展方向，在维护交通安全和城市治安、防止交通堵塞、缓解交通紧张状况等方面发挥着重要的作用。

【本章小结】

本章以汽车牌照识别为例，介绍了车牌图像采集、车牌图像预处理及牌照定位、汽车牌照区域的分割、字符图像分割、字符细化、BP 神经网络的训练和字符的识别等技术在工程案例中的综合运用方法及运用效果。交通运输是国民经济基础性、战略性、先导性产业，也是重要服务性行业，是服务构建新发展格局的重要支撑。数字图像处理技术可以进行车牌识别和道路检测，为我国"交通强国"发展战略提供技术支撑。

参 考 文 献

[1] 何明一，卫保国．数字图像处理 [M]．北京：科学出版社，2008．

[2] 张铮，徐超，任淑霞，等．数字图像处理与机器视觉 [M]．北京：人民邮电出版社，2016．

[3] RAFAEL C G, RICHARD E W. 数字图像处理：英文版 [M]．3 版．北京：电子工业出版社，2015．

[4] 詹青龙，卢爱芹，李立宗，等．数字图像处理技术 [M]．北京：清华大学出版社，2010．

[5] 朱虹，蔺广逢，欧阳光振．数字图像处理基础与应用 [M]．北京：清华大学出版社，2012．

[6] 张德丰，等．数字图像处理 MATLAB 版 [M]．北京：人民邮电出版社，2015．

[7] 陈莉．数字图像处理算法研究 [M]．北京：科学出版社，2016．

[8] 孙正．数字图像处理技术及应用 [M]．北京：机械工业出版社，2016．

[9] WILLIAM K P. 数字图像处理 [M]．张引，等译．北京：机械工业出版社，2009．

[10] 张国云，等．数字图像处理及工程应用 [M]．西安：西安电子科技大学出版社，2016．

[11] 宋丽梅，朱新军．机器视觉与机器学习：算法原理、框架应用与代码实现 [M]．北京：机械工业出版社，2020．

[12] 禹晶，孙卫东，肖创柏．数字图像处理 [M]．北京：机械工业出版社，2015．

[13] 张培珍，等．数字图像处理及应用 [M]．北京：北京大学出版社，2015．

[14] BURGER W, BURGE M J. 数字图像处理基础 [M]．金名，等译．北京：清华大学出版社，2015．

[15] 贾永红．数字图像处理 [M]．武汉：武汉大学出版社，2003．

[16] 刘衍琦，詹福宇．MATLAB 图像与视频处理实用案例详解 [M]．北京：电子工业出版社，2015．

[17] 陈天华．数字图像处理与应用 [M]．北京：清华大学出版社，2018．

[18] 张良均，杨坦，等．MATLAB 数据分析与挖掘实践 [M]．北京：机械工业出版社，2015．

[19] 宋丽梅，罗菁，等．模式识别 [M]．北京：机械工业出版社，2015．

[20] 宋丽梅，王红一，等．数字图像处理基础及工程应用 [M]．北京：机械工业出版社，2018．